잘하고
잘했고
괜찮을 겁니다

소아청소년과 전문의가 전하는
95%의 '보통 아이들'을
키우는 이야기

잘하고
잘했고
괜찮을 겁니다

You're doing well

It will be fine

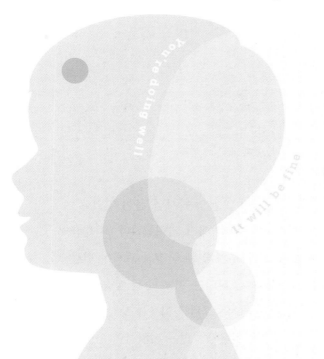

임고운 지음

TV에서 보여 주는 힘겹고 자극적인 육아 장면에 지치지 않으셨나요?
아이를 키우는 것이 마냥 어렵게만 느껴지시나요?

아이 문제가 부모인 내 문제로 느껴지시나요?

소아청소년과
전문의의
핵심을 찝는
도서

5%가 아닌
95%
우리 아이들
이야기

육아부터
부모 마음까지
아우르는
도서

육아
도서의
결정판

바른북스

최근 수년간 아이들 육아에 있어 '오은영 박사님' 붐이 일었고 (현재 진행형이죠) '금쪽같은 내 새끼'에 대한 관심이 지대합니다. 저출산 시대에 소중한 우리 아이들을 잘 키우기 위한 국민적 관심이 반갑고, 오은영 박사님을 정말 존경합니다. 하지만 어느 순간 방송을 볼 때 가슴 한편으로 무거운 마음이 들어, 왜 그럴까 이유를 생각해 보았습니다. '육아가 저렇게 힘들지만은 않은데', '많은 사람들이 아이 키우는 것에 대한 두려움을 가지게 되지 않을까?', '너무 심각한 케이스들을 골라 방송용으로 극적으로 묘사한 것은 아닐까?', '부모님들이 너무 많은 책임감과 죄책감을 가지게 되시지 않을까?', '결혼과 육아가 인생의 굴레처럼 느껴지면 안 될 것 같은데?' 등등 생각이 많아졌습니다.

유튜브나 방송을 보면 아이들의 양육에 대한 코칭을 가장 많이 하시는 전문가가 '소아청소년정신과' 혹은 '정신과' 전문의 선생님들이십니다. 개인적으로 정신과 전문의 선생님들을 정말 존경합니다. 그분들의 이야기를 들으면서 많은 생각을 하게 되고 깊은 깨달음을 얻습니다. 그런데 가만히 보면 아이들을 가장 많이 보는 사람은 소아과 의사(소아청소년과 전문의는 너무 길고 딱딱해서 '소아과 의사'라는 표현으로 대체하겠습니다)입니다. 질병이 있고 없고와 상관없이 모든 아이들이 태어나면 소아과 의사를 만납니다. 자라는 동안 소아과 의사를 한 번도 만나지 않는 아이들은 거의 없을 것입니다. 심지어 아이 진료를 볼 때 엄마, 아빠, 할머니, 할아버지, 이모, 삼촌, 돌봄 이모님까지 함께 보기 때문에 가족 역동을 가장 잘 알고, 출생 때부터 성인이 될 때까지, 심지어 성인이 된 아이가 자신의 아이를 데리고 올 때까지 일생을 놓고 보는 사람이 '동네 소아과 의사'입니다. 한 아이를 보면서 그 형제들, 사촌들까지 동시에 보기 때문에 '정상 발달'을 보이는 아이를 가장 많이 보는 직군은 소아과 의사일 것입니다.

대부분의 아이들은 큰 문제 없이 잘 자랍니다. 하지만 그런 이야기는 TV나 유튜브 등에서는 잘 하지 않습니다. 문제 상황에 대해서 자극적으로 방송을 하고 인터넷에 노출되다 보니까 부모님들께서 아이가 자동차를 일렬로 세우기만 해도 '자폐'를 걱정하시고 오십니다. 엄마한테 혼나는 아이가 민망함에 웃음을 보이면 '사이코패스'를 걱정하고 사색이 되어서 오십니다. 인터넷에 검색을 해 보면 그런 이야기들만 나오기 때문입니다. 그래서 저는 이제 우리가 '보통의 육아'

에 대해서 이야기를 해 볼 때가 되었다고 생각합니다. 분명히 도움이 필요한 발달 혹은 심리적 문제를 가지고 있는 아이가 있습니다. 그리고 정상적으로 잘 자라던 아이가 일시적으로 어려움이 있어 도움이 필요할 수 있습니다. 하지만 아주 적은 비율의 사례가 마치 전부인 것처럼 인식되는 것은 잘못되었다고 생각합니다.

그리고 아이에 대한 심리 검사나 학습 검사 혹은 상담을 받아 보신 부모님들은 '혼나고 왔다'는 경험을 많이들 말씀하십니다. 양육에 있어서 부모의 책임을 과도하게 지우고, 지나친 죄책감을 유발하는 것도 올바르지 않습니다. 물론 자라나는 아이들에게 부모님의 역할이 매우 중요하지만, 부모라는 사람도 처음부터 부모로 태어난 것이 아니기 때문에 아이와 함께 성장하면 됩니다. 물론 부모가 성인이기 때문에 먼저 손을 내밀어 줘야 하지만 아이가 보이는 문제의 원인이 모두 '부모'인 것은 아닙니다. "부모가 낳았으니 부모가 책임져라"라고 단순히 말을 하기보다는 '어떻게?', '언제까지?', '어디까지?'에 대한 논의를 진지하게 해 볼 필요가 있습니다.

『삐뽀삐뽀 119 소아과』라는 바이블과도 같은 책을 쓰신 하정훈 선생님께서 부모가 아이를 키울 때 꼭 가르쳐야 하는 4가지로 "1. 언어 발달, 2. 인간관계 발달, 3. 자기통제 (훈육), 4. 부모가 행복하게 사는 모습을 보여 주기"를 꼽았습니다. 저도 이 말씀에 전적으로 동의합니다. 이것을 하기 위해서는 아이를 '잘 보셔야' 합니다. 아이를 잘 보기 위해서는 부모님이 스스로를 '잘 보실 수 있으셔야' 합니다.

그리고 중요한 사인(Sign)을 놓치지만 않으시면 크게 어렵지 않습니다. 저는 이 책에서 심각한 진단 기준을 말씀드리거나 흔치 않은 극단적인 케이스를 보여 드리기보다는, 제가 소아과 의사로 겪은, 수많은 부모님께서 주로 걱정하시며 질문하시는 다양한 이슈들에 대해서 편안하게 읽으실 수 있게 정리해 보았습니다. 성장, 발달에 있어서 95% 정도, 정상 범주 안에 드는 '보통의 아이들'을 키우는 이야기를 한번 해 보겠습니다. 흔치 않은 5% 안에 든다면 그때 적절한 개입을 해 주시면 됩니다.

그리고, "소아과 의사가 웬 심리 이야기?"라고 의아해하실 수 있습니다. 의대에서 석사까지 하고 '상담 및 임상 심리학' 석사 학위를 따고 임상 심리 전문가, 상담 심리 전문가 수련을 하는 이유가 있습니다. 의대에서 배우는 '의학'은 인간의 '정상 상태(Physiology)'를 먼저 배운 후에 '병적 상태(Pathology)'를 배웁니다. 그러고는 환자들이 호소하는 주요 문제를 놓고 괜찮은 부분을 빨리 배제(Rule out)하고 핵심적인 '문제'를 정확하게 '진단'하고 정확하게 '치료'하는 것을 배웁니다. 그런데 심리학에서는 모든 사람은 각자의 어려움을 가지고 있는데, 그 사람이 가지고 있는 '자원'에 포커스를 맞춥니다. 큰 트라우마를 경험하였든, 깊은 우울이 있든, 조현병을 가지고 있든 그 사람이 가지고 있는 자원을 가지고 내담자를 이해하고, 인생에서의 문제를 해결하게 돕습니다. 실낱같은 자원이 있어도 그걸 가지고 더 큰 자원을 만들고, 곁에서 지지해 주는 것을 배웁니다. 의학의 세계로 이해할 수 없었던 문제를 심리학으로 풀고, 심리학만으로 해결이 되지 않는 문제를 의학으로 이해하고 풀어 나가는 것이 저에게는 참으로 의미 있는 작업입니다.

　의학, 심리학 둘 다 '사람을 이해하고, 돕고자' 하는 것은 똑같지만 의학은 귀납적인 방식으로 추론하고, 심리학은 연역적인 방식으로 추론하는 경향이 있습니다. 이 둘은 동전의 양면 같아서 서로 다른 모습을 하고 있지만 실체는 동일하다는 생각이 듭니다. 제가 앞으로 책에서 '감정'에 대해서 수도 없이 강조할 텐데, 감정에 대한 주제가 이성보다 더 중요해서는 아닙니다. 여태껏 우리는 지나치게 이성과 논리를 강조하며 살아왔고, '원하는 것'보다 '해야 하는 것'에 집중하면서 살아온 면이 있습니다. 우리 사회도 그렇고 개인적으로도요. 그런데 요즘 상담을 하다 보면, 감정을 잘 다루지 못한 채 이성에만 의존해서 살 때 겪는 어려움들이 더 많이 보이는 경향이 있고, 그래서 상대적으로 덜 중요하게 취급되고 있는 '감정'에 대해서 더 강조했을 뿐입니다. 이성적인 사고에 유연한 감정이 잘 반영이 된다면 우리가 얼마나 풍요롭게 살 수 있을까 하는 기대를 가지게 되고, 그런 마음으로 부모가 되고, 아이를 키운다면 좋겠다는 생각입니다. 아직은 '심리학자'가 아닌 '심리학도'이지만 햇병아리 심리학도가 이야기하는 심리에 대한 이야기도 재미있게 들어주셨으면 좋겠습니다.

목차

서문

Part 2. 우리 아이 기질에 대해서 한번 알아볼까요

Part 3. 부모님들께 드리는 말씀

맺음말

Part 1.

진료실에서
많이 받는 질문들

출생 시부터 고등학생까지

You're doing well

It will be fine

1.

모든 울음에 답해 주지 마라:
아기들의 등허리 센서

첫 아이가 태어나면 3kg 남짓의 작은 아기를 어떻게 만져야 할지 모르겠고, 행여나 다치게 할까 조심스러워집니다. 하지만 아이를 안고 젖을 물리고 트림을 시켜 주고 하다 보면 따뜻하고 작고 여린 이 아기가 너무 예쁘고 소중해집니다. 울면 얼른 가서 눈을 맞추고 안아서 달래 주고 아직은 낯선 단어지만 "엄마, 아빠 여기 있어~"하며 달래 줍니다.

그런데 아이는 시도 때도 없이 웁니다. 아무리 잘 자는 아기라고 해도 3-4시간이면 깨서 웁니다. 생후 1주일쯤 되면 부모님은 잠을 푹 자지 못해 피로가 쌓입니다. 도와주는 분이 계셔도 아이가 울면 안아 주고 달래고 손목이 시큰거리기 시작하고 모유 수유를 하시는 경우는 젖몸살, 어깨와 허리도 아프고 힘이 듭니다. 하지만 아이가 울 때에는 얼른 가서 안아 줘야 한다는 생각에 아이가 콜 하면 바로 달려갑니다. 생후 한 달쯤 되면 부모님이 안아 주면 잘 자는데 바닥에 내려놓으면 깨서 울기 때문에 계속 안고 계시거나 소파에 비스듬히 누워 가슴과 배 위에 아이를 놓고 쪽잠을 주무십니다. 특히 어머니는 출산 후 호르몬의 변화로 산후 우울감이 생기고, 삼칠일은 아이가 바깥에 나가면 안 된다고 집에서 햇볕도 못 쬐어서 세로토닌 합성도 부족해 우울감이 가중됩니다. 피로도 쌓이고, 출산 후 붓기도 안 빠지고 거울을 보면 가슴에 지퍼가 달린 티셔츠에 늘어진 추리닝을 입고 있는 자신을 발견하게 됩니다. 아이에게 해로울까 커피도 못 마시고, 시원한 맥주 한 잔 맘 놓고 못 마시고, 매운 것도 못 먹고, 넷플릭스로 영화 크게 틀어 놓고 보는 것도 조심스럽습니다. 아이가 또 우는데 너무나도 예뻐야 하는 내 아기인데 미운 마음도 들고, 미운 마음이 드는 나 자신에게 화들짝 놀라 '나는 모성(부성)이 없는 부모인가' 죄책감이 듭니다.

"자, 그러니까 부모님 힘들게 아이 올 때마다 안아 주지 마세요"

물론 이런 얘기는 아닙니다.

"아이와 눈 맞추고 스킨십을 많이 해 주셔야만 안정 애착이 형성됩니다"

이것도 아닙니다.

아이의 애착 형성에는 피부 접촉이 중요하기는 하지만 부모가 하루 종일 아이에게 매달려 있으라는 것은 아닙니다. 신생아기의 아기들은 '이 세상이 안전하구나'라는 소위 'Basic trust'를 형성해야 합니다. 아기들은 세상과 소통하는 방법이 '울음'밖에 없기 때문에 배가 고파도 울고, 졸려도 울고, 잠에서 깨도 울고, 쉬를 싸도 울고, 똥을 싸도 우는데, 아무 이유 없이도 웁니다. 그런데 부모님이 아이 상태를 보고 배가 고파 울 때에는 젖을 먹이고, 졸려서 울 때는 토닥거려서 재워 주고, 깨서 울 때에도 잠깐 안아 주고, 똥오줌을 눴을 때에 기저귀를 갈아 주고, 더우면 시원하게 해 주고, 추우면 따뜻하게 해주면 아이들은 '세상이 안전하구나'를 알게 됩니다. 내가 울었을 때 부모님이 반응을 해 주는 자극은 강화가 되어서, 다음에도 배가 고프면 또 울게 됩니다. 이러면서 세상에 자신의 욕구를 표현하고 수용받는 경험을 합니다. 반면에 좀 전에 젖도 먹었고, 자고 일어났고 기저귀를 갈아 줬는데도 아이가 계속 운다면 5~10분 정도 뒤 봅니다. 아기 입장에서는 '어라? 이 울음에는 부모님이 반응을 하지 않네?'라고 생각하게 되고, 반응을 하지 않는 울음은 점차 소거됩니다.

실제로 학대받는 아이들의 경우, 혹은 과거에 보육원에서 제대로 돌봄을 받지 못하는 경우(요즘의 보육원은 그렇지 않습니다) 배가 고파서 울고, 기저귀가 젖어서 울었는데 보호자가 반응을 보이지 않으면 실제 신생아들이 배가 고파도 울지 않습니다. 심리학적으로 학습 이론에서 긍정적인 피드백을 주는 경우에는 행동이 강화되고, 피드백이 없어지면 행동이 소거되는 것은 다양한 실험으로 증명되었습니다. '어차피 울어 봤자 소용없는데 뭐'라고 생각이 되면 아이들은 울음 반응을 그치게 되고, 자신의 욕구(배가 고프고, 졸리고, 기저귀가 젖어서 불쾌한 등)를 점점 느끼지 못하게 됩니다. 그러면서 세상에 대한 기본적인 신뢰를 잃게 됩니다.

중요한 상황에는 적절히 반응을 해 주시지만 더 이상 해 줄 것이 없는데 아이가 울고 칭얼거리면 신생아라 부모님의 말을 못 알아들을 것 같더라도 눈을 보고 "엄마(아빠) 여기 있어"라고 말을 하면서 안아 주지 말고 지켜보시거나, 부모님 하시던 일을 하시면 됩니다. 그러면 아이는 자기 손도 빨아 보고 베개도 만져 보고, 이불도 만져 보고, 아이가 더 크면 발가락도 만져 보고 뒤집어서 여기저기 보면서 자신의 불쾌한 감정을 견뎌 봅니다. 이러면서 아이는 처음으로 감정을 조절하는 법을 스스로 깨우치게 됩니다. 아이도 부모님이 자신의 모든 울음에 답하지 않는다는 것을 알게 되면서 어떤 행동은 강화가 되고(배고플 때 우는 등) 어떤 행동은 소거가 됩니다. 그러면서 부모님의 반응을 살피게 됩니다. 부모님이 반응을 주는 반응은 '아, 이건 중요한 거구나' 반응을 주지 않는 경우라면 '이건 별것 아닌가 보다'라면서 자신의 울음에도 의미가 생기고, 부모님을 살피게 되고, 학습과 모방을 할 준비가 됩니다.

이것은 비단 신생아에게만 해당되는 이야기는 아닙니다. 바람직한 행동에는 칭찬해 주면서 강화해 주고, 옳지 못한 행동에는 혼을 내면서 부적 강화(못 하게 하는 것)해 주고, 딱히 옳고 그르다고 하기는 애매하지만 안 했으면 하는 것들에는 반응을 하지 않음으로써 소거해 주는 것은 아이의 훈육의 기본입니다. 이것은 말귀를 알아들으면 시작하는 것이 아닙니다. 태어나는 순간부터 시작하는 것입니다. 이쯤에서 부모님들이 "말이 쉽지", "해 봤는데 안 돼요"라고 하실 수 있습니다. 꾸준히 지속적으로 해 주시면 됩니다. 제 말 믿으시고 (믿으셔야 합니다. 부모님) 2,000번만 해 보세요. 아이들은 2,000번쯤 들으면 부모의 메시지가 각인된다고 합니다. 아직 2,000번은 안 해 보셨잖아요?

그러면서 부모님은 일관된 양육을 시작하시게 됩니다. 너무 울어서 결국은 안아 주셨다고요? 괜찮아요. 내일 다시 시도해 보세요.

덧붙여서 아이가 오래 울면 성격 나빠진다고 특히 어르신들 (할아버지, 할머니)께서 얼른 달래 주라고 말씀해 주시는 경우가 많습니다. 아이가 오래 운다고 해서 아무 일도 생기지 않습니다. 괜찮습니다.

2.

모유? 분유?
뭘 먹여야 할까요?

아이가 태어나면 또 고민이 모유, 분유에 대한 것입니다. 첫 아이를 출산하면 처음으로 가슴이 저릿하면서 모유가 나오기 시작합니다. 젖이 땡땡 불어서 가슴이 터지는 것 같은 느낌이 들기도 하고, 어깨, 등까지 아파 옵니다. 아이가 처음으로 젖을 물기 시작하면 젖꼭지에 상처가 나고, 딱지가 앉고, 또 물면 악 소리 나게 아프고, 모유와 피가 같이 섞여서 나오는데 그걸 아기를 먹여도 될지 걱정이 되고 엄마 젖꼭지에서 나온 피를 먹은 아기가 피똥을 누기도 합니다. (아이는 매우 건강하고 혈색도 좋고 배도 말랑말랑한데 똥에서 피가 섞여서 나오면 병원에서 'Apt test'라는 것을 합니다. 그걸 해 보면 그 피가 아이의 장에서 나온 피인지 엄마의 피인지 쉽게 구분할 수 있답니다) 처음에는 아이도 젖을 잘 물지 못하고, 내 젖도 많이 나오지 않아서 양쪽 젖을 20분씩 40분을 물려서 겨우 아이를 재워 놓으면 한 시간 있다가 아이가 또 깹니다. 하루 종일 모유를 먹이고 있으면 내가 동물이 된 것 같은 느낌이 들기도 하죠. 분명히 내 아이에게 모유를 먹이는 것이 너무나도 성스럽고, 아름답고, 모성애가 샘솟게 될 것이라고 기대했는데, 피곤에 전 몸과 통증에 참 많이 지칩니다. 그러면서 아이가 깊이 못 자고 계속 깨면 '내 젖 양이 너무 적어서 아이가 잠을 깊이 못 자나?', '내 유두가 함몰 유두라서 아이를 괜히 고생시키나?' 하는 등의 자책이 밀려옵니다.

결론 및 요약

1) 처음 모유를 먹이는 것은 본래 어렵습니다.

2) 신생아는 본래 잘 자지 않습니다. (아직 정확한 수면 사이클을 가지고 있지 않아요)

3) 생후 초기 1주일에 황달이 심하지 않으면 모유를 끊을 필요 없습니다 (물론 모유 황달이라고 해도 모유를 끊지 않아도 됩니다)

4) 하루에 오줌을 적어도 4번 이상 누면 젖 양은 부족한 것이 아닙니다. (똥은 매일 안 눠도 괜찮습니다. 모유 수유아는 처음 한 달 정도는 똥을 자주 누지만 이후부터 이유식 먹을 때까지 1주일간 안 누기도 합니다. 모유는 흡수가 잘 돼서 똥으로 나올 게 많이 없다고들 합니다)

5) 아이가 배고파서 울면 한 쪽 젖이 빌 때까지 10분 이상 먹이고, 분유로 보충 수유하셔도 됩니다.

모유 수유에 대한 의지가 확고하시다면 모유 수유는 본래 어려운 것이니 첫 한 달만 잘 버티시면 훨씬 수월해집니다. 아이가 젖을 물어도 더 이상 젖꼭지가 아프지 않아지고, 처음처럼 젖이 붓는 느낌이 안 들어도 젖 양이 확확 늡니다. 아이가 백일이 지나고 나면 젖 양도 충분히 늘고, 아이가 울면 젖을 바로 먹일 수 있으니 젖병 소독도 안 해도 되고 영양, 심리, 발달 등의 측면에서 여러모로 좋은 점이 많습니다.

아이가 밤에 자주 깨서 젖을 물리느라 잠을 못 주무셔서 체력적으로 너무 힘드시다면 저녁 9-10시경 마지막 수유를 하시고, 새벽에 남편분 혹은 도움을 주실 수 있는 분께 유축한 모유를 데워서 먹이든지, 분유 수유를 해 달라고 하시고 주무십시오. 새벽 2-3시경 알람을 맞춰서 일어나셔서 유축기로 유축 한 번 하시고 주무시고, 아침에 일어나서 또 직접 수유하시면 됩니다. 그마저도 아이가 백일이 안 되었을 때 수유 간격이 너무 벌어져서 젖 양이 줄까 봐 그런 것이고, 젖 양이 충분히 늘면 중간에 유축 안 하셔도 젖 양이 유지가 잘 됩니다. 워킹맘의 경우 매번 직접 수유를 못 하시는 경우에 하루 3번 정도만 유축해서도 돌 때까지 완전 모유 수유를 하시는 경우도 있습니다.

덧. 못다 한 6번이 있습니다.

6) 분유 먹어도 아이는 잘 큽니다.

엄마라는 존재가 모유 수유만으로 의미가 있어지는 것은 아닙니다. 드시는 약이 있어서, 일 때문에, 기타 다른 이유로 모유 수유를 못 하시거나 안 하시는 경우가 있습니다. 저도 완전 모유 수유는 못 했습니다. 레지던트 3년 차 때 큰 아이를 낳았고, 둘째는 낳고 6주 만에 병원 개원을 해서 물리적으로 할 수 없었습니다. (물론 소아과 의사 동료들 중에는 이런 상황 속에서도 꿋꿋이 완전 모유 수유를 성공한 훌륭한 사람들도 있습니다) 완전 모유 수유를 못 한다고 어머니와 아이 간에 애착 형성이 안 되는 것 아닙니다. 어머니가 보내는 1-2초의 따뜻한 눈길이 모유 수유만큼 혹은 그보다 더 중요합니다. 괜찮습니다.

3.

우리 아이 수면

잠을 안 자요, 잠투정, 자다가 귀신 본 것처럼 울어요,
잠자리 독립

아이가 태어나면 가장 힘든 부분 중의 하나가 잠입니다. 아이가 세 돌이 될 때까지 '한 번도 안 깨고 잠을 푹 자 봤으면 좋겠다'가 소원인 부모님들이 참 많이 계십니다. 어떻게 하면 아이를 잘 재우고 부모로서의 삶의 질이 높아질 수 있을까요? 그것을 알려면 일단 잠에 대해서 좀 아셔야 합니다.

신생아는 수면 주기가 없습니다. 본격적인 수면의 사이클이 생기기 시작하는 것이 6개월 전후입니다. 깊은 잠(비 REM 수면)을 잤다가 꿈을 꾸는 얕은 잠(REM 수면)을 자는 사이클이 미숙하나마 생기기 시작하는 것이죠. 그런데, 여기서 중요한 것은 미동도 없이 깊이 잠을 자는 비 REM 수면이 아이들은 절대적으로 적습니다. 실제 뇌파를 찍어 보면 아이들은 잘 때나 깨어 있을 때나 뇌파 상태가 비슷합니다. 어른 수준으로 깊은 잠이 많아지면서 잠이 안정이 되는 시기가 만 12세입니다. 이 포인트에서 많은 부모님들이 희망과 절망을 함께 느끼십니다. '아, 우리 아이가 문제가 있는 것은 아니구나'에서 희망을, '아, 아직 고생길이 아주 많~이 남았구나'에서 절망을. 심심한 위로의 말씀을 드립니다. 꿈을 꾸는 REM 수면은 수면의 마지막에 많습니다. (이른 새벽–아침) 그래서 나이가 들면서 꿈이 점점 적어져서 어르신들께서 새벽잠이 없어지셔서 새벽 4–5시에 깨시는 것이 실제 이 REM 수면이 줄어들어서 그렇습니다.

자, 이제 잠이라는 게 어떤 것인지는 좀 알았고, 그래서 어쩌라는 거냐? (반말해서 죄송합니다) 어른 수준의 잠을 잘 수 있는 시기는 만 12세이기는 하나, 세 돌을 기점으로 잠투정이 심했던 아이들도 조금씩 수월해집니다. 어떤 날은 통잠을 자기도 하고, 새벽에 깨서 울어도 "~야. 그냥 자" 그러면 다시 푹 쓰러져서 자기도 합니다. 그럼 태어나서 세 돌까지는 어떻게 해야 하나? 일단 '월령+3시간'이 아이가 공복으로 버틸 수 있는 시간이라고 합니다. 신생아는 3시간, 생후 1개월은 4시간, ……생후 7개월이면 10시간은 공복으로 버틸 수 있다는 것입니다. 그러면 그때부터는 신체적으로는 통잠을 자도 되는 시기인 거죠. 굳이 자는 아이를 깨워서 젖을 먹일 필요가 없습니다.

아이가 자다가 깼는데, 우리 아이가 공복으로 버틸 수 있는 시간이 안 됐다면 그냥 부모님은 소리 없이 주무시면 됩니다. 아무 반응도 보이지 않고. 그러면 열에 한두 번은 아이가 그냥 잠이 듭니다. (물론 처음에는 열에 여덟은 점점 우는 소리의 데시벨이 높아져서, 부모님께서 '엄마, 아빠 여기 있어' 목소리 들려주시고. 그래도 안 그치면 누운 상태에서 토닥토닥, 안 되면 안아 주시면 됩니다. 그래도 안 되면 먹이셔야죠. 엄마, 아빠도 살아야 하니까요) 아까 말씀 드렸죠? 부모님이 반응을 안 하면 아이의 행동은 소거됩니다. 2,000 번만 해 보자는 마음으로 시도해 보시면 생각보다 빨리 아이가 적응할 수 있습니다. 아이가 자다 깼을 때가 완전한 각성 상태가 아니기 때문에 부모님이 열과 성을 다해 '왜 자야 하는지'를 설명해 주신다고 해도 아이는 알아듣지 못합니다. 그냥 주무시는 게 답입니다. 아파트나 빌라 같은 공동 주택에 살면서 이웃집에 참 미안합니다. 평소에 인사를 잘 해 두시면 됩니다. 가끔 부모님들이 미국식으로 애가 그칠 때까지 울리시는 경우도 있습니다. 물론 그렇게 하셔도 됩니다. 특히 낮에는 괜찮은데 새벽 시간에 아이가 너무 오래 울면 우리는 미국처럼 집이 멀찍이 다 떨어져 있는 환경이 아니기 때문에 저는 딱 5분만 아무 반응 보이지 말고 숨죽이고 계셔 보시라고 말씀드립니다.

여기서 새벽에 아이를 잘 재우기 위한 꿀팁. 낮잠부터 아이를 먹이거나 안아서 재우지 마세요. 사람이 졸릴 때에 불안이 굉장히 높아집니다. 그건 어른들도 마찬가지입니다. 그럴 때에 항상 부모님이 안아 주시고 먹이시면 아이는 불안할 때마다 동일한 자극을 원하게 됩니다. 불안을 혼자 견뎌 본 경험이 없으니까요. 그래서 낮잠 때부터 아이가 졸려서 칭얼거리면 잠깐 안아서 토닥토닥해 주시면서 "우리는 이제 잘 거야"라고 말씀해 주시고 '꼭 아이가 잠이 들지 않은 상태에서 바닥 혹은 침대에 눕히셔야 합니다!' 칭얼거리면서 베개도 만져 보고, 손도 빨고 이불도 만져 보고 하면서 자신의 불안을 다루면서 스스로 잠들 수 있는 경험을 하게 해 주시는 것입니다. 아이는 꿈꾸는 얕은 잠-깊은 잠-얕은 잠의 사이클이 대충 1시간 반 주기입니다. 그래서 잠이 예민한 아이들은 한 시간 반마다 시계처럼 깨는 아이들이 있습니다. 그때마다 먹이고 안아 주고 재우면 그야말로 부모님과 아이에게 헬게이트가 열립니다. 아이는 먹다 보면 또 중간에 쉬를 하고, 기저귀가 젖으니까 또 깨고 난리블루스가 됩니다. 졸릴 때 등 대고 뒹굴거리면서 스스로 자 본 경험이 있는 아이들은 새벽에 1시간 반 주기로 선잠이 깨도 스스로 잠들 수 있습니다. 그렇게 되면 다시 깊은 잠으로 빨리 들어가게 되고, 깊은 잠을 잘 때 부모님들이 좋아하시는 '성장 호르몬'이 나오게 됩니다. 밤새 잘 자는 애가 밤새 먹은 애보다 키랑 몸무게가 더 잘 느는 것이 그러한 이유입니다. 그리고 성장 호르몬은 공복 상태에서 더 많이 분비가 되기 때문에 자는 동안에 먹는 것은 여러모로 좋지 않습니다.

같은 맥락에서 잠자리 독립에 대해서 한 번 말씀드릴게요. 신생아 때부터 분리 수면을 한 경우라면 괜찮지만 돌 때까지 부모님과 함께 잤던 아이들은 다섯 돌에 분리 수면을 권합니다. 아이들이 의외로 잘 때 부모님의 움직임에 수면이 방해를 많이 받습니다. 혼자 자면 훨씬 깊이 잘 잡니다. 깊은 잠을 자면 뭐가 나온다? 성장 호르몬이 나오죠. 성장 호르몬은 발육에도 중요한 역할을 하지만 뇌 발달에도 중요한 호르몬입니다. 그런데 다섯 돌 영유아 검진을 할 때 '잠자리 독립'에 대해서 말씀드리면 화들짝 놀라시며 엄두도 못 내시는 부모님들이 많습니다. 혹은 "따로 잘 방이 없는데요?"라고 말씀하시기도 합니다. 잠자리 독립의 핵심은 앞서 말씀드린 '혼자 잠이 드는 것'입니다. 졸리고 불안이 올라오는 그 시간에 혼자 뒹굴거리다 잠이 들 수 있어야 합니다. 그래서 잠자리 독립을 수월하게 하지 못하는 경우, 아이의 저항이 너무 큰 경우에는 단계적으로 시도해 보라고 말씀드립니다. 일단 자는 환경은 동일하게 하시되 아이를 눕히고 "잘 자~, 엄마 아빠는 거실에 있을게" 하고 작은 불 하나를 켜 놓고 나옵니다. 아이가 잠이 안 온다고, 무섭다고 100번 나오더라도 부모님은 다시 손잡고 들어가서 반복합니다. 몇 번? 이제는 아시죠? 2,000번. 그마저도 너무 어렵다면 "엄마 샤워하고 올 테니까 잠깐 누워 있어" 하고 샤워를 하러 들어가십시오. 10번 시도 중에 한 번이라도 아이가 피곤해서 혼자 잠든다면 다음 날 폭풍 칭찬해 주시면서 강화해 주시면 됩니다. 동일한 공간에서 혼자 잠들기가 가능해지면 그다음에는 "들어가서 자" 하면 아이는 "안녕히 주무세요" 하고 들어가서 잡니다. (지금 아이가 세 돌 미만인 부모님은 이런 상상만 해도 마구 행복해지시죠? 희망이 있습니다) 그것까지 가능해지면 공간을 분리하시면 됩니다. 참 쉽죠잉?

마지막으로 낮잠에 대한 이야기를 해 볼 텐데요. 낮잠을 안 자려고 버티는 아이들이 있습니다. 밤잠도 마찬가지죠. 아이들은 '잠을 자는 것'이 부모님과 헤어지는 것이라고 무의식적으로 생각해서 거부하는 경우가 있습니다. 뿐만 아니라 감각이 예민한 아이들은 잠들기 전의 그 불안을 유난히 싫어하고 못 견디는 경우가 있습니다. 잠을 자는 동안 깨어 있을 때 받았던 다양한 자극들이 통합되고, 신경이 시냅스로 연결되기 때문에 정해진 시간을 자는 것이 발달하는 아이들에게는 중요합니다. 그리고 잠을 자는 것은 아이들에게 '생활의 루틴'을 만들어 주는 것과 관련이 있기 때문에 가능하면 정해진 시간에 꼭 재우시는 것이 중요합니다. 낮에 외부 일정이 있어서 낮잠을 못 자고 신나게 놀아서 밤잠을 엄청 잘 잘 줄 알았던 아이가 너무 깨서 더 못 잔 경험이 분명히 있으실 것입니다. 오히려 아무것도 안 하고 집에서 하루 종일 뒹굴거린 날에 아이들이 더 잘 자죠. 여행을 가든, 할아버지 집에 가든 어디를 가든 아이들은 같은 시간에 먹이고 재우는 것이 매우 중요합니다. 이 '루틴'이라고 하는 것이 아이들의 정서 조절, 학습과도 관련이 있기 때문에 루틴을 만들어 주는 것이 참 좋습니다.

만 7개월이 안 된 아기들은 주기가 없고, 낮밤이 바뀌기도 하기 때문에 루틴을 만들기가 어렵습니다. 대신 7개월 정도 되면 낮과 밤이 생기기 때문에 아침 7-8시경에 아이가 일어나면 먹이고, 데리고 놀다가 11시쯤에 첫 낮잠을 재웁니다. 1-2시간 자고 일어나서 젖을 먹이거나 이유식을 먹이고, 오후 3-5시경에 두 번째 낮잠을 재웁니다. 낮잠을 2번 자는 경우에 두 번째 낮잠은 5시 전에는 깨우셔야 합니다. 그러고 또 먹이고 씻기고 저녁 8시경에는 밤잠을 재우시면 됩니다. 아이가 점점 체력이 좋아져서 11시쯤 졸려하지 않으면 낮 12시쯤 점심을 먹이고 1시-3시 사이에 낮잠을 한 번 재우시면 됩니다. 그러면 밤잠을 7시경에 재우시면 되죠. 그런데 만약 아이가 9시 전에 잠을 안 자고 12시까지 논다거나, 두 번째 낮잠을 늦게 자서 사이클이 엉망이 되었다면 저는 '몇 시에 잠이 들건 깨우는 시간을 똑같이 하라'고 말씀드립니다. 같은 시간에 재우는 것은 어렵지만 같은 시간에 깨우는 것은 비교적 쉽거든요. 그러면서 어그러진 패턴을 다시 기존의 루틴으로 맞춥니다. 보통 만 4세쯤 되면 낮잠을 재우지 않으셔도 되는데, 그러려면 아이가 아침에 일어나서 저녁 7-8시경 밤잠을 잘 때까지 체력을 유지할 수 있어야 합니다. 그런데 잘 버티던 아이가 엄마가 저녁밥 준비하는 사이에 오후 5시 반쯤에 잠이 들어 버리면 우리 머릿속에는 '아, 망했다'라는 생각이 스쳐 지나갑니다. 아이는 저녁 8시쯤 깨서는 새벽 1-2시까지 안 자죠. 다들 이런 경험 있으시잖아요? 그런 경우에는 아직 낮잠을 짧게라도 재우셔야 합니다.

1) 세 돌 미만 아이의 잠투정: 부모님은 그냥 주무세요.

2) 잠을 재울 때 먹이거나 안아서 재우지 마세요. 안고 먹이고 난 후에 꼭 아이가 깨어 있는 상태에서 잠자리에 눕히세요.

3) 처음부터 분리 수면을 하시던지, 만약 같이 잤다면 다섯 돌에는 잠자리 독립을 시킵시다.

4) 만 4세까지는 낮잠을 자는 것이 좋습니다. 그 이후도 짧게 낮잠을 자는 것은 어른들에게도 좋습니다. 다만 낮잠이 밤잠에 영향을 미치지 않아야 합니다.

그런데 여기서 제가 덧붙일 말씀이 있어요.

5) 결국 시간이 약이다. 수면 문제는 부모님이 힘드셔서 그렇지 아이에게는 별문제가 없습니다. 잠투정이 심했든, 먹으면서 잤든, 통잠을 못 잤든, 수면 사이클이 불규칙했든…… 그래서 아이에게 문제가 됐다(건강에 이상이 생겼거나, 후유증이 생겼거나, 성격 이상이 되었다는 등의)는 얘기 들어 본 적 있으세요? 저는 없습니다. 깊이 잠을 못 잔다고 해서 성장 호르몬이 분비가 안 되지도 않습니다. 특히 성장은 유전이 커서 엄마, 아빠 키가 유난히 작지 않으면 결국 물려받은 이상은 다 큽니다.

결국 아이의 수면의 문제는 부모님이 의지를 가지고 시도를 해 보면 아이가 잘 잘 수 있으니, 예민한 아이라고 지레짐작해서 포기하지 말자는 것입니다. 부모님 의도대로 잘 안 된다 하더라도 별문제 없습니다. 아이는 잘 큽니다.

4.

우리 아이 피부에 뭐가 났어요

아이가 태어나면 바로 뽀얗고 예쁠 것 같은데, 갓 태어났을 땐 양수에 불어서 쭈글쭈글하고, 또 조금 있으면 신생아 황달로 좀 노래집니다. 이후에 금방 뽀얘질 것이라 기대하지만 얼굴에 사춘기 여드름 같은 것이 올라옵니다. 신생아 여드름, 독성 홍반 이런 것들이죠. 저걸 짜야 하나 말아야 하나 고민하면서, '혹시 이런 것이 아토피의 시작인가?' 걱정이 됩니다. 인터넷을 검색해 보면 정보가 또 너무 많죠? 얼굴뿐만이 아니라 몸, 허벅지 앞쪽까지도 불긋불긋한 발진이 올라오기도 합니다. 생후 4-5개월부터는 본격적으로 아토피 피부염이 있는 아이들은 양쪽 뺨, 몸에, 관절의 튀어나온 곳에 동전 모양의 습진이 생기기 시작합니다. 그러면 이걸 약을 발라서 없애야 하는지, 그냥 둬야 하는지, 뭔가 먹이는 것이 잘못된 것인지, 온도, 습도에 문제가 있는지, 수돗물에 문제가 있는지 별의별 생각이 다 들면서 걱정이 되기 시작합니다.

일단 피부 발진은 아토피 피부염이든, 단순 발진이든, 감기 후에 일시적으로 생기는 바이러스 발진이든, 두드러기이든, 수두든, 뭐든 간에 기본적인 것만 잘 살피시면 됩니다. 일단은 아이가 불편해하는지를 보셔야 합니다. 피부 발진이 심해도 아이가 전혀 아파하거나 가려워하지 않으면 그냥 두셔도 됩니다. 반면 별것 아닌 발진이라도, 심지어 모기에 물렸다 하더라도 아이가 심하게 가려워하면, 특히 자다가 깰 정도로 긁는다면 스테로이드 연고를 좀 발라 주시는 것이 좋습니다. 물론 스테로이드 연고는 처방받아야 하는 것이죠. 부모님들 중에서는 스테로이드 연고를 '독약'으로 생각하시고 안 바르려고 매우 애쓰시는 경우가 많은데, 자는 것이 불편할 정도로 가려워하는 경우에는 발라서 아이를 편하게 해 주시는 것이 훨씬 좋습니다. 그리고 바르는 스테로이드 연고가 전신 부작용을 나타내는 일은 거의 없다고 보시면 됩니다.

피부 발진 부위를 아이가 알게 모르게 많이 건드려서 진물이 나면 항생제 연고를 바르는 것이 좋습니다. 이것도 물론 병원 처방을 받으셔야 합니다. 뭐가 원인이 되었든 건드려서 2차 감염이 되면 '농가진'이 생길 수 있는데 그러면 주변으로 번지기도 하고, 피부가 벗겨지기도 하면서 전신 감염으로 갈 수 있습니다. 진물이 나고, 누런 딱지가 앉고, 발진 주변에 '위성병변'이라고 하는데 비슷한 모양의 발진이 퍼져 나가는 양상이면, 혹은 모기 물린 곳 주변으로 빨간 선이 생기면 먹는 항생제를 먹어야 하는 경우도 있을 수 있습니다.

발진과 열이 같이 나는 경우에는 치료가 필요한 질병이 많습니다. 성홍열, 수족구병, 가와사키병, 마이코플라즈마 폐렴, 홍역, 수두 등이 있습니다. 이런 경우는 전염력이 있을 수 있고 경우에 따라서는 격리, 혹은 입원 치료가 필요한 경우도 있기 때문에 무시하지 마시고 병원 진료를 받으셔야 합니다.

음식을 먹든 다른 원인으로 인해서 몸에 지도 모양의 두드러기가 생기는 경우에 점막 부종이 생기는 경우가 아니면 그냥 두셔도 됩니다. 주로는 눈두덩이가 갑자기 붓는다든지, 입술이 붓는다든지, 혀가 가렵다고 한다거나, 목소리가 쉬는 경우에는 기도가 부어서 숨쉬기 힘들어질 수 있기 때문에 응급실로 가셔야 합니다. 하지만 그렇지 않고 몸에 두드러기가 올라오는 경우에는 아이가 크게 불편해하지 않고 가려워하지 않으면 시원하게 해 주고 지켜보셔도 됩니다. 대부분 조금 있으면 저절로 가라앉습니다. 집에 항히스타민제 같은 알레르기 약이 있으면 먹이셔도 되고요.

결론 및 요약

1) 아이가 불편해하지 않으면 굳이 연고를 바르거나 약을 먹여서 가라앉힐 필요는 없습니다.
2) 발진 부위가 진물이 난다거나, 누런 딱지가 앉는다거나, 주변으로 번지는 양상이면 꼭 병원에 가서 진료를 보세요.
3) 발진이 나면서 열이 함께 나는 경우에는 병원에 가 보세요.
4) 두드러기가 생기는 경우에 눈이 붓는다든지 입술이 붓는다든지, 혀가 가렵다고 한다든지, 목소리가 쉬는 경우가 아니면 그냥 시원하게 두시면 됩니다.

아이 피부에 뭔가가 나서 진료를 보러 오시는 분들은 원인이 뭔지, 진단명이 뭔지 매우 궁금해하시고 걱정하십니다. 하지만 대부분 피부 질환은 가렵거나, 염증이 생기거나, 열이 나거나, 호흡 곤란이 생길 만한 심한 알레르기가 아니라면 굳이 치료를 하지 않아도 되기 때문에 원인과 진단명이 크게 중요하지 않습니다. 시원하게 해 주시고 보습 잘 해 주시면 생겼다 없어졌다 합니다. 사춘기가 지나면서 피부에 기름막이 생기고, 피부 자체도 좀 두꺼워지면서 서서히 덜 예민해지기 때문에 피부가 예민했던 아이들도 대부분 크면서 좋아집니다.

5.

아이가 어린데 에어컨 켜도 되나요?

신생아를 키울 때 아이에게 찬바람 들어갈까 봐 꽁꽁 싸매고 계시는 부모님들이 계십니다. 한여름인데도 혹시 선풍기 바람, 에어컨 바람에 감기 걸릴까 봐 걱정하시고요. 그래서 땀띠, 태열이 심해져서 아이가 보채니 좀 시원하게 해 줬다가 감기에 걸려서 콧물이 나고, 어떻게 해야 할지 모르겠다고 하십니다.

일단 결론부터. 아이에게 가장 좋은 온도는 18도에서 22도입니다. 특히 어린 아이들은 온도 조절을 잘 못 해서 주변이 너무 더워져도 열이 나는 경우도 있습니다. 실제로 100일이 안 된 신생아들은 열이 나면 입원을 시킵니다. 그런데 아이를 너무 덥게 꽁꽁 싸매서 열이 나서 응급실에 오시는 경우도 있습니다. 그리고 온도가 올라갈수록 습도가 낮아지기 때문에 특히 겨울에 난방을 많이 하지 말라고 합니다. 공기가 건조해지면, 아이들 피부는 얇고 유분도 적고, 호흡기 점막이 약해서 아이의 보호막이 약해지고 그걸 통해서 감염이 잘 생기기 때문에 오히려 너무 덥고 건조한 것이 아이에게는 해롭습니다.

여름에는 충분히 시원하게 해 주시고, 아이가 깨서 움직일 때에는 선풍기, 에어컨 바람 직접 쐐도 별문제 없습니다. 그런데 아이가 낮잠을 잔다거나 밤잠을 자서 추워도 반응을 하기 어려울 때에는 선풍기를 발치에 회전을 해 주신다거나 에어컨 바람이 나오는 구멍에 아이를 재우지 않으시면 됩니다.

겨울에는 실내에서 내복을 입어야 할 정도로 서늘한 것이 좋습니다. 우리나라 같은 기후는 겨울철에 건조한데, 실내 온도가 1도 올라갈수록 습도가 확확 떨어지기 때문에 만약에 난방을 해야 한다면 가습기를 충분히 해 주시는 것이 좋습니다. 실내 습도가 적어도 40% 이상을 유지하려면 여름 장마철이 아니고서는 가습기를 Full로 틀어도 쉽지 않습니다. 그래서 실내 온도를 높이지 않는 것이 더 효율적입니다.

1) 시원하게 해 주세요. 선풍기, 에어컨 다 괜찮습니다.

2) 다만 바람을 아이에게 장시간 직접적으로 쐬게 하지는 마세요.

3) 건조한 것이 더 나쁩니다.

아이들은 서늘하면 더 잘 잡니다. 사람이 잠이 들 때 체온이 살짝 낮아지는데 이불 잘 덮고 있으면 혹은 아이들이 수면 조끼 잘 입고 있으면 조금 춥게 지내는 것이 아이들 면역에는 훨씬 더 좋습니다.

6.

이유식 시작하려는데
알레르기가 걱정돼요

이유식에 대한 지침은 다양합니다. 10년 전만 해도 만 6개월이 되면 10배 미음(쌀 1:물 10으로 묽은 미음)을 먹이고 8개월부터는 5배 죽, 10개월부터는 진밥을 먹이라고 공식처럼 이야기를 했는데 이후에도 지침이 많이 바뀌었고, 앞으로도 바뀔 것 같습니다. 최근에는 '자기 주도형 이유식'으로 틀에 정해진 대로 먹이지 말고 아이에 맞춰서 이유식을 진행하자고들 합니다. 예전에는 6개월 미만에는 시작하면 안 된다고 했다가 최근에는 4개월 지나면 시작하자고 하기도 하고, 알레르기(유발하는 것은 돌 전에 먹이면 안 된다고 했다가, 오히려 일찍 시작해야 알레르기)가 적어진다고 하기도 하고. 혼란스러우시죠? 항상 그렇지만 변화하는 것에서는 기본 원칙이 분명히 있고, 그게 중요하겠죠?

언제 이유식을 시작할까요? 일단 아이가 체중이 잘 늘고 있어야 합니다. 4개월 지난 아이가 체중이 정상적으로 잘 늘고 발달에 큰 문제가 없다면 이유식을 시작할 준비를 합니다. 아이가 엄마, 아빠 밥 먹을 때 관심을 보이고, 입맛을 다시면서 같이 오물거린다면 시작할 수 있습니다. 건더기가 없는 묽은 미음부터 시작해서 숟가락으로 뭔가를 먹는 연습을 합니다. 이유식을 먹고 나서 꼭 모유든 분유든 이어서 먹이시는 부모님들이 많으신데, 적어도 이유식을 100cc 이상 충분히 먹었다면 굳이 붙여서 먹이실 필요 없습니다. 이유식을 처음엔 1-2숟갈로 시작하지만 한 번에 100cc 정도가 먹어진다면 다시 60cc 정도로 하루 두 번으로 늘리시면 됩니다. 모유는 양을 알 수 없지만 분유를 먹는 아이라고 하면 이유식을 진행하면서 분유는 하루 500ml 이상만 먹이시면 됩니다. (보통 1,000ml는 넘기지 말라고 하죠)

쌀미음으로 시작한 이유식에 음식을 추가할 때 2-3일 이상의 간격을 두고 하나씩 추가하라고 합니다. 여러 종류를 한꺼번에 추가하면 혹시 아이가 먹고 나서 탈이 났을 때 무엇 때문인지 알 수 없으니까요. 뭔가를 추가했을 때 30분-1시간 이내에 피부 발진이 생긴다거나, 기존의 아토피 피부염 부위가 심하게 빨개지거나 변이 갑자기 확 묽어진다면 일단 추가한 것은 더 이상 먹이지 마시고 2주 후에 다시 시도해 봅니다. 다시 시도했을 때 별문제가 없으면 계속 먹이시면 되고, 그때에도 비슷한 증상이 생기면 돌 때까지 먹이지 마시고, 돌 이후에 다시 시도해 봅니다. 돌 이후에도 알레르기 증상이 생기면 6개월 간격으로 시도를 해 봅니다. 대부분의 음식들은 늦어도 세 돌 전후에는 알레르기가 있던 경우에도 없어지는 경우가 많아서(계란, 우유 등) 일정 간격을 두고 시도해 보시면 됩니다. 다만 견과류 알레르기의 경우 평생 가는 경우가 많아서 알레르기가 의심이 되면 먹이지 마시고, 알레르기 검사를 해 보셔야 합니다. 그리고 단순히 피부 발진, 변이 묽어지는 정도면 부모님이 이렇게 시도해 보시면 되지만 앞서 말씀드린 점막 부종(눈이 붓거나 입술이 붓거나, 호흡 곤란이 온 경우)이 생긴 경우라면 혈액 검사를 해 보고, 원인 음식은 먹이지 마시고, 만약 시도를 해 본다면 응급 처치가 가능한 대학병원에서 의사 선생님의 감시하에 먹이는 시도를 해야 합니다.

만약 우리 아이가 알레르기가 있다면 부모님들은 인터넷에 '알레르기에 좋은 음식, 좋지 않은 음식'을 검색하시고, 지나치게 식이 제한을 하시는 경우가 있습니다. 특히 동물성 제품을 거의 먹이지 않는 부모님들도 계십니다. 하지만 우리 아이에게 알레르기를 일으킨 음식이 아니라면 덮어 놓고 제한하시는 것은 좋지 않습니다. 성장기 아이들에게는 동물성 식품들, 특히 동물성 단백질이나 지방이 필요합니다. 뿐만 아니라 다양한 맛과 질감을 경험하는 것이 아이들의 인지 발달에도 중요합니다. 알레르기에 '일반적으로' 좋은 음식 혹은 나쁜 음식은 없습니다. 심지어 혈액 검사(MAST 검사)에서 알레르기가 있다고 나온 음식도 실제로는 증상을 일으키지 않는 경우도 있습니다. 우리 아이에게 알레르기를 일으킨 음식만 제한하시면 됩니다.

결론 및 요약

1) 발육, 발달이 정상이면 4-6개월에 이유식을 시작합니다.
2) 2-3일에 하나씩 새로운 음식을 시도합니다.
3) 가벼운 알레르기 증상(발진, 설사 등)을 보이면 일정 간격을 두고 시도해 봅니다. 하지만 심각한 알레르기 증상(호흡 곤란 등)을 보인 경우에는 알레르기 검사를 하고, 의사 선생님의 지시에 따라서 먹일지 말지를 결정합니다.
4) 무조건적인 식이 제한은 좋지 않습니다.

7.

기저귀는
언제, 어떻게 떼나요?

아이를 어린이집에 보내려고 하면 '기저귀는 떼고 보내야 하는 것 아닌가?' 하고 생각하시는 부모님이 많이 계십니다. 돌 지나서 수월하게 떼는 아이들이 있고, 학교 가기 전까지 대변은 기저귀에 하려고 해서, 혹은 야뇨증 때문에 기저귀를 못 떼는 경우가 있어 걱정을 많이 하십니다.

자, 일단 의학적인 기준으로는 오줌 기저귀는 만 5세 11개월까지 떼면 되고, 똥 기저귀는 만 4세 11개월까지만 떼면 됩니다. 보통 이렇게 말씀드리면 부모님들께서 진짜 그때까지 기다려도 되는지 물어보십니다. 물론 그때까지만 해결하면 된다고 해서 그냥 방임하시라는 말씀은 아닙니다. 일단은 아이가 기저귀를 떼려면 의사 표현을 할 수 있어야 합니다. 아이의 언어 발달에 문제가 없어서 엄마한테 "쉬", "응가" 이런 식으로 표현을 할 수 있어야 하는데, 꼭 말은 못하더라도 손으로 기저귀를 탁탁 칠 수 있을 정도의 의사 표현을 할 수 있어야 일단 뗄 준비를 할 수 있습니다. 그럼 어떻게 하면 될까요? 그냥 수월하게 기저귀를 뗀 아이들의 부모님은 이번 장은 그냥 패스하시면 됩니다. 하지만 그렇지 못한 분들은 한번 들어 보세요.

일단, 쉬 기저귀! 예전에는 어르신들께서, 그냥 돌 지나서 기저귀 벗겨 놓으면 알아서 뗀다고 하시는 분들이 있습니다. 하지만 기질적으로 불안이 높은 아이들은 기저귀를 벗겨 놓으면 혹시 실수할까 봐 불안해서, 절대로 안 벗으려고 도망가는 아이들이 있습니다. 그래서 일단은 "쉬 했으면 엄마한테 와~. 엄마가 기저귀 갈아 줄게"를 먼저 하십니다. 아이가 오줌이나 똥을 눈 것 같으면 그냥 만져 보고 갈아 주시지 말고, "쉬 했어?", "응가 했어?"라고 물어보고 갈아 주시거나, 아이에게 새 기저귀 가지고 오라고 시킵니다. 기저귀를 떼는 것의 핵심은 아이가 '오줌을 눈다, 똥을 눈다'에 대한 인식이 생겨야 하기 때문입니다. 일단 쉬, 똥을 눈 후에 엄마에게 알릴 수 있는 수준이 되면 "이제, 우리 기저귀 벗고 있자. 대신에 쉬 마려우면 엄마한테 얘기해, 기저귀 입혀 줄게" 하면 됩니다. 그러면 기저귀에 쉬, 똥을 누고 벗겨 주시면 됩니다. 그러는 중에 '우리 이번에는 여기서 해볼까?' 하고 아기 변기를 시도해 보시면 됩니다.

낮에 쉬 기저귀를 성공적으로 떼고 나면서 밤 기저귀를 바로 떼는 아이들도 있고, 밤에는 불안해서 기저귀를 차고 자려는 아이들이 있습니다. 이런 경우에는 낮 기저귀 떼고 한 1년 있다가 밤 기저귀를 떼시면 됩니다. 다만 밤 기저귀를 뗄 때에는 체크하셔야 하는 것이 있습니다. 아침에 일어났을 때 오줌을 안 눈 경우라면 그냥 떼면 되고, 아침에 기저귀가 젖어 있는 경우라면 아이가 언제 오줌을 누는지 체크하셔야 합니다. 밤 12시 전후에 기저귀를 만져 봐서 오줌이 눠 있으면 아직 밤 기저귀를 뗄 때가 아닙니다. 하지만 밤새 안 누다가 새벽 4-5시에 선잠에 깼을 때 화장실 가기 귀찮아서 기저귀에 오줌을 누는 경우라면 그냥 떼 버리시면 됩니다. 밤 12시 전후로 오줌을 누는 아이들은 아직 신체 발달이 덜 된 것이기는 한데 만약 만 5세 11개월까지도 그러하다면 병원 진료를 보시고, 야뇨증에 대한 검사를 좀 해 보는 것이 좋습니다.

다음, 똥 기저귀! 똥은 좀 더 어렵습니다. 쉬는 한 번 나오면 알아서 쭉 나오기 때문에 아이들이 한두 번 성공하고 나면 어렵지 않습니다. 그런데 이 똥은, 배가 아플 때 구멍 뚫린 곳에 앉아서 똥꼬는 긴 장을 풀고, 배에는 힘을 줘야 하기 때문에 어렵습니다. 뿐만 아니라 구멍 뚫린 곳에 앉으면 긴장이 올라가서 나오려던 똥이 안 나온 경험을 하고 나면 아이들이 변기에서 똥 누는 것을 극심히 거부하는 경우가 많습니다. 그래서 똥만큼은 학교 가기 전까지 기저귀에 누는 경우가 꽤 많습니다. 똥이 마려우면 기저귀를 채워 달라고 해서 방에 혼자 들어가서 서서 누거나, 쪼그려 앉아서 누는 것이죠. 이런 경우에 아이들은 변기에 똥 누기를 성공했다 하더라도 어린이집, 유치원 등 집 밖에서는 똥을 안 누고 참는 경우가 많습니다. 이건 기질적 측면에서 이해해야 하는 것이라 그냥 두셔도 됩니다. 다만 변을 너무 참아서 변비가 심해지는 경우라면 병원에서 변비약을 처방받아서, 아이가 편안한 시간에 변을 볼 수 있게 적절한 사이클을 만들어 주시는 것이 좋습니다. (저는 보통 밤에 자기 전에 변비약을 먹으면 밤새 배가 꾸룩거리고, 아침에 바쁜데 똥 누느라 힘들어서, 어린이집 갔다 와서 속이 좀 비어 있을 때 약을 먹여서 저녁 시간에 편안하게 집에서 변을 볼 수 있게 하라고 조언합니다)

언어 발달 등의 정상인데 기저귀를 못 떼는 아이들의 대부분은 '기저귀를 벗고 있는 것'과 '변기'에 대한 거부가 있는 경우가 많습니다. 따라서 이렇게 시도하시는 중에 변기에 익숙하게 해 주는 과정이 필요합니다. 아기용 변기를 뚜껑 덮어서 의자처럼 밖에다 놓고 앉혀서 책도 읽어 주고, 간식도 먹이고 합니다. 어른 변기에 끼우는 아기용 변기 같은 경우에도, 옷 입은 채로 앉혀서 양치질도 시키고, 로션도 발라 주고 합니다. 이후에 목욕을 하고 옷을 벗은 채로 앉혀서 수건으로 머리도 말려 주고 하시면서 '구멍 뚫린 곳'에 긴장하지 않고 앉아 있는 연습을 시킵니다.

결론 및 요약

1) 소변 기저귀는 만 5세 11개월까지(밤 기저귀 포함), 대변 기저귀는 만 4세 11개월까지만 떼면 됩니다.
2) 변기에 익숙해질 수 있도록 도와주세요.

의학적 기준은 여유가 있지만 그때까지 괜찮으니까 아이를 방치하라는 말씀은 아니고 적절한 단계를 거쳐서 다양한 시도를 해 보시고, 그런 과정에서 우리 아이의 기질을 살피는 것이 중요합니다. 이러면서 아이에게 적절한 성취 목표를 주고, 동기 부여를 해 주면서 안정적인 훈육이 시작됩니다. 좌절을 겪어도 또 시도해 보면서, 부모님이 칭찬해서 강화해 주시면서 아이가 얻는 성취감, 유능감은 대단한 것이거든요. 아이를 살피면서 이런 시도해 보는 것은 단순히 '기저귀를 떼는 것'의 의미라기보다는 아이가 성취를 경험하고, 좌절을 견디는 것을 부모라는 안전한 울타리 안에서 경험하게 할 수 있습니다.

8.

돌 지나서는
뭘 어떻게 먹여야 하나요?

지난 장에서는 돌 전 아이의 이유식에 대해서 말씀드렸습니다. 돌이 지나면 '이유식: 젖을 떼고 일반식으로 넘어가는 식이'가 아닌 본격적인 식사가 시작됩니다. 식사 세 끼에 우유 두 잔을 먹으면 충분합니다. 그런데 입이 짧은 아이들은 세 끼를 다 잘 먹지는 않습니다. 의학적인 기준에서는 하루에 아이 주먹만큼의 단백질(고기, 생선, 계란, 두부 등)에 우유 500ml 정도, 비타민 D400-600IU를 먹으면 영양학적으로 크게 부족하지 않다고 합니다. 우유 안에 어지간한 비타민, 무기질이 들어 있기 때문에 야채는 꼭 안 먹어도 됩니다. 아이가 좋아하는 과일 한두 가지 먹을 수 있으면 됩니다. 물론 야채를 먹는 것이 치아건강, 영양적 균형, 다양한 식감과 맛에 익숙해지는 면, 턱의 발달 등에 좋습니다. 하지만 영양학적으로는 안 먹는다고 해서 크게 문제 되지 않습니다.

밥을 잘 먹지 않는 아이들은 씹는 것을 싫어해서 마셔서 배 불리는 것을 좋아합니다. 그래서 돌이 지나서도 젖병에 분유 혹은 우유를 먹는 것을 좋아하는데, '씹는 행위' 자체가 턱의 발달, 인지 발달 등에 중요하기 때문에 이제 우유, 분유는 500ml 정도로 제한하셔야 합니다. 편식하는 아이들의 영양이 부족할까 봐 이것저것 인위적으로 섞어 놓은 조제분유를 계속 먹이고 싶어 하시는 부모님들이 계신데, 생우유에 극심한 알레르기가 있지 않는 이상 돌 지나서 분유를 권하지 않습니다. 조제유에는 들어갈 수 있는 단백질의 양에 한계가 있기 때문에 성장 발달에 큰 도움이 되지 않습니다.

아이들은 매 끼니를 잘 먹지는 않기 때문에 하루 세 끼 중에 두 끼 정도를 제대로 먹는다고 생각하시면 됩니다. 바쁜 아침에는 모닝롤 같은 빵에 우유 한 잔 정도로 간단히 주셔도 괜찮습니다. 하루에 꼭 먹어야 하는 양이 많지 않기 때문에 (단백질 주먹만큼+우유 두 잔+비타민 D) 아이를 먹이는 것에 많은 부담을 가지지 않으셔도 됩니다. 부모님들께서 단호한 훈육을 시도하시다가 항상 이 '먹이는 것' 때문에 무너지시는 경우가 많습니다. 아이는 '먹는 행위'를 통해서 조금 오버해서 부모를 '조종'하려는 면이 있기 때문입니다. 먹이는 것과 관련된 훈육에 대해서는 다음 장에서 설명하겠습니다. 자 요약해 볼까요?

결론 및 요약

1) 돌 지나면 분유에서 생우유로 넘어갑니다.
2) 식사 세 끼에 우유 두 잔(400~500ml) 먹으면 됩니다.
3) 매 끼니를 밥, 반찬으로 이뤄진 정찬을 차려 줄 필요는 없습니다.

덧. **우리나라에 '못 먹어서 못 크는' 아이는 없다**고 생각하셔도 됩니다. (아동 학대 같은 특수한 경우가 아니라면요) 부모님께서 '내가 못 먹여서 행여나 키가 안 클까 봐, 뇌 발달이 안 될까 봐' 걱정하지 않으셔도 됩니다.

9.

밥을 너무 안 먹어요, TV라도 보여 주면서 먹여야 하나요?

어린아이를 키우는 부모님들은 아이를 '먹이는' 문제가 참 큽니다. 아이들이 이것저것 골고루 먹어 주면 좋겠는데, 식탁에 가만히 앉아서 먹으면 좋겠는데 참 마음대로 안 됩니다. 돌 지나서 부모님께서 '되는 것, 안 되는 것'에 대해서 단호하게 훈육을 시작하게 되는데 이 '먹는' 상황에서는 부모님께서 단호함을 유지하기가 어렵습니다. 잘 먹지 않는 아이가 잘 안 먹고, TV를 켜달라고 하거나 돌아다니는 상황에서, 밥을 제대로 안 먹으면 행여나 아이가 못 클까 봐, 혹은 건강이 나빠질까 봐 부모님께서 마음이 약해지시죠. 결국 식사 때만큼은 아이의 먹는 양을 채워 주기 위해 아이의 부당한(?) 요구를 들어주게 됩니다.

앞서 말씀드린 대로 아이가 하루에 꼭 먹어야 하는 양이 그리 많지 않습니다. 저는 '단백질 주먹만큼, 우유 두 잔, 비타민 D' 정도 먹는다면 식사 때 절대로 아이에게 져 주지 말라고 말씀드립니다. 만약 우유를 알레르기 등으로 인해 못 먹는 아이라면 단백질을 조금 더 먹이고 다양한 비타민과 철분이 들어 있는 비타민을 추가로 먹이라고 말씀드립니다. 그 정도가 유지가 된다면 굳이 쫓아다니면서 혹은 TV, 핸드폰 등으로 아이 혼을 쏙 빼 놓고 입에 음식을 밀어 넣는 행동을 할 필요가 없습니다.

일단 아이와 밥을 먹을 때에는 아이와 부모님께서 눈을 맞추고 앉으면 좋습니다. 주로는 아이가 돌아다니지 못하게 하이체어에 앉혀서 식탁에 앉혀서 밥을 먹기를 권합니다. 그러고는 아이가 먹었으면 하는 것으로 잘 차려 주십니다. 다양하게요. 저도 남편과 저는 수입산 고기 먹으면서 아이들은 한우 사다가 반찬 했는데 아이가 손도 안 대서 맘 상했던 기억이 나네요. 야채도 놓고, 다양한 맛과 향의 음식을 차려 줍니다. 그 안에서 아이가 흰 밥만 먹든, 김만 먹든, 생선이나 고기만 골라서 먹든 상관없습니다. 그렇게 20분을 먹게 두고 시간이 지나면 식사를 치우고 아이를 의자에서 내려 줍니다. 끝. 참 쉽죠?

아이는 부모님이 억지로 먹이지 않으니 좋고, 부모님도 편하고 좋습니다. 그리고 식사를 제대로 하지 않으면 다음 끼니까지는 간식을 주지 않습니다. 이게 어렵습니다. 아이가 밥을 잘 안 먹으면 배가 고파 짜증이 많아지고, 부모님께서 그 짜증을 견디는 일이 쉽지 않습니다. 강하게 말씀하시는 소아과 선생님은 아이들은 3일만 식사 외에 아무것도 주지 않으면 아이들 식습관은 다 고쳐진다고 하시는 분들이 계신데, 부모 마음이 바싹바싹 타기 때문에 쉽지는 않습니다. 입이 짧은 아이들은 좋다고 굶고 있는 경우도 많습니다. 하지만 아이가 하루에 오줌을 4번 이상 누고, 앞서 말씀드린 기본량을 먹는다면 (단백질 주먹만큼, 우유 두 잔, 비타민 D) 별일은 생기지 않습니다. 기분 좋게 20분을 먹이고, 혼내지 말고 식사를 끝내시면 됩니다.

그러면서 또 중요한 것은 아이 앞에서 부모님께서 좋아하시는 음식으로 식사를 하시면 좋습니다. 내가 좋아하는 밥을 먹으면서 아이가 음식으로 장난치고 있을 때 한 입씩 먹어 주시면 됩니다. 아이들이 돌 지나서 밥을 잘 먹지 않는 것은 새로운 맛과 향, 질감에 낯설어서 그렇습니다. 사람에 대한 낯가림도 생기지만 맛도 가리죠. 분명 맛있어할 것 같은데 손도 안 대는 경우가 낯설어서 그렇습니다. 특히 미각이 예민한 아이들은 이것저것 섞어 놓은 음식을 매우 싫어합니다. 볶음밥, 동그랑땡 같은 것이요. 한꺼번에 다양한 맛이 입에 들어오는 것을 싫어합니다. 부모님은 아이가 편식을 하니까 다 섞어서 뭔지 모르게 먹이고 싶으시지만 예민한 아이들은 그 섞여 있는 맛을 다 느끼면서 거부합니다. 아이가 먹었으면 하는 음식으로 다양하게 차려 주시면 눈으로 보고 익숙해지고, 만져서 질감을 익히고, 향을 맡고, 입에 넣고 뱉었다 하면서 익숙해지는 데에 시간을 많이 쓰셔야 합니다. 그리고 부모님이 음식을 먹는 것을 보면서 '내가 좋아하는 사람이 먹는 음식'은 '안전한 음식'으로 느껴지기 때문에 지금 당장은 먹지 않아도 언젠가는 먹게 됩니다. 그래서 부모님께서 건강한 음식을 차려서 맛있게 드시는 것을 보여 주는 것이 중요합니다. 뒤에도 계속 나오게 되겠지만 부모는 '가르침을 주는' 사람이 아니라 '모델링' 해 주는 사람이기 때문에, 부모님이 맛있게 식사하는 모습을 보여 주는 것이 정말 중요합니다.

결론 및 요약

1) 부모님과 눈높이를 맞춰서 앉히세요.
2) 아이가 먹었으면 하는 것으로 차려 주세요.
3) 아이가 스스로 골라서 먹을 수 있게 해 주시고, 20분 정도 지나면 식탁을 정리합니다.
4) 아이와 부모님이 함께 식사를 하세요. 부모님께서 좋아하시는 음식으로요.

이런 원칙만 지키실 수 있으시다면, 아이 밥 한 숟갈 더 먹이기 위해서 쫓아다니거나, 정해진 양을 다 먹이기 위해 1시간씩 먹이거나, TV 보여 주면서 먹이며 쌓아 놨던 훈육의 단호함을 무너뜨리지 않으실 수 있습니다. 아까도 말씀드렸죠? 못 먹어서 못 크는 아이 없습니다. 아이의 식탁 앞에서 강해지세요, 부모님들. 파이팅!

10.

분노 발작, "안 돼"라고 말하면
아이가 드러눕고 너무 울어요

아이들은 돌 정도가 되면 자신의 생각이 생기기 시작합니다. 18개월 정도 되면 부모님이 "안 돼!"라고 말을 하면 울거나 드러눕고, 발을 쿵쿵 구르기도 합니다. 집에서만 그런 것이 아니고 길을 가다가도 대로변에 드러누워 버리면 당황스럽습니다. 부모님은 어찌할 줄 모르게 되죠. (분노 발작, Temper tantrum) 가끔은 아이가 울음이 시작될 때 소리를 내지 않고 입술이 파래질 때까지 숨을 쉬지 않다가 울음을 빵 하고 터뜨리는 경우도 있습니다. 이런 경우를 '호흡 중지 발작, Breath holding spell'이라고 합니다. 결론부터 말씀드리면 분노 발작이든 호흡 중지 발작이든 이걸로 인해 아이의 성격이 나빠진다거나, 건강상의 문제가 생기는 경우는 거의 없습니다. 그런데 아이가 너무 극렬히 반응을 하다 보니 아이가 울면 아이가 원하는 것을 빨리 들어주고 이 고통스러운 상황을 끝내 버리고 싶은 마음이 듭니다. 하지만 여기서 부모님께서 무너지면, 아이들은 '아, 울면 해결되는구나'라고 생각하면서 자기 조절을 배우지 못하게 됩니다. 건강상의 문제가 생기는 것은 아니지만 아이의 '자기조절력'을 학습시키기 위해서는 아이의 울음에 강해지셔야 합니다.

일단 아이가 드러누워서 울고, 바닥에 머리를 쿵쿵하거나 발로 구르는 경우에 아이가 다칠 것 같으면 푹신한 쿠션이 있는 곳으로 아이를 옮깁니다. 그리고 아이의 격한 감정이 가라앉기를 기다립니다. 이럴 때에는 아이들도 '제정신'이 아니기 때문에, 이런 상황의 아이를 두고 훈육을 하시는 것은 비효율적입니다. 때로는 울고 난리 치는 아이를 놓고 그냥 다른 곳으로 가 버리시는 경우도 있는데, 이런 경우에 아이들은 '버림받는' 경험을 하게 되기 때문에 역시나 또 안정적인 애착 형성이 되기 어렵습니다. 힘들더라도 아이를 안전한 곳으로 옮기가 감정이 좀 식기를 기다립니다. 아이들은 체력에 한계가 있기 때문에 영원히 울 수는 없거든요. 대부분 5분 전후입니다. 아이가 살짝 울음이 잦아지고 공격적인 행동이 가라앉으면 부모님께서 "울지 말고 말로 해"라고 말씀하십니다. 혹은 아이가 울게 된 이슈들 "사탕은 밥 먹고 먹는 거야" 와 같은 짧고 간결한 메시지를 반복해서 들려줍니다. 여기서 아이가 울음을 뚝 그치고 부모님이 안아 주고 끝나면 되는 아이가 있습니다. 모든 아이가 이 정도로만 끝나면 얼마나 좋을까요? 하지만 현실은…… 그렇지 못한 아이들이 있습니다.

아이가 이제 물건을 던지거나 부모님을 때리거나 하는 등 더 격한 반응을 보이게 됩니다. 그러면 아이의 손목을 한 손으로 잡고, 아이 눈을 보고 같은 메시지를 반복해서 들려줍니다. 그러면 아이는 반대 손으로 또 던지고 때리고 하죠. 그럼 그 손도 잡고 같은 말을 해 줍니다. 그러면 발로 차고 머리를 앞뒤로 흔들고 난리가 납니다. 그런 경우에 아이를 마주 보고 손을 잡고 눈을 바라보면 부모님이 아이의 힘에 휘청거리게 됩니다. 아이를 돌려 앉혀서 (아이와 부모님이 같은 방향을 바라보게) 부모님 품에 아이를 꼭 안고 아이 상체가 살짝 앞으로 숙여지게 되면 아이가 크게 힘을 쓰지 못합니다. 그러고는 아이의 힘이 풀릴 때까지 기다립니다. 아이는 울고불고 난리가 나지만 엄밀히는 부모님 품에 안겨 있는 것이죠. 의자에 앉으시든 바닥에 앉으시든 "엄마는, 아빠는 네가 그칠 때까지 기다릴 거야"라고 하고 기다리십니다. 일반적인 아이들은 10분 전후로 끝이 나지만 30분−1시간이 걸리기도 합니다. 하지만 이 정도까지 온 경우라면 절대로 부모님이 포기하시면 안 됩니다. 아이 우는 소리를 한 10분 이상 들으면 '이게 뭐라고 내가 얘하고 이러고 있나' 하는 생각이 들면서 "에휴, 그냥 말자"라고 하면서 부모님이 놔주시면 아이들은 또 '아, 한 10분만 버티면 되는구나' 밖에 학습이 안 됩니다. 그러면 아이들은 매 훈육 장면에서 10분은 울고 시작하게 됩니다.

아이가 힘이 탁 풀리고 울음을 그치면 돌려 앉혀서 "사탕은 밥 먹고 먹는 거야"라는 식의 같은 메시지를 반복해서 들려주십니다. 그러고 안아 주시면 됩니다. 하지만 여기서 끝나지 않는 아이들이 있습니다. 다시 울고 발 구르고 난리를 치게 되면 다시 같은 방식으로 안아서 아이를 품에 꼭 안아 주고, 울음을 그치거나 힘이 풀릴 때까지 기다립니다. 아이가 "똥 마려워요", "아파요", "졸려요" 기타 등등 무슨 말을 해도 "괜찮아"라고 하시고 아이를 안고 계십니다. 실제로 오줌을 싸 버리기도 하지만 당황하지 마시고요. 다시 아이 힘이 풀리면 돌려 앉혀서 "사탕은 밥 먹고 먹는 거야"라고 말씀해 주십니다. 95%

의 보통의 아이들은 여기서 대부분 끝이 납니다. 아이가 스르륵 누워서 잠이 들어 버리기도 하고요, (아이들이 굉장한 에너지를 씁니다) 안아 달라고 하기도 합니다.

　이런 과정을 모든 것에서 하실 것은 아닙니다. 부모님께서 중요하게 생각하는 이슈 1-2개에서 일관되게 해 주시면 됩니다. 누군가를 때린다든지, 너무 길게 운다든지 1-2가지 중요한 이슈에 대해서 일관되게 해 주시면 '정상 지능'의 아이들은 2-3번 이런 과정을 거치면 부모님이 손목을 잡고 눈을 보고 "사탕은 밥 먹고 먹는 거야", "누나 때리면 안 돼"라는 등의 메시지를 간결하게 주시면 그냥 안 울고 그치고 끝이 납니다. 아이들도 '우리 엄마, 아빠 저 표정에 저 말투면 끝이다'라는 것을 알게 됩니다. 그러면서 부모님께서는 아이의 행동에 '한계를 설정'해 주시게 됩니다. 대부분 이런 이슈가 18-24개월 사이에 가장 많습니다. 이때 이러한 한계 설정을 적절히 해 주시게 되면 이후에 아이의 훈육이 훨씬 쉬워지고, 아이도 부모님이 명확한 한계를 지어 준 안에서 밝게 잘 자랍니다. 세상의 규칙도 잘 수용하게 되고요. 이 시기에 실패하시면 더 큰 아이를 데리고 이런 과정을 겪어야 하기 때문에 부모님도 힘들지만 가장 중요한 것은 우리 아이가 자기조절력을 배우지 못해서 힘이 듭니다.

　저는 사춘기 되기 전의 아이들에게 가장 좋은 부모상은 '우리 아빠, 엄마는 정말 좋은데 좀 무서워'라고 생각되는 부모라고 말씀드립니다. 아이의 감정은 온전히 수용해 줘야 하지만 아이의 행동에는 너무 많은 선택을 주시면 안 됩니다. 매 순간 자기가 선택해야 한다고 생각하면 아이들은 불안해집니다. 돼, 안 돼가 확실한 부모가 아이에게 안정감을 줍니다. 아이가 사춘기가 되면 '네가 그런 행동을 한 것에는 분명히 이유가 있을 거야'라고 생각하며 아이의 선택과 행동을 존중해 줘야 하지만, 어린아이들에게는 '친구 같은 혹은 민주적인?' 부모가 '방임하는 부모'일 수 있습니다. 어린아이에게 행동에 있어 적절한 한계를 설정해 주시는 것은 매우 중요합니다.

결론 및 요약

1) 아이가 울고불고 난리를 치더라도 절대로 져 주지 마세요.

아이의 감정은 온전히 수용해 주시지만 ("아~ 누나가 미웠구나", "아~ 사탕이 먹고 싶었구나") 행동에는 단호하셔야 합니다. ("다른 사람을 때리면 안 돼", "사탕은 밥 먹고 먹는 거야")

11.

우리 아이 말이 늦은 걸까요?

요즘은 아이들 언어 발달에 매우 관심이 많으십니다. 언어가 아이들의 인지, 사회성 발달에 영향을 주고, 학습과도 관련이 있기 때문에 더더욱 그런 것 같습니다. 아이의 언어 발달은 언제부터 신경 써야 할까요? 태어나는 순간부터 언어 발달은 시작됩니다. 정상 언어 발달에 대해서 간단히 한번 알아볼까요?

- 100일이 지나면 부모님과 눈을 맞출 수 있어야 하고
- 6개월이 되면 부모님이 아이 얼굴을 보고 "(이름)야~"라고 부르면 웃거나 반응을 보여야 합니다.
- 10개월이 되면 등 뒤에서 부모님이 "누구야~" 하고 부르면 돌아보거나 "안 돼!" 하면 하던 행동을 멈춰야 합니다.
- 12개월이 되면 의미 없이 "엄마", "아빠", "맘마"는 할 수 있어야 합니다.
- 18개월이 되면 간단한 말은 알아들어야 하고 30개 정도의 단어는 말할 수 있어야 합니다.
- 24개월이 되면 어지간한 말은 다 알아듣고, 2개 이상의 지시를 따를 수 있어야 합니다. (공 가지고 아빠 갖다 주세요) 그리고 두 단어 이상의 문장을 말하는데 "아빠 먹어"라는 식의 단어 나열 말고

"아빠가 먹어", "고운이가 응가 했어"라는 식의 조사가 들어간 문장의 형태를 시작해야 합니다.

- 세 돌에는 단어 300개 정도를 이해하고 말할 수 있어야 하고, 단순한 "이거 줘" 식의 요구 표현 말고 자신의 감정이나 생각을 문장으로 표현할 수 있어야 하고, 딸기, 사과는 '과일'이라는 상위 개념을 알기 시작해야 하고, 하나의 주제를 놓고 대화가 3-4번 이어질 수 있어야 합니다.

- 네 돌에는 두 문장을 '그리고, 그런데' 등의 접속사로 이어서 복문을 말하는 것에 어려움이 없어야 하고, 간단한 글자를 읽을 수 있어야 합니다. (예, 사과를 'ㅅ, ㅏ, ㄱ, ㅘ'로 이뤄진 것은 몰라도 통 글자로 대충 '사과'구나 하는 정도는 알 수 있어야 합니다)

- 다섯 돌에는 거의 어른 수준의 발음이 완성되어야 하고, 그림 그리듯이 글자를 베껴 그릴 수 있어야 하고, 다른 사람과 토론이 가능해야 합니다.

- 여섯 돌에는 학교 가기 직전으로, 어른 수준의 모든 발음이 가능해야 하고, 말더듬이 없어야 합니다. 정확한 맞춤법은 몰라도 읽고 쓰기를 할 수 있어야 하고, 음운 규칙도 어느 정도 알고 있어야 합니다.

언어 센터에 가장 문의가 많이 오는 나이대가 24-36개월 사이의 아이들입니다. 말을 못해도 부모님들이 기다리시다가 이때쯤엔 '더 이상 안 되겠다'라고 생각하고 오시게 됩니다. 앞선 단계에서 어느 수준에라도 지연을 보이는 경우에는 개입을 해 주시는 것이 좋습니다. 언어는 단순히 '말을 하는 기술'을 가르쳐 주는 것이 아니고, '언어를 통한 규칙'을 배워야 하고 '언어를 통한 관계 맺기, 사회성'을 학습해야 하고, '언어를 통한 학습'이 가능해야 하는데, 이게 적정 시기를 놓치면 따라잡기가 매우 어렵기 때문입니다. 세 돌까지는 말하는 데 문제가 없어야 하고 3-5세 사이에는 언어적 화용, 맥락에 맞는 말하기, 대화하기, 논리적 설명 및 감정 표현이 가능해야 하고, 6세부터 11세까지 언어를 통한 학습이 완성됩니다. 발음도 만 6세가 지나면 거의 교정이 어렵기 때문에, 이 적절한 시기를 놓치지 않는 것이 중요합니다.

  그러면 이런 정상 발달을 위해서는 어떻게 해야 할까요? 일단은 아이가 '못 알아들을 것'이라고 말을 안 하시면 안 됩니다. 못 알아듣더라도 끊임없이 언어에 노출시키는 것이 중요합니다. 앞선 밥 먹이는 것에도 그렇지만 지금 당장 먹지 않더라도 꾸준히 노출시켜 주는 시간이 필요합니다. 그리고 돌이 지나면 아이가 원하기 전에 뭔가를 미리 해 주지 마세요. 대부분 자폐, 지능 저하, ADHD가 아니면서 언어 지연을 보이는 경우는 아이가 두세 돌이 지났는데도 부모님께서 아이를 신생아 키우듯이 하시는 경우가 많습니다. 아이는 집에서 전~혀 말을 안 해도 사는 데 지장이 없게 만들어 주시고, 말을 못 한다거나 훈육이 어렵다, 어린이집 적응이 어려워서 언어 검사를 하러 오시는 경우가 많습니다. '아, 이때쯤에는 요구르트 먹지' 하고 미리 대령하지 마시고, 아이가 요구할 때까지 기다려 보시는 것이 중요합니다.

그리고 우리 아이가 말이 느리다고 해서 아이를 테스트해 보기 위해서 아이를 끊임없이 부르시는 경우가 있습니다. 인터넷에 보면 '호명 반응'이 없으면 자폐를 의심해야 한다는 글이 많아서, 하루에도 몇 번씩 등 뒤에서 아이를 부르십니다. 언어라는 것은 '의미'를 담고 있어야 하는데 부모님께서 의미 없이 부르게 되면 아이는 부모님의 말이 그냥 '소리'로 인식되어서 더더욱 이름을 부르는 것에 대한 민감도가 떨어져서 더 안 쳐다봅니다.

아이와 대화를 나눌 때에는 가능하면 세 단어 이상의 문장을 쓰지 말라고 말씀드립니다. 아이가 아직 긴 문장을 받아들일 수준이 아닌데 너무 긴 문장으로 말씀을 하시면 부모님의 말이 그냥 '소리'에 불과해지는 경우가 많습니다. 짧고 간결한 문장으로 반복해서 들려주시는 것이 좋습니다.

그리고 아이가 말이 느리다고 생각이 되시면 그렇게 책을 읽어 주시는 경우가 많습니다. 물론 아이와 책을 읽는 것은, 부모님과 아이가 살을 부대고 앉아서 함께 뭔가를 하는 놀이로서 나쁠 것은 없습니다. 하지만 초등학교 가기 전의 아이들은 '직접 경험'으로 학습을 하는 것이 훨씬 효율적인 시기로 책 속의 단어로 인지가 확장되는 나이가 아닙니다. 아이는 딴짓하고, 부모님은 허공에 대고 책을 읽어 주시는 것보다는 차라리 뽀로로 한 편을 함께 보고, "뽀로로는 저기서 왜 그랬을까?", "어이쿠, 루피 화났나 보다" 이런 식의 대화를 아이 눈을 보고 함께 나누시는 것이 언어 자극에 더 큰 도움이 될 수 있습니다.

결론 및 요약

1) 태어나는 순간부터 대화 나누세요.

2) 짧고 간결한 문장으로 얘기해 주세요.

3) 돌이 지나면서부터는 알아서 척척 해 주지 마세요. 아이가 요청하면 들어주세요.

4) 소아과에서 하는 영유아 검진 꼭 받으세요.

5) 책 안 읽어 주셔도 됩니다.

　　아이의 언어 발달에 있어서도 기본 원칙은 똑같습니다. 아이가 우는 것을 두려워하지 마시고, 행동에 적절한 한계를 설정해 주시면서 기다리시는 것. 평소 척척 해 주시던 부모님이 이제는 더 이상 먼저 해 주지 않고, 아이가 직접 하도록 시키고, 원하면 요청할 때까지 기다리시는 것이 처음에는 아이의 저항을 일으킬 수 있지만, 기다리시면 우리 보통의 아이들 해냅니다. 믿으세요.

12.

영양제는 뭘 먹여야 하나요?

아이들 성장에 있어서 걱정되는 것들이 영양 성분입니다. 식습관과 별개로 필수 영양소에 대해서 말씀을 한번 드려 보겠습니다. 아이가 출생을 하면 모유 혹은 분유를 먹게 됩니다. 분유의 경우에는 조제유기 때문에 아이에게 필요한 비타민, 무기질, 철분이 개월 수별로 강화가 되어 있어서 돌 때까지는 따로 영양제를 보충할 필요가 없습니다. 하지만 모유의 경우는 모든 성분이 분유보다 우월하지만 철분이 다소 부족합니다. 그래서 모유 수유아들은 체중이 많이 늘기 시작하는 4개월쯤부터는 철분, 비타민 D를 보충해 주는 것이 좋습니다. 영양제를 먹이는 것이 부담스러우시다면 모유를 먹이는 어머니가 철분, 비타민 D가 많이 함유된 음식을 드시고, 햇빛을 많이 쐬셔야 합니다. 성장 발달이 급격히 이루어지는 시기에는 몸에서 필요량이 많아지기 때문에 영양제로 보충해 주시는 것이 도움이 됩니다. 특히 유난히 잠투정이 심하고, 밤에 깊이 못 자는 것 같은 경우에, 앞서 말씀드린 대로 수면 교육을 하는데도 잘 안 되는 경우에는 혈액 검사해 보셔서 철분 부족은 없는지 확인해 보시는 것이 좋습니다.

돌이 지나고 나면 모유 수유아든 분유 수유아든 생우유로 넘어가게 됩니다. 이런 경우에는 비타민 D가 강화되어 있다 하더라도 부족할 수 있어서 성장이 끝날 때까지 쭉 비타민 D는 보충해 주시는 것이 좋습니다. 다른 비타민들은 음식으로 충분히 섭취될 수 있는데, 비타민 D는 햇볕을 많이 쐬어야 합성됩니다. "우리 아이는 하루 종일 밖에서 뛰어놀아요"라고 하시는 경우에도 도시에 사는 아이들은 부족하고 선크림 등으로 빛을 차단하게 되기 때문에 충분하지 않습니다. 비타민 D는 성장 발육에 필요한 칼슘을 뼈로 흡수될 수 있게 도와주는 영양소이기도 하면서 면역 등에 중요한 역할을 하기 때문에 충분히 먹어 주는 것이 좋습니다. 요즘은 비타민들이 먹기 좋은 츄어블 캔디, 젤리, 액상 등으로 나오기 때문에 아이가 좋아하는 제형으로 먹여 주시면 좋습니다.

추가적으로 아이가 어릴 때부터 어린이집을 일찍 다닌다거나, 형제들에게 감기를 자주 옮아서 중이염 등으로 항생제를 자주 먹게 되는 경우에, 항생제가 장 내에 있는 좋은 유산균들도 죽일 수 있습니다. 그래서 항생제 복용이 잦은 아이의 경우에는 유산균을 먹여 주는 것이 도움이 됩니다. "우리 애는 항생제 먹지만 황금똥을 누고, 소화도 잘 시켜요"라고 말씀하실 수도 있는데, 우리 몸 중에서 면역 세포가 가장 많이 있는 곳이 장 점막입니다. 장내 건강한 균들이 많아서, 나쁜 균들의 증식을 막아 주는 것이 아이의 전신 면역에 도움이 되기 때문에, 변의 양상이 괜찮다 하더라도 항생제를 자주 먹는 아이들은 유산균을 먹여 주는 것이 도움이 됩니다.

감기에 자주 걸리거나 알레르기(비염, 피부염 등)가 있는 아이들은 '아연'을 영양제로 보충해 주시는 것이 도움이 됩니다. 아연은 음식 섭취로 크게 부족하지는 않지만 아연은 우리 피부 점막을 단단하게 해 주는 영양소로, 아연을 충분히 먹여 주면 여러 가지 균 등에 대한 1차적인 장벽을 단단하게 해 줍니다. 아토피 피부염이 있는 아이들도 피부 장벽이 단단해지기 때문에 2차적인 감염이 생기는 것을 일부 예방해 줄 수 있습니다.

결론 및 요약

1) 큰 질병이 없는 아이들에게 소아과 의사들이 권하는 영양제는 '철분, 비타민 D, 아연, 유산균'입니다. 고기나 우유를 충분히 먹는 아이들은 철분은 따로 먹일 필요가 없고, 비타민 D는 꾸준히 먹이는 것이 좋고, 아연, 유산균은 매일 정해 놓고 먹지 않더라도 식탁에 두고 생각날 때마다 먹여 주면 도움이 됩니다.

덧, 아이들의 우유량을 물어보시는 부모님들이 많으십니다. 돌 지나서 성장 급등기가 오기 전까지는 200ml짜리 우유 2개 먹이시면 되고요, 성장 급등기가 시작되면 (남아: 4-5학년, 여아: 3-4학년) 키가 다 클 때까지 200ml짜리 우유 3개 먹이시면 됩니다. "우유는 싫어하는데 치즈로 먹여도 되나요?" 치즈는 우유 단백질만 걸러 놓은 것이라 우유의 맑은 물(유청)에 들어 있는 비타민, 무기질 등의 섭취도 필요하기 때문에 가능하면 우유로 먹이시는 것이 좋습니다. 요거트로 대체해도 되나요? 우유 자체를 발효시킨 것이라 치즈보다는 나은데, 대부분의 요거트에는 당이 많이 들어 있어서, 살이 찔 위험이 있습니다. 요거트로 대체하시려면 무가당의 요거트를 잘 고르시기 바랍니다.

13.

분리 불안,
아이가 엄마랑 안 떨어지려고 해요

아이가 돌 전에는 할아버지, 할머니한테도 잘 안기고 하던 아이가 어느 순간부터 엄마 껌딱지가 되어 버립니다. 대부분 분리 불안은 18개월에서 24개월 사이에 가장 심합니다. 돌이 지나면서 엄마와 엄마 아닌 사람을 구별하면서 엄마만 좋아하게 되죠. 저처럼 일하는 엄마의 경우, 저희 아이들은 이모님만 좋아했습니다. 이 시기엔 가장 시간을 많이 보내는 한 사람과 애착 형성이 가장 강하게 형성됩니다. 주로는 그 대상이 엄마이지요. 아이가 많이 울고 보채서 아빠가 도와주려고 안아 주려 하면 아이들이 아빠는 가라고 하고 엄마만 찾습니다. 그러면 아빠들은 은근 마음에 상처를 받고, 옆에서 보시던 어르신들은 엄마에게 "네가 애를 이렇게 싸고도니까 아이가 아빠를 싫어하지"라고 아이를 엄마와 억지로 떼어 놓으려고 하기도 합니다. (물론 이건 예를 든 상황입니다. 모두가 그렇지는 않죠)

돌에서 세 돌까지 아이들은 한 사람하고 가장 강한 애착을 형성합니다. 이 사람이 꼭 엄마일 필요는 없습니다. 가장 시간을 많이 보내는 사람이 아빠, 할머니, 할아버지, 도우미 이모님이든 상관없습니다. 이 한 사람하고 애착을 잘 형성한 아이들은 세 돌부터는 다양한 사람과 다양한 관계를 맺을 수 있습니다. 이렇게 애착을 형성하는 시기에 억지로 주양육자와 떼어 놓으려고 하면 아이는 불안이 높아져서 주양육자에 대한 집착이 더 심해집니다. 이 시기에는 어머니들이 화장실도 마음 놓고 못 가는 시기이고 문 열어 놓고 아이와 눈을 맞추면서 일을 보셔야 하기도 합니다.

이 시기에 어린이집을 보내야 한다면 마음이 복잡해집니다. 아이가 어린이집에 안 간다고 너무나도 크게 울고, 떼쓰고 할 수 있습니다. 부모님의 근무 사정상 어쩔 수 없이 어린이집에 가야 한다면, 아이가 울더라도 보내셔야 합니다. 조금 이르기는 하지만 분리시킬 수 있습니다. 하지만 이럴 때 아이 몰래 부모님이 사라지신다거나 하시면 아이의 불안이 증폭됩니다. 아이가 어려서 못 알아듣는 것 같아도, "엄마, 회사 갔다가 다섯 시에 데리러 올게"라고 말을 하고 울더라도 인사하고 헤어집니다. 그리고 약속한 시간에 나타나면 아이들은 '우리 엄마, 아빠는 갔다가 돌아오는 사람'이라고 생각이 되어서 기다릴 수 있습니다. 하지만 세 돌까지는 아이가 너무 힘들어하면 가정 보육하셔도 상관없습니다. 이 시기에는 아이의 발달을 위해서 어린이집에 보내는 시기가 아니어서, 아이만 생각한다면 집에 데리고 있는 것이 좋을 수 있습니다.

반면 세 돌이 지나면 아무리 부모님이 아이를 돌볼 수 있는 여력이 있으시더라도, 기관에 보내기를 권합니다. 부모님과 일정 시간 떨어질 수 있어야 하고, 친구들과 관계 맺기를 시작해야 하고, 사회의 규칙을 배우기 시작해야 합니다. 세 돌부터는 아이가 아무리 울고 떼를 쓰더라도 어린이집은 당연히 가는 것으로 가르쳐야 합니다. 어린이집을 갈지 말지에 대한 선택권을 아이에게 주시면 안 됩니다. 아침에 "어린이집에 갈 거야? 말 거야?"를 물어보시면 아이를 더 혼란에 빠트립니다. 어린이집에 가고 말고가 자신의 선택이 된다면 아침마다 고통스러운 고민을 해야 합니다. 말로는 '간다'고 해놓고서 가기 싫어서 울다가 부모님께 혼나기를 반복하면서 불필요한 갈등을 겪게 하면 안 됩니다. "만 세 살 형아는 어린이집은 당연히 가는 거야"라고 말을 하고 "아프거나, 우리 가족이 여행을 가거나 하는 때가 아니면 안 갈 수 없어"라고 하면서 아이에게 불편하지만 적응해 보는 경험을 할 수 있게 해 줘야 합니다.

　아이가 너무 울어서 어떤 날은 안 가고, 어떤 날은 억지로라도 데리고 가게 되면, 아이들은 아침마다 일단 울고 시작합니다. 앞서 말씀드린 분노 발작 등의 훈육 상황과 동일합니다. 아이가 어린이집 가기 싫은 감정은 충분히 수용해 주시되, 행동에 대해서는 아이에게 선택권을 주시면 안 됩니다. 싫지만 매일 아침 가방을 메고 집을 나서는 것을 세 돌부터 가르쳐야 합니다. 그래야 학교도 잘 갈 수 있고, 어른이 되어서도 출근을 잘 할 수 있습니다. 싫지만 자신이 환경에 적응해야 하는 것, 불안하고 불편한 상황을 비록 즐겁지는 않지만 견녀 보는 경험이 아이의 삶에서 참으로 중요합니다.

다만, 요즘 유치원, 어린이집에서의 학대 정황에 대한 뉴스가 심심
찮게 들려오기 때문에 아이가 특정 선생님에게 공포 반응을 보인다
거나, 말을 할 수 있는 아이들이 지속적으로 '때렸다', '맞았다' 등의
표현을 하는 경우에는 주의 깊게 보셔야 합니다. 이건 분리 불안과
상관없는 것이기 때문에, 다른 아이들의 반응도 살피면서 잘 보셔야
합니다. 보통 들어갈 때는 울지만 막상 잘 지내고 엄마가 데리러 갔
을 때 잘 놀고 있으면 별문제가 없습니다.

1) 세 돌까지는 분리 불안은 정상입니다.
2) 세 돌부터는 어린이집에 보내시고, 울더라도 마음 약해지지 마시고 보내세요.
3) 몰래 도망가지 말고, 꼭 설명하고 헤어지세요.

덧. 돌에서 세 돌까지 아이가 "아빠 싫어, 저리 가" 하는 경우에 아
버님들께서 많이 섭섭하시죠? 아이들은 짜증 나고 졸리고 기분이 안
좋을 때 주로 엄마를 찾고, 즐겁게 놀 때는 아빠를 찾습니다. 엄마는
치대는 대상이고, 아빠는 놀이의 대상으로 인식하는 경우가 많습니
다. 하지만 세 돌이 지나면 엄마는 엄마대로, 아빠는 아빠대로, 할아
버지, 할머니, 이모, 삼촌 등등 각각의 의미대로 좋아합니다. 그 시
기에 아이가 아빠를 거부할 때 너무 상처받지 마세요. 반면 아이들은

엄마랑 노는 것은 별로 안 좋아합니다. 엄마들과의 놀이는 항상 목적이 있고, 제한이 많아서 재미가 없거든요. 각자의 역할이 있습니다.

14.

우리 아이가
감각이 너무 예민해요

아이가 어릴 때부터 소리에 민감해서 깊이 못 자고, 입맛도 까다롭고, 예민해서 너무 키우기 힘들다고 하시는 경우가 있습니다. 여기서 성격이 예민한 것과 감각이 예민한 것은 별개의 문제입니다. 성격은 나이가 들면서 형성되는 것이라, 기질과 성격에 대한 평가는 아무리 빨라도 세 돌은 되어야 가능합니다. 반면에 감각을 타고나는 것이라 유전성이 강하고, 특정 감각이 예민한 아이의 경우 부모님들 중에서도 비슷하게 예민한 분들이 꼭 있으십니다.

예를 들어 청각, 미각, 촉각이 같은 기원의 세포에서 감각이 분화되기 때문에 소리에 민감한 사람들은 미각, 촉각도 예민합니다. 특정 소리를 싫어하는 사람들이 있는데, 아이들 중에서 세탁기 소리를 싫어하거나 변기 물 내리는 소리를 무서워하는 경우가 있습니다. 때로는 동생이 태어나서 왔는데 동생을 너무 싫어해서 봤더니 샘을 내서 그런 것이 아니라 아기가 예측되지 않게 우는 것에 불안이 올라와서 동생을 '위험한 존재'로 인식해서 싫어하는 경우도 있습니다. 이런 아이들이 편식도 있는 경우가 많은데 특정 맛을 싫어하거나, 매일 먹던 같은 음식도 맛이 살짝 달라지면 뱉어 버리기도 합니다. 촉각도 민감해서 옷도 자신이 좋아하는 질감의 옷만 입으려고 하고, 안쪽에 Tag가 붙어 있는 옷을 입지 못하는 경우도 있습니다. 이런 아이는 감각이 예민해서 그런 것을 '성격'이라고 생각하고 훈육을 하시게 되면 훈육의 효과도 떨어지고 아이의 자존감이 낮아집니다. 자기 수용, 즉 자신을 있는 그대로 참 괜찮다고 받아들일 수 있는 힘이 낮아집니다. "너는 항상 이런 식이야. 왜 이렇게 까다로워?"라는 말을 듣게 된다면 더더욱 그렇습니다.

시각이 예민한 사람들은 후각도 예민합니다. 청각이 예민한 사람이 흔들리는 감각에 멀미를 한다면, 시각이 예민한 사람들은 차 안에서 바깥을 보면 휙휙 지나가는 바깥 풍경에 멀미를 느끼게 됩니다. 백화점이나 지하철역처럼 지나가는 사람이 많은 곳에 가면 너무 피곤하고, 악기를 배우는 경우 악기 한 번 보고, 악보 한 번 보고 하는 일도 너무 피곤합니다. 이런 아이들은 피아노 학원 한 번 갔다 오면 집에 와서 좀 자야 합니다. 냄새에도 민감해서 미세먼지가 많은 날은 미세한 흙냄새를 느끼기도 합니다. 뿐만 아니라 음식의 향에도 민감하고, 향이 강한 로션이나 비누를 좋아하지 않습니다. 새로운 택배가 오면 일단 냄새부터 맡기도 하고요, 양말을 신기 전에 분명히 빨아서 새 양말인 줄 알면서도 냄새부터 맡습니다. 자신이 가장 예민한 감각이 후각이기 때문에 습관적으로 후각으로 탐색하는 것이죠.

타고난 감각이 예민한 것은 나이가 한 살씩 먹어 가면서 점점 둔해집니다. 주요한 자극에 대한 감각은 남아 있지만 불필요하게 예민한 감각은 서서히 무시할 수 있게 됩니다. 그래서 저는 '먹고, 자고, 어린이집, 유치원 가는 데에' 불편한 수준이 아니라면 그냥 두시라고 말씀드립니다. 하지만 이것이 일정 수준을 넘어서서 특정 감각에 과민한 것 때문에 다른 사람의 말소리를 들을 수 없고, 학습이 어렵고, 잠을 자지 못한다면 다른 문제를 생각해 봐야 합니다. 실제로 ASD(자폐 스펙트럼 장애)가 있는 아동의 경우 특정 감각에 극심히 예민한 경우가 있는데, 특히 얕게 닿는 감각을 매우 싫어하는 경우가 있습니다. 코로나 시기에 손소독제(Gel) 한번 해 줬다가 한 시간씩 울어 버리기도 하고, 특정 주파수의 소리를 싫어해서 자기가 싫어하는 소리가 나면 아무것도 보이지도 들리지도 않는 것처럼 드러누워서 분노 발작을 합니다. 이런 아동의 경우 자신이 예민해지는 특정 자극이 오면 모든 시스템이 멈추고, 극심히 불안해집니다. 그래서 자신을 보호하기 위해 모든 감각을 차단해 버려서 마치 아무것도 못 느끼는 아이처럼 멍해져 버리기도 합니다. ADHD 아동들도 시각, 청각 자극에 예민해서 감각 정보 처리를 잘하지 못해 불안이 올라와서 산만해져 버리거나 멍해져 버리는 경우가 많습니다. 따라서 일상의 생활이나 정상적인 발달이 이뤄지지 못할 정도의 감각 과민은 발달 질환을 의심해 봐야 하기 때문에 그 '정도'가 중요합니다.

우리 아이가 예민하다면 부모님 스스로 나는 어떤 감각이 예민한지 한 번 느껴 보시기 바랍니다. 저는 청각, 촉각이 예민해서, 젖은 머리가 어깨에 닿는 것이 싫고, 긴 머리는 묶지 않으면 일하기가 어렵습니다. 아이들이 어릴 때 싸우면, 싸우는 상황이 괴롭다기보다는 시끄러운 소리에 민감해져서 아이들을 혼내고는 했습니다. "조용히 해, 각자 방으로 들어가!" 이러면서요. 반복적으로 블라인드가 창문에 딱딱 부딪히는 소리가 나면 저는 일을 하기가 어렵습니다. 누구나 예민한 감각이 있죠. 하지만 부모님 일상생활에 크게 지장을 줄 정도가 아니라면, 아이도 크면서 좋아집니다.

결론 및 요약

1) 아이가 유난히 예민할 때, 어떤 감각이 예민한지 한번 살펴보세요.
2) 부모님 스스로도 어떤 감각에 예민한 면이 있는지 한번 생각해 보시길 바랍니다.

우리가 이런 점을 이해한다면, 아이가 예민하고 까칠하게 굴 때, 무조건 혼내거나 걱정하기보다는 '아, 지금 환경이 이래서 아이가 힘들구나' 하고 이해하게 되면, 부모님의 태도가 조금은 부드러워질 수 있습니다. 이런 것을 충분히 이해받고 수용 받은 아이들은 어른이 되어서도 자신이 예민해졌을 때 환경을 살펴보고, 만약 선택할 수 있다면 환경을 자신에게 맞게 만들 수 있습니다. 감각이 예민한 아이들이 잘 수용 받고 자라면 매우 센스 있는 사람으로 성장할 수 있습니다.

크면서 감각의 예민함이 어릴 때만큼 힘들지는 않지만 '불편함' 정도로는 남아 있을 수 있어서, 이런 감각에 대해서 알아보는 것이 자신을 이해하는 데에 큰 도움을 준답니다.

15.

아동 학대, 어린 시절의 트라우마,
유기 불안은 평생 갑니다

어린 시절의 기억이 언제까지 갈까요? 심리학적으로는 평생 간다고 합니다. 심지어 태어나기 전 태아 때의 기억조차도 원시뇌의 형성에 영향을 준다고 합니다. 아이가 태어난 후 부모님은 큰 감정의 변화를 겪습니다. 어머니는 호르몬의 영향으로 산후 우울을 겪기도 하고, 아버지 어머니 모두 아이에 대한 책임감, 걱정, 역할의 변화로 인해 감정의 변화를 많이 겪습니다. 아이가 태어난 후 기쁘고 행복하기만 하면 좋겠지만 부모님으로서는 '새로운 역할'에 대한 부담감과 불안을 가지게 될 수 있습니다.

어린 시절의 학대, 트라우마라고 하면 뉴스에 나오는 심각한 것들만을 말하지 않습니다. 부모님의 냉담한 표정, 짜증 섞인 말투, 아이가 중요한 사인을 보내는데도 반응을 하지 않는 것, 아이의 능력을 고려하지 않은 학습적 압박, 아이의 감정을 무시하는 태도, 장난이라도 "다른 엄마한테 가", "아빠는 너 포기했어"라는 식의 협박성 말투 등도 아이들에게는 암묵적 기억의 형태로 뇌의 깊숙이 '편도체' 안에 기억이 됩니다. 이러한 기억은 타인과의 관계에 있어서 누군가로부터 버림받을 수 있다는 불안을 가지게 되면서 지나치게 의존하려 하거나 지나치게 지배하려는 경향을 가지는 등 다양한 형태의 문제를 야기합니다. 뿐만 아니라 아이들이 부모로부터 '조건부 사랑'을 받는다고 느끼면 자신이 뭔가를 하지 않았을 때에는 버림받을 수 있다, 사랑을 받지 못할 수 있다는 것이 매우 큰 불안을 만들게 됩니다.

예를 들어, 아이가 아토피가 심해서 부모님께서 아이의 피부에 너무 신경을 쓰다 보니 항상 걱정하는 표정을 하고, 아이의 먹는 것을 제한하느라 과도하게 혼내게 되는 경우 아이를 정말 사랑하고 걱정하지만 아토피 피부염은 자라면서 좋아지더라도 아이 마음속에 있는 불안은 폭탄처럼 남아 있습니다. 아이가 똑똑해서 학습적인 부담을 많이 주시는 부모님께서 '조금만 더 시키면' 남들보다 훨씬 앞서나갈 수 있을 것 같아서 조금만 더, 조금만 더 하시는 사이에 아이의 감정을 돌보지 못하게 됩니다. 사람은 정서 조절과 관계된 원시뇌가 잘 발달하고 나면, 커가면서 고차원적 인지를 담당하는 전두엽이 잘 발달합니다. 그리고 정서가 안정되게 발달한 아이들은 기억과 학습에 관여하는 해마의 기능도 안정적으로 잘 발휘하게 됩니다. 하지만 첫 단추가 잘못 끼워진 아이들은 전두엽의 발달이 원활하지 못하고, 스트레스 상황에서 고차원적 인지를 하기 어려워합니다. 지능이 좋은데도 어려운 문제를 만나면 쉽게 포기하는 것이 그런 경우인 것이죠. 그리고 이성의 좌뇌와 감성의 우뇌가 서로 균형이 잘 맞아야 하는데, 고차원적 사고를 해야 하는 상황에서 부정적 감정이 올라와서 잘 못하기도 하며, 불편한 감정이 올라왔을 때 지나치게 이성적으로 분석하려다 감정 조절을 못하고 관계나 상황을 망치기도 합니다.

'에이, 얘가 뭘 알겠어. 나도 어릴 때가 기억이 나지 않는데'라고 생각하며 어린아이에게 애정을 잘 표현해 주지 않으면 아이는 평생 원인 모를 불안을 가지고 살아가게 될 수 있습니다. 제가 '보통의 육아'를 강조하는 이유도, 아주 드문 심각한 상황 아니면 대부분 잘 지나가니까 아이랑 눈 한 번 더 맞춰 주고, 따뜻하게 말 한마디 더 해 주면서 좋은 관계를 맺자는 것입니다. 부모님들이 상담을 할 때 "문제 상황에서 어떻게 해야 하는지"를 많이 물어보십니다. 저는 일반적인 원칙은 말씀드리지만, 문제 상황에서는 부모님도 힘들어지기 때문에 "하고 싶으신 대로 하시라"고 말씀드립니다. 하지만 좋을 때 정말 잘 해 주시라고 말씀드립니다. 부모님께서도 에너지가 좀 있고, 아이가 편안할 때 정말 잘 해 주시면, 조건 없이 사랑받았던 좋은 기억들이 아이의 편도체에 차곡차곡 쌓여서 성장 과정에서 혹은 어른이 되어서 힘든 일을 만났을 때 잘 견디게 해 주고, 어려움을 극복할 수 있게 해 줍니다.

1) 좋을 때 잘 해 주세요.
2) 부모님의 따뜻한 눈빛, 말 한마디가 아이의 평생의 뇌 발달에 영향을 줍니다.

덧, 엄마표 밥, 유기농의 좋은 재료로 음식을 만드느라 아이 눈 한 번 못 맞춰 주는 것보다, 같이 라면 끓여 먹으면서 오늘 있었던 일 도란도란 나누는 것이 아이의 인지, 정서, 학습, 발달에 훨씬 좋습니다.

16.

아침마다
머리가 아파요, 배가 아파요

아침에 아이를 어린이집에 보내려고 하면 여기저기 아프다고 하는 아이들이 있습니다. 머리가 아프다거나 배가 아프다거나 하는 등 말이죠. 처음에는 놀라서 병원에 가봅니다. 병원에서 진찰도 해 보고, 경우에 따라서는 머리 MRI도 찍고, 복부 초음파도 하는 등 이런저런 검사를 다 해 봐도 별문제가 없습니다. 이런 경우 어떻게 하시나요?

병원에서는 머리 아플 때 먹을 진통제나 복통을 완화시켜 주는 약을 처방받아 오는데, 큰 효과는 없습니다. 수시로 여기저기 아프다고 하고, 가끔은 유치원에서 아프다고 울어서 데리고 온 적도 있습니다. 학교를 가게 되면 수시로 보건실에 가서 누워 있곤 합니다. 이런 경우 부모님은 "네가 나약해서 그렇지", "혹시 꾀병 아니야?"라는 등의 생각을 하시다가도 아이가 눈물을 뚝뚝 흘리면서 아프다고 하면 내가 뭔가 놓치고 있는 것이 없나 걱정이 됩니다.

이런 경우 보통 '신체화 장애'라고 하는데 장애라고 해서 심각한 '병'이라기보다는 긴장이나 불안이 높은 사람들이 말로 편안하게 자신의 상태를 표현하지 못하면서 신체 긴장이 높아져서 여기저기 통증으로 나타납니다. 꾀병이라는 것은 안 아픈데 아픈 척하는 것이고, 이런 경우는 실제로 아이들이 통증을 느끼기 때문에 '꾀병'이라고 할 수는 없습니다. 물론 만성적인 두통, 복통 등을 일으킬 만한 질병은 충분히 병원에서 감별 진단해야 합니다. 하지만 어지간한 검사에서도 별문제가 없다면 마지막에는 항상 '심리적인' 문제를 생각해 봐야 합니다.

일단 병원 검사 등에서 별문제가 없고, 부모님이 보시기에도 아이의 안색이 창백하거나 하지 않다면 큰 걱정을 하실 필요가 없습니다. 주로 유치원이나 학교 가기 전, 학원 가기 전, 혹은 어디 나가기 전 등에 긴장이 유발되는 경우에 증상이 나타나는데, 만약에 TV를 보거나 노는 것이 힘들 정도로 아프다고 하면 다시 병원에 가서 진찰을 받아 봐야 합니다. 그리고 자다가 깰 정도의 통증은 심리적인 원인이 아닐 가능성이 높습니다. 따라서 편안하게 쉬거나 놀 때 증상이 없고, 수면에 방해가 될 정도가 아니라면 큰 걱정은 안 하셔도 됩니다.

보통 이렇게 심리적인 원인으로 몸이 아플 때에는 부모님께서 지나치게 걱정하는 모습을 보이면, 아이들은 '아, 나 큰일 났다'라고 더 긴장하게 됩니다. 그리고 아플 때마다 부모님께서 걱정하고 병원에 데리고 가게 되면 아이는 이러한 통증 감각은 '중요한 것'이라고 생각하게 되고 그 감각에 더 몰두하게 됩니다. 실제로 우리도 아침에 출근하려다 보면 배가 살살 아프기도 하는데, 그냥 무시할 수도 있는 이러한 감각을 더 민감하게 느끼게 되면서 더 예민해지게 됩니다. 따라서 아이가 아프다고 하는 경우 타이레놀이나 부루펜을 저용량으로 한 번 먹여 보세요. 그러면 일단 자신의 증상을 부모님에게 인정받았다는 것으로 마음을 놓게 되고, '약 먹었으니까 괜찮아질 거야'라는 생각 때문에 긴장이 낮아집니다. 실제 긴장성 통증들은 이런 진통제에 반응을 하기도 하기 때문에 약을 먹고 한 30분쯤 후에 어떤지 물어봐서 '조금 나은 것 같다'라고 한다면 안심하셔도 됩니다. 이 정도 진통제에 통증이 가라앉을 정도인 것들은 심각한 것이 아니기 때문입니다.

뿐만 아니라 이런 식의 신체화 장애에 의한 통증은 역사가 깁니다. 즉, "이렇게 간간이 머리 아프다고 한 건 6개월쯤 됐어요"라는 식의 오래된 통증들입니다. 실제로 심각한 질환들은 이렇게 오랜 기간 별다른 합병증을 안 만들 수 없기 때문에 오히려 오래됐지만 먹고 자고 걷는 데 별문제 없고, 몸무게도 빠지지 않고, 잘 크고 있다면 안심하셔도 되는 것입니다.

간단한 진통제에 증상이 호전된다면, 다음에는 즉각적으로 약을 먹이지 마시고, 조금 더 아프면 먹으라고 아이 가방에 진통제를 넣어서 유치원이나 학교에 보내시면 됩니다. 아이도 다소 불편한 느낌은 있지만 '조금 더 아프면 약 먹으면 되니까'라고 하면서 유치원, 학교의 활동에 참여하다가 어떤 날은 약을 안 먹고 그냥 지나가기도 합니다. 이러면서 몸에서 보내는 크게 문제 되지 않는 통증이나 감각에 대한 주의가 줄어들고, 중요한 활동에 몰입을 하면서 중요한 감각과 그렇지 않은 감각을 서서히 구분하게 됩니다.

결론 및 요약

1) 아이가 여기저기 아프다고 할 때에는 아이 표정을 잘 살펴보세요. 안색이 괜찮고, 먹고, 자고, 노는 데에 큰 어려움이 없다면 크게 걱정하실 필요가 없습니다.
2) 초기에는 병원에서 진료를 받아서 필요한 검사와 상담을 받으세요.
3) 검사에서 큰 문제가 없다면, 아프다고 할 때 저용량의 진통제(타이레놀 혹은 부루펜 계열)를 먹여 보세요.

아이가 아프다고 할 때에는 부모님께서 걱정하고 관심을 가지게 됩니다. 의도한 것은 아니더라도, 무의식적으로 아이가 부모님의 관심과 돌봄을 받고 싶을 때 이런 신체 증상으로 나타나는 경우가 있습니다. 부모님의 따뜻한 돌봄이 이차적인 이득이 되는 것이죠. 큰 문제는 없는데 여기저기 아프다고 한다면, 아이의 통증을 '인정'해 주시고, 좀 더 따뜻하게 대해 주세요.

17.

기침을 너무 오래 해요

아이가 기관 생활을 시작하면서 기침, 콧물을 달고 사는 경우가 있습니다. 콧물이 나면 그냥 감기나 알레르기겠거니 하고 크게 걱정을 하지 않으시는데, 기침을 오래 하면 영 신경이 쓰입니다. 기침을 오래 한다고 인터넷에 검색해 보면 천식, 폐렴 등등 무서운 병들이 줄줄이 나오죠. 뭔가를 해 줘야 할 것 같은데 병원 가면 숨소리는 괜찮다고 하면서 기침약만 주시니 답답합니다. 가끔 항생제를 먹으면 좀 낫기도 하고 어떤 때에는 그마저도 별로 효과가 없습니다. 아이는 하루 종일 콜록콜록하는데 그 소리를 듣고 있자니 걱정이 되고, 그렇다고 딱히 해 줄 수 있는 것은 없고, 기침에 좋다 하는 배도라지 즙 등등 먹이고 더운 여름에도 목에 손수건을 둘러 주고 가습기 열심히 틀어 주는 것 말고는 해 줄 게 없는 것 같아 답답합니다.

일단 아이들은 감기를 달고 삽니다. 특히 어린아이들은요. 만성 기침이라고 하면 의학적인 기준에서는 8주 이상 (두 달 이상) 된 기침을 말합니다. 그러면 부모님들은 "일 년 내내 기침을 해요"라고 말씀하시죠. 실제 아이들에게 가장 많은 만성 기침은 부비동염 혹은 기관지천식입니다. 그런데 아이들이 천식이 아닌데도 오래 기침을 하는 경우는 대부분 감기에 걸렸다 나을 만할 때 다시 걸리기를 반복해서 그런 경우가 많습니다. 우리나라 아이들이 1년에 감기를 평균 10번 정도 걸린다고 하니까 한여름, 한겨울을 제외하고는 달에 한 번은 걸리는 것이죠. 감기 끝물에 기침하고 나아질 즈음 다시 걸리기를 반복하는 것이 가장 많습니다.

결론 및 요약

1) 열이 없는 기침은 괜찮습니다.
2) 움직이거나 뛸 때 기침이 심해지는지 보세요.
3) 자다가 깰 정도의 기침은 치료해야 합니다.

우리가 기침이 오래가면 폐렴을 가장 걱정을 합니다. 그런데 폐렴은 주 증상이 '열'입니다. 기침 하나도 없이 열이 오래가서 엑스레이 찍어 보면 폐렴이 있는 경우도 많습니다. 그래서 폐렴에서는 열이 가장 중요한 증상이고요, 가끔 열이 없는 폐렴도 있기는 있습니다. 하지만 그런 경우는 증상이 아주 심하지는 않고 시간 지나면 좋아지는 경우가 많습니다. 열이 없는 폐렴인데 증상이 심해지는 경우라면 호흡 곤란이나 기침 때문에 잠을 자지 못하는 등 다른 나쁜 증상을 동반하거나 숨소리가 나빠지기 때문에 소아과 가면 진단할 수 있습니다. 물론 이것은 일반적인 아이들의 이야기라서, 혹시 우리 아이가 면역이 아주 떨어지는 질환(예를 들어 암이라든지 면역 결핍증 등)을 가지고 있는 경우라면 몸의 면역 반응이 떨어져서 중증 감염이 있는 경우에 열이 안 나는 경우도 있을 수 있습니다. 신생아들도 열 없는 폐렴이 있을 수 있고요. 신생아거나 기저 질환을 가지고 있는 경우에는 병원을 자주 가면서 잘 보셔야 합니다.

아이들이 하루 종일 기침을 하는데 잘 먹고 잘 뛰고 논다면 괜찮습니다. 일반적으로 호흡 곤란을 동반하는 경우에 뛰면 기관지가 확 수축이 되면서 숨쉬기가 어려워집니다. 평소에 잘 뛰고 놀던 아이가 뛰면 기침이 심해지고 숨쉬기가 힘들어져서 잘 못 논다면, 평소 병원에 갔을 때에는 숨소리가 멀쩡해도 검사를 더 받아 봐야 합니다. 기관지 천식이 있는 경우 운동 시 호흡 곤란이 올 수 있어서 이런 경우에는 엑스레이에서는 잘 보이지 않고 폐 기능 검사를 해 봐야 할 수도 있습니다. 혹은 기관지 수축을 유도하거나 확장제를 흡입했을 때 기능의 차이가 큰지 봐야 할 수도 있습니다. 그리고 검사상 별문제가 없어도 매번 기침 때문에 먹은 것을 다 토할 정도라고 하면 항생제를 먹든지 해서 해결을 해 주는 것이 좋습니다. 먹고 자고 노는 것에 영향을 주는 것은 아무리 심각한 질병이 아니라도 치료를 해 주는 것이 좋습니다.

같은 맥락으로 자는 데 방해가 되는 기침은 치료를 해야 합니다.

일반적으로 기관지는 밤, 새벽, 아침에 가장 예민합니다. 아이가 기침을 하는데도 안 깨고 잘 자면 그냥 두셔도 됩니다. 그런데 천식이 있는 경우 낮에는 잘 노는데 밤만 되면 기침하느라 시간마다 깬다면 기관지 확장제를 쓰든지 항생제를 먹어야 하는 경우도 있습니다. 소아과에는 낮에 가니까 숨소리가 괜찮다고 듣는데 밤에 기침 때문에 잠을 못 잔다고 하면 경우에 따라서는 스테로이드를 먹여야 하는 경우도 있을 수 있거든요. 그리고 부비동염이 심한 경우 누우면 후비루 (목 뒤로 넘어가는 끈끈한 콧물)가 목을 자극해서 기침을 하면서 잠을 깊이 자지 못하면 항생제 치료가 필요할 수 있습니다.

결국은 아이가 잘 먹고, 잘 자고, 잘 놀고 열 안 나면 대부분 괜찮습니다. 기침 소리를 들으면 부모인 우리가 불안해져서 그렇지 대부분 잘 지나갑니다. 그래도 불안하면 중간중간 소아과 가서 청진기로 숨소리도 한 번 들어 보고, 엑스레이도 한 번 찍어서 확인해 보면 됩니다. 그리고 이런 것도 학교 가면서부터는 어지간히 감기에 걸려도 크게 나빠지거나 오래가지 않기 때문에 크면서 좋아집니다. 몸이 커지는 만큼 기관지도 넓어지면 어지간히 감기에 걸려도 숨 쉬는 데에는 크게 문제가 안 되거든요. 천식이 있었던 아이라 할지라도요.

18.

가슴이 아파요

흉통

아이들이 가끔 가슴이 아프다고 하면 부모님들께서는 덜컥 겁이
납니다. 무슨 큰 병은 아닌가? 가슴? 심장? 폐? 오만 가지 생각이 다
듭니다. 아이는 가슴이 아프다고 하는데 잘 뛰고 놀기도 하고, 어떤
때엔 또 아프다고 누워 있기도 하고 헷갈립니다.

일단 흉통에서 가장 중요한 것은 심장, 폐 문제가 아니어야 하죠.
심장과 폐는 일을 많이 해야 할 때 통증이 생기면 대부분 문제가 있
는 경우가 있습니다. 갑자기 아이가 뛰었을 때 가슴을 부여잡고 주저
앉는다면 바로 병원을 가야 합니다. 아이가 가슴은 아프다고 하면서
잘 걷고, 잘 뛰면 좀 지켜보셔도 됩니다. 그리고 성장기에 키가 갑자
기 크는 남자아이들은 기흉이 생기기도 합니다. 가슴이 아프다고 하
는데 숨쉬기 불편하다고 하면 근처 엑스레이 있는 병원에 가서 가슴
사진 찍어 봐야 합니다.

아이들이 가슴이 아프다고 하는 가장 흔한 원인은 위식도 역류증입
니다. 먹고 바로 눕거나, 자기 전에 뭘 먹고 자는 경우에 아침이 되면
가슴이 아프다고 하죠. 그러다가 낮에 또 생활할 때에는 괜찮고요. 아
이들은 식도에서 위로 넘어가는 부분에 조여 주는 근육이 약해서, 뭘

먹으면 위산이랑 같이 역류하게 되는데, 위산이 식도를 자극해서 가슴이 타는 것 같은 통증을 느끼게 됩니다. 주로 아침에 일어나서 가슴이 아프다고 하는데 낮에는 괜찮다고 하는 경우에는 아이가 뭘 먹고 잘 눕는지, 그리고 초콜릿, 토마토, 민트 같은 위산을 많이 만들게 하는 음식을 최근 많이 먹었는지도 생각해 보세요. (어른들은 술이랑 커피도요)

결론 및 요약

1) 뛸 때 흉통이 심해져서 못 뛰거나, 계단 올라갈 때 숨차하는지 보세요.
2) 먹고 바로 눕지 못하게 하세요.

덧, 어떤 통증이든 먹고, 자고, 노는 데 영향을 주면 병원에 한 번 가 보시는 것이 좋습니다.

19.

어린이집 보내기

아이가 세 돌이 되면 어린이집, 놀이학교 등의 기관 생활을 시작하게 됩니다. 세 돌이 되기 전에는 아이들이 자주 아프고, 별것 아닌 감기로도 중이염, 폐렴, 부비동염으로 넘어가서 고생을 하기도 하기 때문에, 부모님께서 보살핌이 가능하시다면 굳이 기관에 보내지 않으셔도 된다고 말씀드립니다. 하지만 세 돌이 되면 부모님께서 아이를 돌볼 수 있다 하더라도 '학습'을 위해서 기관에 보내라고 말씀드립니다. 간혹 세 돌이 안 된 아이가 너무 낯가림이 심해서 주변 어르신들이 "어린이집에 보내야 사회성이 좋아진다"고 말씀하시며 기관에 보내기를 권유하시기도 합니다. 하지만 만 세 살이 되기 전에는 가까운 가족과의 관계만 잘 형성하면 되기 때문에 굳이 사회성 발달을 위해서 기관에 보내실 필요는 없습니다.

하지만 세 돌이 되면 부모님과 가족의 관계에서 벗어나서 다른 사람과의 관계 맺기가 가능합니다. 세 돌이 되기 전에는 어린이집에서 친구들과 함께 있어도 각자 놀지, 상호적인 놀이를 하기 어렵지만 세 돌이 되면 아이들이 상호 작용을 하는 놀이가 가능해집니다. 역할놀이도 하고, 순서를 지키기도 하고, 일정한 규칙이 있는 놀이를 할 수 있게 됩니다. 언어 발달도 혼자만의 언어가 확장되다가 세 돌부터는 상호적인 언어를 학습하게 됩니다. 소위 말하는 '화용언어'가 발달하게 되는데, 친구들과 싸우면서 말꼬리를 잡아서 반박해 보기도 하고, 선생님께 혼나면 자신의 생각을 표현하기도 합니다. 주제를 놓고 주고받기 대화도 가능해지고, 말의 속뜻을 생각하게 됩니다.

다양한 관계 속에서 '아, 세상이 참 내 맘대로 안 되네'도 배우고, '아, 세상에 참 이상한 사람도 많구나'도 배우게 됩니다. 이러면서 환경에 자신을 적응하는 방법을 스스로 깨우치게 되죠. 그걸 배우지 못하면 '여기는 이래서 싫어', '저 사람은 저래서 싫어'라고 하면서 스트레스 상황에서 환경을 변화시키려 하다가 잘 되지 않으면 위축되고 고립될 수 있습니다. 집에서처럼 자신을 전적으로 배려해 주지 않는 환경 속에서 '어, 세상 사람들이 나만 좋아해 주지 않네?'라며 자신을 객관적으로 보기도 하고, 좋은 관계를 맺기 위해서 애써 보기도 하고, 부당하면 싸워 보기도 하면서 부모로부터 분리되어 세상 속에서 살아가는 연습을 시작하게 됩니다.

결론 및 요약

1) 세 돌이 지나면 기관에 보내세요.

아이가 이 시기쯤 어린이집에 가기 시작하면 드디어 부모님에게도 여유가 좀 생깁니다. 하루 한 끼라도 기관에서 먹고 오면 삶의 질이 달라지죠. 그 시간을 자신을 위해서 쓰세요. 충분히 에너지를 보충한 부모님이 아이에게 더 좋은 영향을 줍니다. 세 돌이 지나면 밤잠도 꽤 잘 자기 때문에 이제 좀 살 만합니다. (보통 이때쯤 둘째가 생기죠^^)

20.

신경 발달 문제_자폐 스펙트럼 장애

Autism Spectrum Disorder

이제 질병에 대한 얘기를 좀 해 볼까 해요. 세 돌까지는 아이가 발달이 조금 느려도 '에이, 조금 있으면 좋아지겠지', '자기가 필요할 때엔 눈을 잘 맞추니까', '말은 안 해도 알아듣는 것 같으니까', '아직 어린이집은 잘 다녀', '같은 행동을 반복하거나 하지는 않아' 등의 생각으로 기다려 보시는 부모님들이 계십니다. 어린이집 선생님들도 "아직 말은 잘 못 해도 잘 적응하고 있어요"라고 하며 안심시키시기도 합니다. 하지만 세 돌이 되면 어지간히 기다리시던 부모님들도 아이들을 검사를 해 보기 위해 병원을 방문하시죠. 어린이집에서도 "검사를 받아 보시라"고 권유를 하게 됩니다.

사실 발달 장애에 대한 검사나 개입은 빠르면 빠를수록 좋습니다. 설사 자폐 스펙트럼 장애가 있는 아이라 하더라도 일찌감치 언어적인 개입, 사회성 개입, 인지적 개입을 해 주면 기능이 아주 많이 올라갈 수 있습니다. 늦게 시작할수록 발달할 수 있는 수준이 낮아지기 때문에 어쩔 수 없습니다. 소아과에서 시행하는 영유아 검진에서 발달 지연 소견이 보인다면, 정밀 발달 검사를 받아 보시고 (전반적으로 낮다면 베일리 검사, 언어만 낮다면 언어 검사, 인지, 언어 모두 낮으면서 두 돌 반이 지났으면 언어, 웩슬러 지능 검사 등) 개입이 필요한지 빠르게 판단해야 합니다.

실제로 자폐 스펙트럼 장애가 있어서 18개월부터 상동 행동에 반향어, 언어 지연을 보이고, 사회성 지연, 인지, 학습 문제를 겪는 아이라 하더라도 아주 열심히 정신 질환, ABA 치료, 감각 통합 치료, 놀이 치료 등을 받아서 실제 초등학교 들어갈 때 지능이 향상되고, 자폐 진단 검사(ADOS, CARS, SMS)에서 자폐 스펙트럼 장애로 진단을 못 받은 경우도 있습니다. 진단이 모호해졌지만 부모나 치료하는 입장에서는 반갑고 고마운 일이죠. 반대로 실제 자폐 스펙트럼 장애가 아니고 단순 언어 지연에 주의력만 떨어지는 아이가 제때에 치료를 받지 못해서 학교 갈 때에 지능 저하(FSIQ 70 미만), ASD로 진단받는 경우도 있습니다. 요즘은 예전의 자폐증, Autism이라고 전형적인 자폐증의 증상을 다 보여야 진단하지 않고 ASD(Autism Spectrum Disorder) 즉 자폐 스펙트럼 장애로 진단하기 때문에 언어 발달이 저하되고, 언어로 인한 사회성 발달에 어려움이 있고, 스스로 문제 해결 능력이 떨어진다면 ASD로 진단받게 되는 경우가 있습니다. 진단 기준이 더 낮아졌습니다.

반면 아이가 부모님과도 눈을 맞췄다 못 맞췄다 하고, 불러도 자기가 재미있는 놀이할 때에는 잘 대답도 안 하고, 특정 감각이 너무 예민해서 어린이집, 유치원에서 적응이 어렵고 까다로운 아이라 할지라도 영유아 검진에서 평가하는 항목들 '인지, 언어, 사회성, 소근육, 대근육' 발달에 큰 문제가 없다면 크게 걱정하지 않으셔도 됩니다. 특히 언어 발달이 정상이라면(다른 사람 말을 이해하고 연령에 맞는 표현 언어 수준을 보이는 경우) 아이의 기질과 성격, 부모님의 양육 방식에 대한 이슈이지 아이의 발달 자체의 문제는 아닐 수 있습니다.

1) 영유아 검진은 꼭 받으세요.
2) 영유아 검진에서 발달 지연 소견이 있다면(특히 언어 발달 지연) 꼭 정밀 검사를 받으세요.
3) 발달에 대한 개입은 무조건 빠를수록 좋습니다.

덧. 영유아 검진에서의 발달 문항이 부모님 설문지 형식으로 되어 있어서 부모님들께서 가끔 "내가 잘못 알아서 괜찮다고 체크한 것이면 어떡하나요?"라고 물어보시는 경우가 있습니다. 아이와 가장 오랜 시간을 보내는 부모님의 의견은 정확하니 너무 의심하지 마세요. 그리고 어차피 아이가 태어난 순간부터 예방 접종 등으로 소아과에 가잖아요. 소아과 선생님과 부모님이 아이를 꾸준히 함께 보기 때문에, 조금이라도 걱정되시면 소아과 선생님께 물어보세요. 발달 문제는 아무리 명의라고 해도 한순간의 아이의 모습만 보고 진단할 수 없습니다. 함께 긴 시간을 주의 깊게 살펴보는 것이 가장 중요합니다.

21.

신경 발달 문제
_주의력 결핍 과잉 행동 장애,
우리 아이가 ADHD일까요?

활달한 기질의 아이를 키우는 부모님이시라면 우리 아이가 혹시 ADHD가 아닐까 하는 걱정을 한 번쯤은 해 보셨을 것이라고 생각합니다. 특히 아들을 키우는 부모님들은 더 그러시지요. 세 돌 지나서 어린이집을 가면서부터 "우리 ~가 너무 돌아다녀요", "친구한테 장난을 너무 많이 치네요", "뭔가를 물어보면 딴소리를 해요", "매번 시간 안에 못 끝내네요" 등의 피드백을 듣는다면 부모님은 마음이 콩닥콩닥해지고 걱정과 불안에 휩싸이게 됩니다.

사실 학교 가기 전 나이의 아이들은 ADHD가 있든 없든 산만합니다. 돌아서면 까먹고, 자기가 좋아하는 것에 쉽게 흥분하고, 특히 자극 추구가 강한 아이들은 주변의 환경에 쉽게 자극됩니다. ADHD는 부모님의 훈육, 기질과 상관없이 신경 발달에 문제가 생기는 질환으로 만 5세부터 진단이 가능합니다. 진단을 할 때에는 부모님 설문지를 받고, 컴퓨터로 시각, 청각 주의력에 대한 검사를 시행합니다. ADHD는 신경 발달에 문제가 생긴 것이라 시각 자극, 청각 자극을 변별하는 것이 어렵고, 10-15분간 과제에 집중을 유지하는 것이 어렵습니다. 그리고 컴퓨터에서 나오는 자극을 변별해서 행동으로 처리하는 것이 전반적으로 느립니다. 그래서 부모님 설문지에서 ADHD가 의심될 만한 소견이 있는지 확인하고 전산 검사에서 수치로서 ADHD 결과가 나와야 최종으로 진단합니다.

그러면 진단하고 나면 바로 약을 먹일까요? 그렇지는 않습니다. 초등학교 고학년 이상이면서, 이미 학습에 어려움이 있고, 전형적인 증상이 생긴 지 오래된 경우에는 바로 약물 치료를 고려하기도 합니다. 하지만 약물 복용은 만 6세가 지나야 할 수 있고, 알약을 먹을 수 있어야 합니다. 왜냐하면 ADHD 약은 지속 시간을 길게 해야 하기 때문에 알약의 형태로 먹어서 몸에서 서서히 효과를 나타내게 해야 하는데 이걸 가루로 분쇄하거나 캡슐을 까서 먹으면 혈중 농도가 일정하게 유지가 안 되고 금방 효과가 사라져 버리기 때문입니다.

그리고 실제 ADHD가 아닌데 불안이 높은 아이들도 전산 검사에서 ADHD로 나오는 경우가 있습니다. 특히 예기 불안, 초기 불안이 높은 아이들은 낯선 상황에서 낯선 검사를 하게 되면 긴장이 높아져서 부주의하거나 충동적이거나 반응 속도가 느려지기도 합니다. 이런 경우에는 6개월-1년 후에 재검사해 보면 정상으로 수치가 떨어지는 경우가 많습니다. 그리고 불안이 높은 아이가 1회의 전산 검사에서 ADHD로 진단되어 약을 복용하는 경우 강박이나 불안이 더 심해지기도 하고, 감정 조절이 더 안 되어서 힘들어지는 경우도 있습니다. 그래서 저는 보통 검사 때 보였던 아이의 태도, 다른 심리 검사,

스트레스 상황에서 대처하는 방식, 기질 등을 함께 고려해서 바로 약물 치료를 시작할지, 적어도 6개월 후에 재검해서 약물 치료를 결정할지, 심리 치료를 먼저 권할지 등을 결정합니다.

결론 및 요약

1) ADHD 진단은 만 5세부터 가능합니다.
2) ADHD 약물 치료는 만 6세부터 할 수 있습니다.
3) 1회의 검사로 진단하지 말고 6개월 이상의 간격을 두고 아이를 지켜봅시다.

덧붙여, TV를 몇 시간을 볼 수 있거나 게임을 오랫동안 할 수 있는 것은 집중력이라고 하지 않습니다. '하기 싫은 것을 할 수 있는 시간'을 말하는데, 보통은 정상적으로 집중할 수 있는 시간은 '학년×10분'이라고 합니다. 즉 미취학의 아이들은 '집중력'이라는 것을 논하지 않습니다. 아이가 학습식 영어 유치원에서 돌아다니는 것을 보고 ADHD 걱정이 되어서 오시는 경우가 있는데 '그러한 학습 방식이 그 나이의 아이에게 맞는지', '기관의 규칙을 받아들일 수 있는지', '선생님-아이 혹은 부모님-아이의 관계는 괜찮은지', '평소 훈육이 잘 되는지'의 문제이지 '집중력'의 문제는 아닙니다. 하기 싫은 것을 할 수 있는 시간이 초등학교 1학년은 10분, 6학년이 되어야 한 시간이 가능합니다.

22.

신경 발달 문제_지능 지체

Mental retardation

우리가 지능이라고 하면 웩슬러 등 지능 검사에서 FSIQ(Full Scale Intelligence Quotient)를 말하는데 같은 연령대 사람의 평균 지능을 100이라고 했을 때 100보다 높으면 평균보다 높은 것, 100보다 낮으면 평균보다 낮다고 말합니다. 지능을 평가하는 검사나 기준은 다양하지만 가장 흔히 하는 검사 중의 하나인 웩슬러 지능 검사를 보면, 언어적 지능, 비언어적 지능으로 나누기도 하고, 선천적으로 타고난 지능과 후천적으로 학습되는 지능으로 나누기도 합니다. 일반적으로 언어이해, 시공간, 유동추론, 작업 기억, 처리속도를 평가하는데 각각이 의미하는 바가 다릅니다. 하지만 전체적으로 평균을 내어 점수를 냈을 때 100점을 기준으로 높다, 낮다고 평가합니다.

우리가 IQ 90부터를 정상 지능이라고 말을 하고 80-89는 '평균하' 수준, 70-79는 '경계선' 수준, 70미만은 '지연' 수준으로 지능 지체라고 평가합니다. 70이하의 지능도 그 점수에 따라서 경증, 중등증, 중증 지능 지체로 나눕니다. 지속적인 치료적 개입을 했는데도 불구하고 지능이 70이 안 되는 경우 '장애'로 평가하게 됩니다. 이런 경우 스스로 학습하는 것이 어렵고, 일상의 상황 속에서 적응하는 데 어려움이 있습니다.

일반적으로 어릴 때 언어 발달 지연을 보이거나 사회성 문제를 보이는데, 자폐 스펙트럼 장애라고 할 만큼 상호 작용이 없지는 않고, ADHD라고 할 만큼 산만하지는 않은데, 학습을 시켰을 때 어려움을 보이는 경우에 의심을 하게 됩니다. 눈도 맞추고 간단한 지시는 따를 수 있으면서, 애착 형성도 가능해서 상호 작용 의도는 있는데, 관계에서 다양한 의미를 생각하기 어렵고 단순하며, 새로운 상황에 부딪혔을 때 문제를 해결하는 능력이 부족합니다. 새로운 개념을 가르쳐 줄 때에도 여러 번 반복해서 가르쳐야 하고, 하나를 배웠을 때 다양한 방식으로 응용이 잘 되지 않습니다. 지능 지체도 다양한 방식으로 나타나기는 하나 일반적으로 웩슬러 검사를 해 보면 검사자의 지시를 잘 따르지 못하고, 언어의 상위 개념을 이해하기 어렵고, 고차원적 추론 능력이 매우 부족합니다. 단순 반복의 작업은 어느 정도 수행을 하고, 간단한 질문에는 대답할 수 있지만 과제 난이도가 올라가면서 깊이 있게 사고하는 것이 어렵고, 자극을 머릿속에 오래 가지고 있으면서 조작해야 하는 작업 기억(Working memory)에 어려움이 있습니다.

희망적인 것은 타고난 지능이 낮은 아이들도, 어릴 때부터 반복적으로 잘 가르치면 인지 수준이 높아지는 경우가 있고, 안타까운 것은 실제 지능 지체 정도까지는 아니었지만 자극이 너무 적은 경우 결국 지능 지체 수준으로 되어 버리는 경우도 있습니다. 그래서 우리 아이의 인지 수준이 어느 정도인지 잘 봐야 합니다. 일반적으로 아이들이 태어나서 처음으로 높은 인지 수준을 필요로 하는 것이 '언어 발달'

이고, '놀이의 수준'을 보면 아이의 지적 능력을 어느 정도 유추할 수 있습니다. 단순한 놀이에서 놀이의 대상이 확대되고, 상상을 이용하고, 관계를 이해하고, 규칙을 이해하는 수준으로 발전하는지를 잘 보셔야 합니다. 그리고 사회성이라고 하는 것이 다양한 관계, 다른 사람의 언어적, 비언어적 의도, 자기조절력 등이 있어야 발달할 수 있는 것이기 때문에, 가까운 사람과 관계 맺는 방식, 어린이집에서 적응하는 방식을 잘 보셔야 합니다.

1) 아이의 지능이 궁금하다면 언어 수준, 놀이 수준, 사회성을 잘 관찰하세요.
2) 잘 모르겠으면 소아과에서 하는 영유아 검진을 꼭 받으세요.
3) 어떤 영역에서든 발달이 느린 것으로 나오면 주저하지 말고 평가를 받으세요.

덧, 두 돌 반부터는 '지능 검사'가 가능하고, 생후 16일부터 42개월까지는 '베일리 검사'로 아이의 발달 수준을 평가할 수 있습니다. 영유아 검진에서 발달 지연을 보이는 경우 베일리 검사가 의료 보험이 적용되기 때문에 비용 부담도 많지 않습니다. 만약 문제가 있다면 정신 질환, 놀이 치료, 사회성 훈련 등 빨리 개입하면 됩니다.

23.

정확하게 틱이 뭐예요?

가끔 돌쟁이 아기가 눈을 깜빡거린다고 "혹시 이게 틱(Tic disorder) 일까요?" 하고 물어보시는 부모님들이 계십니다. 아이들이 의미 없는 행동을 반복하면 틱 걱정이 많이 되시죠? 눈을 깜빡거린다거나 입술을 씰룩거리거나 어깨를 들썩거리거나, 킁킁거리는 소리를 내거나, 헛기침을 하거나, 휘파람을 불고, 혹은 이런 증상들이 복합적으로 나타나면 놀라서 병원으로 뛰어오십니다.

우리가 틱을 진단하려면 적어도 1년을 비슷한 강도로 꾸준히 해야 틱이라고 진단할 수 있습니다. 생기고 4주 이내에 사라지는 경우, 1년 중 틱이 없는 기간이 3개월을 넘어가면 틱이라고 진단하지 않습니다. 저희가 진료하면서 가장 많이 보는 틱은 '일과성 틱 장애'라고 해서 증상이 있다 없다 하는 거죠. 주로는 한두 달 정도 증상이 있다가 몇 개월 안 하다가 또 한두 달 정도 있다가를 반복하게 됩니다. 가장 많은 패턴은, 새 학기가 시작되는 3-4월, 9-10월에 틱과 같은 증상을 보이다가 없어지기를 반복합니다. 이 시기는 봄가을 알레르기 시기, 환절기와 맞물려서 킁킁거리거나 얼굴 씰룩거리는 것이 알레르기 비염 증상인지 틱인지 구별하기도 어렵습니다. 실제로 틱이 심해지는 시기가 이런 학기 초에 긴장이 높을 때고, 알레르기가 심해지는 시기도 이 시기이기 때문에 구별하기가 쉽지 않습니다. 그리고 알레르기도 스트레스 받으면 악화되거든요. 그래서 가장 중요하게 보는 것이 얼마나 오래 가는지입니다. 1년 이내에 증상이 있다 없다 하는 일과성 틱 장애는 보통 치료를 하지 않아도 자연히 소멸됩니다.

틱은 일반적으로 운동 틱은 7-8세, 음성 틱은 11-12세에 시작한 다고 합니다. 보통 10,000명 중에 4-5명 정도 생기니까 유병률이 0.05% 정도 되겠네요. 제대로 된 틱 장애는 생각보다 흔치 않습니 다. 일과성 틱 장애는 운동 틱이 7-8세에 시작해서 초등학교 2-3학 년에 가장 심해지고 5-6학년 되면서 빈도나 강도가 약해지면서 끝 이 나고요. 학령기 아이의 5%에서 많게는 25%까지 있다고 하니까 이렇게 그냥 지나가는 일과성 틱 장애는 한 반에 1/4 아이들은 한다 고 보시면 됩니다.

그래서 보통 두세 돌 되는 아이가 눈을 깜빡거린다고 틱이 걱정되 어서 오시는 경우에는 그냥 지켜보라고 말씀드리는 이유가 틱이 흔히 많이 생기는 연령이 아니기 때문입니다. 학교 가기 전 아이들은 의미 없는 반복적인 행동들을 많이 합니다. 머리를 때리기도 하고, 바닥에 쿵쿵하기도 하고. 대부분 부모님이 관심을 안 두시면 자연히 소멸되 죠. 아이가 좋은 행동을 했을 때엔 칭찬을 해 주시면 강화가 되고요. 아이가 좋지 않은 행동을 했을 때에는 명확한 처벌을 해야 없어집니 다. 반면 딱히 좋은 행동도, 나쁜 행동도 아닌데, 그냥 아이가 안 했으 면 하는 행동들: 대표적인 것이 이런 눈을 깜빡거리거나, 의미 없는 반복 행동을 하는 것이죠. 이런 행동들은 관심을 두지 않으면 자연 소멸됩니다. 오히려 관심을 두면 강화가 되어서 더 하게 됩니다.

일과성 틱이 아니고 진짜 '틱 장애'라고 판단되면, ADHD, 강박 등의 공존 질환은 없는지, 혹시 약한 강도의 경련은 아닌지 감별해야 합니다. 다른 질병과 함께 있는 틱은 만성화될 가능성이 높은데 '틱-ADHD-강박'은 함께 잘 생깁니다. ADHD 아이들이 약물 치료하면서 행동 조절도 잘 되고 집중력은 좋아지지만 강박이 심해지기도 하고, ADHD가 있는 사람들이 틱, 음성 틱과 운동 틱이 함께 있는 뚜렛 장애로 넘어가기도 합니다. 치료가 필요하다고 생각되면 약물 치료를 하고, 긴장과 불안이 너무 높으면 뉴로피드백 훈련을 통해서 긴장을 완화하는 치료를 합니다. 눈 깜빡이는 틱이 있는 경우 오히려 눈을 크게 뜨는 스트레칭을 하면서 틱 증상의 반대 행동을 하게 하면서 행동 치료를 하기도 하고요. 아이의 긴장을 유발하는 것에 대해서 부모님과 상담하고, 부모님 교육을 하기도 합니다. 하지만 이렇게 치료가 필요한 틱은 0.05%보다 적습니다.

결론 및 요약

1) 1년 이상 꾸준히 해야 '틱 장애'로 진단하는데 치료가 필요한 틱은 0.05% 이내입니다.
2) 운동 틱과 음성 틱이 함께 있는 경우, ADHD, 강박 장애 등과 함께 있는 경우에는 치료가 필요할 수 있습니다.
3) 대부분 저절로 좋아집니다.

덧, 틱이 생기면 부모님들은 '요즘 스트레스 받는 것이 있나?' 걱정하십니다. 그런데 희한하게 집에서 TV를 보거나 책을 볼 때 틱 증상이 나타납니다. 그러면 '아니, 집에서 편한데 저 정도면 학교 가서 스트레스받으면 얼마나 많이 할까?' 생각하시며 더 걱정하시는 경우가 있습니다. 사실 틱 증상은 긴장했을 때보다 긴장이 풀렸을 때 확 나타나기 때문에 오히려 집에서 더 심한 경우가 많습니다. 음성 틱이 심해서 주변에 피해를 주는 정도가 아니라면 그냥 두세요. 저는 보통 부모님께 "그냥 아이를 쳐다보지 마세요"라고 말씀드립니다.

24.
우리 아이는 사회성에 문제가 있어요.
어떻게 하면 사회성을 좋게 할까요?

진료실에 들어와서 아이가 인사를 하지 않으면, 부모님이 억지로 인사를 시키시는 경우가 있습니다. 그런 경우에 엄마 뒤로 숨고 인사를 안 하려고 하면 부모님께서 "우리 아이가 낯을 너무 가리고 사회성이 떨어지는 것 같은데 괜찮은가요?"라고 물어보십니다. 저는 그러면 보통 "유치원은 잘 다니나요?"라고 묻고, 유치원 잘 다닌다고 말씀하시면 "사회성은 걱정 안 하셔도 된다"고 말씀드립니다.

부모님들은 사회성과 사교적인 것을 헷갈려 하시는 경우가 많습니다. 사회성은 인간이 집단을 형성하고 사는 동물로서 집단 속에서 잘 적응하고 살아가는 것이 기본 핵심입니다.

① 가장 친밀한 사람들로 이루어진 가족과 적절한 정서적 유대를 유지하면서 생활할 수 있어야 하는데, 항상 행복하고 평화롭게 지낸다는 뜻은 아닙니다. 안전을 보장받고 생활하는 것을 의미합니다.

② 아이들은 유치원 혹은 학교를 갈 수 있어야 합니다. 불편하고 예측이 되지 않는 상황, 사람들 속에서 시간을 보낼 수 있어야 하고, 밥을 먹을 수 있어야 하고 학습을 할 수 있으면 됩니다. 어른의 경우에는 직장에서 불편한 사람들과 섞여서 밥을 먹을 수 있고, 업무를 할 수 있으면 됩니다. 이 두 가지만 가능하다면 사회성으로서는 다 하고 있는 것입니다. 가정과 사회 속에서 '행복'하면 좋겠지만 항상 행복하고 즐겁지는 않더라도, 그 속에서 '시간을 보내고 생활하며 자신의 역할을 할 수 있으면' 그것으로 충분합니다.

사교적인 것은 '다른 사람과 관계를 맺는 것을 즐거워해야 한다는 것'을 내포하고 있습니다. 매일 사람을 만나는 일을 하고 있는 저조차도 사람을 만나는 것보다 혼자 있는 것이 훨씬 편하고 좋습니다. 특히 내향적인 사람은 타인과 있는 것보다는 혼자 있는 것이 더 '행복'합니다. 그렇다고 가족 및 사회 속에서 자신의 역할을 못하는 것은 아니거든요. '사회성'이라고 하는 것은 집단생활을 하는 동물로서 '생존'과 관계가 있는 것이지만 '사교적'이라는 것은 인간이 가질 수 있는 다양한 특징 중의 하나입니다. 친밀한 사람들과 깊은 관계를 맺기를 좋아하는 사람 혹은 혼자만의 사색이나 놀이를 즐기는 사람보다 사교적인 사람이 더 우월하지 않습니다. 그냥 특징일 뿐이죠.

1) 가족과 잘 지내고
2) 유치원, 학교, 직장에서 시간을 보내고, 밥을 먹고, 학습 및 업무를 다닐 수 있으면 사회성으로는 Best를 하고 있는 것입니다.

덧붙여, 서두에 말한 '인사'에 대해서 한 말씀 드리고 싶습니다. 아이들은 '인사'와 '대답'을 좋아하지 않습니다. 부모님들께서 아이들에게 "어른들께 (혹은 친구에게) 인사해야지"라며 아이 머리를 억지로 누르거나 "대답해야지"라고 채근해 보신 경험은 다들 있으실 것입니다. 아이들이 엘리베이터에서 만난 어른, 소아과 진료를 마치고, 놀이터에서 만난 친구에게 인사 안 해도 됩니다. 그리고 인사를 하기를 원하신다면 부모님이 인사를 하시면 됩니다. 다만 매일 보는 부모님이 나갔다 들어오거나, 아침마다 만나는 유치원 선생님께는 인사를 하라고 훈육하시고, 아이가 부끄러워하면 부모님께서 대신해 주시면 됩니다. 그리고, 아이들은 질문을 받으면 혼난다고 생각하는 경우가 많습니다. 그래서 아이가 대답을 하지 않으면 끝까지 "네 해야지"라고 강요하시기도 합니다. 대답을 하지 않는다고 95%의 보통의 아이들이 못 알아듣는 것은 아닙니다. 물론 돌아서면 까먹기도 합니다. 그러면 또? 2,000번 말씀해 주시면 됩니다. 꼭 아이의 대답이 필요한 상황이라면 "지금 말하기 싫으면 나중에라도 말해 줘"라고 말씀하시고 기다리시면 됩니다. 3일 있다가 "그때 엄마……" 하고 말을 해 주기도 하거든요.

3) 인사, 대답은 꼭 안 해도 괜찮습니다.

25.

우리 아이는 낮을 많이 가려요(외인 불안), 불안이 높아요?

부모님들께서 "처음 보는 사람을 무서워해요", "친구랑 사귀는 데 너무 오래 걸려요", "우리 아이가 손톱을 뜯어요", "우리 아이가 눈을 깜빡거려요", "우리 아이가 최근 들어서 오줌을 너무 자주 눠요"라고 말씀하시며 "혹시 우리 아이가 내가 모르는 불안이 있어서 그런 걸까요?"라고 걱정스러운 얼굴로 물어보시는 경우가 많습니다. 우리가 걱정하는 우리 아이들이 '불안'이 과연 무엇일까요? 불안은 '정상적인 불안'과 '병적인 불안'이 있습니다. 정상적으로 불안해할 상황에 대한 불안은 정상적인 것이고, 흔히 불안을 일으키지 않는 상황에서 불안을 느끼며, 아이들의 적응에 문제 겪는 경우는 '병적인 불안'이라고 합니다.

그렇다면 우리가 정상적 불안이 뭔지를 알아야겠죠? 정상적인 불안은 연령에 따라서 다릅니다. 돌 미만의 아이들은 큰 소리, 갑자기 나타난 물건 등에 불안을 느낍니다. 돌에서 두 돌 사이의 아이들은 본격적으로 '분리 불안'이 나타납니다. 주로 양육해 주는 사람(엄마, 아빠, 할머니 등)이 아닌 낯선 사람을 보면 자지러지게 울죠. 두 돌에서 세 돌 사이의 아이들도 분리 불안을 느끼지만 예전보다는 불안이 덜해지고, 특정 동물에 대한 공포와 불안을 느낄 수 있습니다. 세 돌이 되면 여전히 주양육자와 헤어지는 것이 유쾌하지는 않지만 울지 않고 일정 기간 헤어져 있기 때문에 어린이집, 유치원에 슬슬 적응을 하는 시기입니다. 반면 '어두움', '귀신', '좀비', '도둑' 등에 대한 공포가 생기기 시작합니다. 보통 만 5세가 지나면 잠자리 독립을 시작해야 하는데 아이들이 '껌껌한 방에 혼자 있기 무서워서', '귀신이 나올까 봐' 혼자 자기 무섭다며 불안을 보이는 시기입니다. 초등학교 저학년 시기인 만 여섯 살에서 열 살 사이에는 여전히 어두움, 귀신 등이 무섭기는 하지만 예전보다는 덜하고, 대신 '다치는 것', '죽는 것', '혼자 있는 것' 등에 대해서 불안과 공포를 느끼게 됩니다. 만 열 살에서 열두 살 사이인 초등학교 고학년 시기에는 '공부를 잘하지 못할까 봐', '친구들이 놀릴까 봐, 무시당할까 봐' 불안하고 두려운 시기입니다. 이후 중고등학교 시기에는 '또래 친구들과 섞이지 못하거나 왕따 당할까 봐', '나중에 뭐 하고 먹고 살지?', '뉴스에서 본 자연재해가 나에게도 생긴다면?', '공부를 못해서 실패하면 어떡하지?' 등에 대한 불안을 가지게 됩니다.

　이런 불안은 이 나이의 발달에 합당한 불안이라 "우리 ○○이가 무섭구나. 정말 그럴 수 있겠다"고 수용해 주고 지지해 주면 아이들이 스스로 이겨 낼 수 있습니다. 다만 그 불안의 대상이 '왜 두렵고 불안해할 필요가 없는지'에 대해서 이성적으로 설명하고, 아이를 설득하려고 한다면 아이의 부모님이 설득하는 양 만큼의 '왜 무서운지'에 대한 이유를 찾으려 더 몰입하게 될 것입니다. 혹은 '그런 쓸데없는 걱정 하지 말고 네 할 일이나 잘 해'라고 정상적인 불안을 억지로 누르게 된다면 아이는 자신의 감정을 표현하고 수용 받는 법을 배우지 못하고 "엄마, 머리가 아파", "엄마, 배가 너무 아파"라며 신체 증상을 보일 수도 있고 실제로 적응에 문제를 일으킬 수 있습니다. 정상적인 불안은 '설명'이 필요한 것이 아니라 '아, 무서울 수 있겠다'고 아이의 편에 서서 지지해 주는 것만이 유일한 방법입니다. 어른이 된 우리도 다양한 불안을 다루며 매일을 살고 있습니다. 아이들의 불안을 '해결해야 할 나쁜 것', '네 삶에서 없애야 하는 것'이 아니라 불안함에도 불구하고 매일의 삶을 충만하게 살 수 있도록 응원하는 태도가 중요합니다.

　그렇다면 문제가 되는 불안의 종류엔 어떤 것들이 있을까요? 문제가 되는 불안은 그 강도가 심하고, 아주 긴 시간 우리를 힘들게 합니다. 정신 질환의 진단은 DSM이라는 진단 기준에 따라서 주로 하는

데 DSM-5에서 분류하고 있는 불안 장애에는 '분리 불안 장애', '선택적 함구증', '사회 불안 장애', '범불안 장애', '특정 공포증', '광장 공포증', '공황 장애'가 있습니다. 특히 아이들에게는 '분리 불안 장애', '선택적 함구증'이 많습니다.

돌에서 세 돌 사이 아이들은 주양육자가 갑자기 보이지 않거나 하면 굉장히 불안해합니다. 이 시기의 분리 불안은 정상적인 불안이죠. 하지만 세 돌부터는 점점 줄어들어서 아이들도 유치원에 가거나 할 때 많이 울지 않고 떨어질 수 있어야 합니다. 그런데 초등학교 입학을 했는데도 엄마 없이 교실에 들어가지 못한다거나, 학원 등을 갈 때에도 엄마가 문밖에 서 있어야 하고 창문을 통해서 엄마가 있나 없나 확인을 해야 한다면 개입이 필요할 수 있습니다. 불안이 높은 아이들은 집에서는 말도 잘하고 잘 노는데 유치원만 가면 입을 닫아 버린다는 경우가 생각보다 많습니다. 말만 하지 않을 뿐 유치원 활동에는 어느 정도 참여를 하는 아이가 있고 말도 어렵지만 수업 시간에 교실에 들어오지 못하거나, 들어오더라도 뒤에 서서 친구들을 살펴보기만 하는 아이들이 있습니다. 충분히 적응할 시간을 두면 유치원이라는 공간과 주변 사람들에 조금씩 익숙해지며 다가와서 입을 열기 시작하는 아이들도 있습니다. 반면 불안이 높아 시야가 좁아져 있는 아이들이 주변에 관심을 가지고, 비언어적인 소통을 시작하고 이후 언어적인 소통을 할 수 있도록 치료를 해야 하는 경우가 있습니다.

결론 및 요약

1) 불안할 만한 것에 불안한 것은 정상입니다.
2) 불안해도 일상생활이 가능하면(먹고, 자고, 놀고, 유치원 학교 직장을 갈 수 있는) 정상입니다.
3) 불안은 '감정'의 영역이기 때문에 이성적으로 설명해 주지 맙시다.

덧. 불안이 높은 아이들은 대부분 기질적으로 타고난 불안이 높은 경우가 많습니다. 이런 경우에 아이에게 너무 많은 선택권을 주면 아이의 불안이 증폭됩니다. 예를 들어 분리 불안이 있어서 유치원에 가는 것이 어려운 아이에게 매일 아침마다 '유치원에 가, 말아'를 아이에게 선택하라고 하면 아이는 아침마다 고통스럽습니다. 선택을 주는 부모님의 마음은 모두 그렇지는 않겠지만 '네가 선택했으니까 네가 책임져'라는 면이 적지 않습니다. 유치원을 가고 말고는 아이의 선택이어서는 안 됩니다. '유치원은 당연히 가는 것인데, 우리 고운이는 힘들구나. 힘들 만해. 네가 이상한 건 아니야'라는 메시지를 지속적으로 주시고, 아이가 조금이라도 긍정적인 시도를 할 때에는 폭풍칭찬을 해 주시면서 긍정적으로 강화해 주시는 태도가 필요합니다. 하지만 이미 불안 때문에 일상생활이 힘든 경우라면 적극적인 놀이 치료, 심리 치료가 도움이 될 수 있습니다.

26.

기질, 기질이 뭔가요?

'아이의 기질을 알아야 양육 방향도 결정하고, 하다못해 기질에 따라 학원 선택도 달라진다는데 도대체 그 기질이 뭔가요? 까다로운 기질? 순한 기질? 이런 건가요?'라는 고민 안 해 보셨어요?? '그럼 성인인 내 기질은 뭐지? 그냥 대충 맞춰서 잘 사는 것 같은데'

일단 기질(Temperament)과 성격(Character)을 구분해야 합니다. 기질은 타고나는 측면이 많고, 성격은 살아가면서 형성되는 면이 높습니다. 예를 들어 기질적으로 불안이 높다 하더라도 후천적으로 자율성과 유능감, 자기 수용의 발달이 잘 되어 있으면 불안을 잘 다루면서 살아갈 수 있습니다. 반대로 기질적으로 매우 자유분방하고 낙천적이며 관계 욕구가 높은 사람이라 하더라도 성장하면서 공감을 잘 받지 못하고 자라 공감 수준이 낮고 자기 수용이 낮으면 만족스럽지 못한 삶을 살게 될 수도 있습니다.

보통 풀 배터리 검사할 때 기질과 성격에 대한 검사를 하게 되는데 기질은 자신의 타고난 특성으로 수용하고 이해해야 하는 면이 높고, 성격적인 특성은 후천적으로 변할 수 있기 때문에 어떻게 앞으로 살아가야 할지의 방향을 결정할 수 있습니다. 요즘 한참 유행하는

MBTI도 성격적인 특성을 많이 반영하기 때문에 긴 시간에 걸쳐서 바뀌는 경우가 있습니다. 예를 들어 매우 내향적이던 사람이 영업직을 하면서 외향적인 특성이 강화되기도 하고, 매우 이성적인 사람이 아이를 낳고 나서 감성적인 면이 높아지기도 하는 것을 보면 성격적인 특성은 변할 수 있습니다.

 가끔 부모님께서 아이의 기질 검사를 하고서 아이가 불안이 높고 예민한 기질인 것을 아시고는, 아이가 언어 발달이 더뎌도, 유치원 가는 것을 싫어해도 '아, 얘는 예민한 아이라서 어쩔 수 없어'라고 하시거나, 충동성이 높은 기질의 아이는 '얘는 공부는 안 되겠구나'라고 포기하시듯이 말씀하시는 경우가 있습니다. 기질은 어떤 사람의 특성을 이야기하는 것이지 '능력'을 말하는 것이 아닙니다. 어떤 기질이든 좋고 나쁨이 없기 때문에, 내가 나의 기질을 잘 알면, 삶을 살면서 어려움에 부딪혔을 때 '내가 열등해서, 게을러서' 그런 것이 아니고, '나는 충동성이 좀 높기 때문에 좀 더 신중해야 해', '나는 불안이 높기 때문에, 처음에는 좀 어렵지만 시간이 지나면 잘해'라고 생각할 수 있게 해 줍니다. 그리고 자신을 조절하고 통제하는 능력은 성격적인 측면이라 후천적으로 노력하면 얼마든지 잘 해낼 수 있습니다. 아이의 기질과 성격을 이해하는 것이 아이에 대해 내가 '수용'해야 하는 부분과 '더 노력해야 하는 부분'을 구분할 수 있게 해 줍니다.

1) 기질은 타고나는 것입니다. 더 좋은 기질, 더 안 좋은 기질은 없습니다.
2) 성격은 후천적으로 형성됩니다.
3) 아이에 대해서 '받아들일 것'과 '개선할 수 있는 것'을 구분하는 것이 중요합니다.

📊 TCI-RS 프로파일								
TCI-RS	척도	원점수	T점수	백분위	30	백분위 그래프	70	
기질	자극추구(NS)	32	55	67		NS		67
	위험회피(HA)	24	39	12	12	HA		
	사회적 민감성(RD)	44	52	55		RD	55	
	인내력(PS)	46	52	59		PS	59	
성격	자율성(SD)	57	59	82		SD		82
	연대감(CO)	55	49	43	43	CO		
	자기초월(ST)	19	44	27	27	ST		
	자율성+연대감(SC)	112	55	69				

　덧, 이런 식으로 간단히 자신의 기질과 성격을 볼 수 있는 다양한 검사들이 있는데, 부모님의 기질 및 성격, 아이의 기질 및 성격을 함께 비교해 보면, 나의 어떤 면이 아이와 비슷하고 다른지를 보면서 좀 더 깊이 있게 이해할 수 있게 됩니다. 나와 비슷한 기질의 아이는 이해는 잘 되지만 내가 힘들었던 부분이 아이에게서 보이면 마음이 아프고, 나와 다른 기질의 아이는 내가 못 가지고 있는 것을 가지고 있어 좋아 보이기도 하지만 때로는 '도대체 왜 저런 거지?' 하고 이해가 잘 안 되는 부분도 있거든요. 아이를 이해하면서 부모인 나 스스로에 대한 이해도 깊어질 수 있답니다.

27.

일반 유치원? 영어 유치원?
어디를 보내는 게 좋을까요?

　우리나라 나이로 다섯 살이 되면 아이를 어떤 기관에 보낼지 고민이 되십니다. 어린이집을 계속 보낼지, 유치원을 보낼지, 유치원을 보낸다면 일반 유치원을 보낼지, 영어 유치원을 보낼지, 혹시 유치원 추첨에서 떨어지면 놀이학교를 보낼지 고민이 많으시죠. 일단 정상 발달을 보내는 아이들은 어디를 보내도 상관없습니다.

　기관을 보내는 목적이 오로지 '학습'에만 있는 것이 아니라, 부모님과 떨어져서 일정 시간을 보내고 오는 것, 또래 친구들과 상호 작용을 하는 것, 선생님의 지시에 따르는 것, 기관의 규칙을 지키는 것, 시간 맞춰서 정해진 루틴을 경험하는 것, 다양한 경험을 통해서 작은 성취를 쌓아 나가는 것 등등 많은 것을 배우고 발달시키는 것입니다. 그러면서 인지 수준이 확장이 되고, 사고 능력이 높아지고, 관계를 배우며, 사회적 참조가 생기게 됩니다. 집에서는 기가 센 형제 때문에 기를 못 펴다가 기관에서 유능감을 경험할 수도 있고, 집에서는 왕처럼 생활하다가 기관에서는 어쩔 수 없이 양보하고 나누는 것을 배우기도 합니다. 초등학교 고학년만 돼도 어떤 기관을 나왔는지가 큰 차이가 없어집니다. 심지어 영어 학습에 있어서도요. 그리고 부모님들도 그런 사실을 잘 알고 계시지만 여전히 고민이 되시죠.

 일반 유치원을 보내시는 데에는 다양한 이유가 있습니다. 아무래도 어린이집, 유치원은 '교육 기관'이기 때문에 국가에서 운영하는 교육 과정이 포함되어 있고, 국가에서 일정 부분 보조금이 나오기 때문에 비용도 저렴합니다. 모국어를 주로 사용하기 때문에 3-6세에 필요한 언어적 화용의 발달에 큰 도움이 되고, 영어 유치원에서처럼 한국말을 못 쓰게 하는 등의 언어에 대한 제한이 없기 때문에 또래를 통해서 언어가 급격히 확장됩니다. 유치원에서 자체적으로 운용하는 다양한 방과 후 활동들이 있어서, 다양한 활동을 할 수 있습니다. 그리고 어린이집이나 영어 유치원에 비해서 규율이 조금 더 엄격한 면이 있어서 아이들의 사회화에 더 도움이 된다는 견해도 있습니다.

 다음으로 영어 유치원을 보내는 이유를 알아볼까요? 아이가 언어적으로 뛰어나서 다양한 언어에 노출시켜 주고 싶으신 경우도 있고, 어린이집 혹은 일반 유치원 다녀온 후에 영어 애프터까지 보내기엔 힘들 것 같아서 영어 유치원을 보내는 경우도 있고, 어차피 외국에 자주 왔다 갔다 해서 국제 학교로 진학하기 위해 보내는 경우도 있습니다. 또는 부모님께서 아이가 소심한 성격인데, 나중에 공부할 때 다른 아이들보다 늦은 출발 선상에서 출발하게 되면서 위축될까 봐 보내시기도 합니다. 저는 부모님의 걱정과 불안도 중요한 결정 요인이라고 생각하기 때문에 그것도 충분히 의미가 있다고 생각합니다. 다만 영어 유치원을 보내면서 집에서도 영어를 쓰시는 경우가 있는데, 영어가 모국어여야 하는 상황이 아니라면 그건 권하지 않습니다. 아무리 영어 유치원을 일찍 보냈다 하더라도 영어의 수준이 모국어인 한국어 수준보다 낮을 수밖에 없는데, 언어가 확장되어야 하는 시기에 단조로운 영어 표현을 반복하면서 모국어 수준의 발달을 저해할 수 있습니다. 나중에 다시 한번 말씀드리겠지만 '모국어'는 사고하는 언어이기 때문에 모국어 발달이 매우 중요합니다. 한국어가 모국어이면서 초중고를 한국어를 쓰는 학교를 보내시려 하신다면 영어 유치원 다녀와서는 고급 한국어 발달을 할 수 있도록 충분히 상호작용해 주세요.

어린이집을 꾸준히 보내는 경우에는 아이가 어릴 때부터 보내던 기관으로 익숙하고 안정감이 있어서 이어서 보내시는 경우가 많습니다. 그리고 유치원들에 비해서 보육하는 시간이 길다 보면 워킹맘, 워킹대디에게는 더할 나위 없이 좋은 장점입니다. 부모님의 회사에 소속된 직장 어린이집이어서 학교 갈 때까지 보내는 경우도 있고, 앞선 일반 유치원과 마찬가지로 국가의 교육 과정을 따르기 때문에 신뢰가 가는 면도 있습니다. 특히 어린이집은 방학이 없어서 (일반 유치원은 원에 따라 다르지만 3주 이상씩 방학을 하기도 하죠) 아이가 어린이집에 가면 부모님들이 편해서라기보다, 아이들의 일상의 루틴을 맞추는 데에 좋습니다. 기관 적응에 어려운 아이들 같은 경우 주말만 지내도 월요일에 보내려면 어려운 점이 많은데, 1-2주씩 방학을 하고 다시 보내려면 어린이집 처음 보낼 때처럼 에너지를 써야 하는 경우가 있습니다. 매일 꾸준함을 유지하는 것이 아이의 정서에 도움이 되는 면이 있습니다.

놀이학교를 선택하시는 경우는 일반 유치원의 추첨에서 떨어져서 그럴 수도 있고, 영어 유치원을 보내기엔 아이가 너무 고생스러울 것 같고 편안하게 영어에 노출이 되었으면 좋겠다고 해서 영어 놀이학교를 보내시기도 하십니다. 놀이학교는 영어 유치원처럼 부모님이 돈을 다 내고 보내는 곳이기 때문에 가격 부담이 되지만, 알레르기 있는 아이들의 식단을 구분해 주는 곳도 있고, 체육 활동이나 야외 활동이 많은 곳들도 있는 등 각각의 특성이 있어서 보내시는 경우도 있습니다.

결국은 우리 아이 발달이 정상이라는 전제하에서는, 집에서 기관까지의 거리, 누가 주로 보육을 하는가(엄마, 할머니, 도우미 이모님), 부모님 두 분이 일을 하시는가, 어느 정도의 비용을 감당할 수 있는가, 우리 아이에게 어떤 기관이 도움이 될 것인가에 따라서 부모님이 결정을 하시는 것입니다. 어디를 보내나 큰 차이는 없습니다.

다만 언어나 발달이 다소 느린 아이들의 경우에는 어린이집을 다니다가 일반 유치원으로 보내기를 가장 권합니다. 아무래도 어린이집은 교육보다는 '보육'에 조금 더 초점이 맞춰져 있어서 발달이 느린 아이들은 유치원으로 옮길 수 있으면 좀 더 구조화된 환경 속에서 언어를 발달시키고, 자신을 적응시키는 훈련을 하는 데에 도움이 됩니다. 그리고 만약 우리 아이 발달이 많이 느린 경우에는 어린이집이나 유치원의 '통합반'을 권합니다. 통합반은 특수 교육을 받은 선생님이 소수의 아이들을 따로 모아서 교육을 시키고, 대신에 체육 활동이나 식사, 외부 활동들은 다른 아이들과 함께하는 일종의 '특수반'의 개념입니다. 아무래도 발달이 많이 느린 아이들은 전문적인 선생님이 눈을 더 맞추고, 더 많은 시간을 들여서 교육을 시키는 것이 중요합니다. 그러면서도 다양한 아이들과 섞여서 상호 작용을 하는 것도 배우면서 사회성도 함께 발달시킬 수 있습니다.

결론 및 요약

1) 발달이 정상인 아이들은 어느 기관을 보내든 장기적으로는 큰 차이 없습니다.
2) 언어가 느린 아이들은 가능하면 모국어 발달이 충분히 이루어질 수 있게 일반 유치원이 좋습니다.
3) 주 5일, 하루 4–5시간 영어 유치원 갔다 온다고 해서 언어 혼동이 잘 생기지 않습니다. 다만 그 외의 시간에 모국어 상호 작용을 충분히 늘려 주시면 좋습니다.
4) 발달이 느린 아이들은 한국어를 쓰는 유치원으로 보내시고, 발달이 많이 느린 경우라면 '통합반'을 갈 수 있다면 더 좋습니다.

덧. 통합반을 가려면 신청을 따로 해야 하는데, 들어가고자 하는 아이들이 많기 때문에 대기를 하셔야 하는 경우가 많습니다. 그래서 우리 아이 발달이 다소 느리다면 가능하면 '통합반'이 운영되는 어린이집이나 유치원에 미리 대기를 걸어 놓으시고, 대기 순번이 되었을 때 영유아 검진, 혹은 언어 검사, 혹은 베일리 검사나 지능 검사 등 아이의 발달 상태를 알 수 있는 검사를 받으시고, 가까운 소아과에서 발달 지연 소견이 보인다는 진단서를 받으셔서 제출하시면 됩니다.

발달 검사를 해 주는 기관에 따라서 검사를 받는 데에도 시간이 걸리는 경우가 있기 때문에 미리미리 준비를 해 주시는 것이 좋습니다. 우리 아이 발달이 다소 느리다고 해도 우리가 할 수 있는 한 최선을 다해 개입을 해 준다면 분명히 좋아질 수 있습니다.

28.

한글은 언제, 어떻게 떼야 할까요?

다섯 살 즈음에는 영어 유치원을 보낼까, 일반 유치원을 보낼까 고민을 하시고 여섯 살쯤 되면 '한글을 어떻게 해야 하나……' 걱정이 되기 시작합니다. 앞에서 언어 발달에 대해서는 간단하게 말씀을 드렸는데, 읽고 쓰는 것은 언제부터 시작하고, 언제까지는 완성해야 하는지 궁금하시죠?

일반적으로 빠르면 **만 3세**부터는 통글자를 인식하기 시작합니다. '사과'라는 글자를 보면 이것이 '사+과'로는 인식하지 못해도 대충 '빨간 달콤한 과일인 사과'라는 것 정도를 알게 됩니다. 모든 낱말은 알지 못해도 자주 쓰는 단어들에 대해서는 통글자로 인식합니다. **만 4세**가 되면 음운 인식을 시작해서 더듬더듬 통글자에서 하나씩 음절을 읽을 수 있습니다. '가방'이라는 글자를 알고 있었는데 '가지'라는 글자를 보고 "엄마, '가방'이랑 똑같은 '가'다"라고 말을 할 수 있습니다. **만 5세** 가 되면 소리와 글자의 관계를 알게 되고, 각각의 음소를 개별적인 소리로 분리할 수 있습니다. 'ㅅ'라는 것이 [S] 소리를 낸다는 것을 이해하게 되는데 영어에서 '파닉스, Phonics'를 하듯이 각 글자에서 음소별로의 소리를 이해하게 됩니다. 아직은 읽기에 오류가 많은 시기이지만 학교 갈 때까지 점점 정확도가 높아집니다. **학교를 가게 되면** 자동적으로 읽기가 시작되면서 점점 오류 없이, 음운 규칙에 맞게 읽어지기 시작합니다. **초등학교 2학년**이 되면 입으로 소리 내지 않아도 눈으로 빠른 속도로 오류 없이 읽기가 가능하고, '읽기를 위한 학습이 아니라 학습을 위한 읽기' 단계로 넘어가면서 완성됩니다.

요즘은 한글을 거의 다 떼고 학교를 보내야 한다고 생각하시는 부모님들이 많이 계시기 때문에 여섯 살 정도부터(만 5세)는 부모님들께서 꼭 보습 학원이나 방문 선생님이 아니더라도 서점에서 한글 쓰기 책을 사서 'ㄱ, ㄴ, ㅏ, ㅑ, ㅓ, ㅕ'를 가르치기 시작하십니다. 무난하게 잘 따라오면 괜찮은데, 글씨를 읽고 쓰기를 시키는데도 불구하고 학습이 잘 안 되면 '혹시 난독증인가?', '머리가 나쁜가?' 걱정하기 시작하십니다. 부모님들 사이에서는 초등학교 1학년 1학기에 학교에서 한글을 형식적으로 가르치긴 하지만 아이들이 다 알고 오기 때문에 우리 애만 한글을 익히지 못하고 들어가면 큰일 난다고 생각하십니다.

하지만 생각보다 한글을 제대로 모르는 아이들이 많습니다. 더더구나 일찍부터 영어 유치원을 보내서, 혹은 일반 유치원을 보내더라도 영어 애프터 스쿨을 보내서, 영어로 읽고 쓰기는 하는데 한글은 못하는 아이들이 많습니다. 영어 하는 것 보면 '에이, 한글은 모국어인데, 금방 하겠지'라고 생각하시며 그냥 두시는 경우도 많습니다. 하지만 영어와 한글은 언어 체계가 너무 다르고, 영어는 옆으로 죽 나열하는 식의 단어 구성이지만 한글은 자음+모음+받침까지 있어서 익히기도 더 어렵고, 음은 규칙도 조금 더 복잡합니다. 글을 읽을 때 문장 구성 자체도, 영어는 주어와 동사가 붙어 있어서 맥락을 이해하기가 조금 더 쉬운 면이 있는데, 한글은 주어와 동사가 떨어져 있고, 중간에 주어처럼 생긴 보어('은, 는, 이, 가'라는 조사가 붙지만 주어는 아닌)도 있어서 이해하기가 더 어려운 면이 있습니다.

  학교에서 한글을 떼고 나면 그다음부터 본격적인 읽고 쓰기가 시작되는데, 수업 시간에 '내용을 배우고, 자신의 생각을 쓰고, 발표'하는 형식의 수업을 많이 하기 때문에 한글 학습이 원활하지 않으면 수업 내용을 이해하지 못하는 것은 둘째 치고, 수업에서 소외감을 경험하면서 위축되는 경험을 반복적으로 할 수 있어서 모국어 교육은 중요합니다. 너무 일찍부터 아이에게 글을 가르치려고 기운을 빼는 것도 좋지 않지만 아이가 정상 발달 범위를 따라오지 못하는지 잘 관찰합시다.

결론 및 요약

1) 만 3세: 글자에 관심을 가지기 시작합니다. 익숙한 단어는 알아보기 시작합니다.

2) 만 4세: 글자들에서 같은 음절을 분리해서 알아보기 시작합니다.

3) 만 5세: 각 음소의 소리를 파악하기 시작합니다.

4) 만 6세(초등학교 1학년): 읽기가 자연스러워지고 점점 오류가 줄어듭니다. 학교 들
   어갈 때 쓰여 있는 글자를 보고 그리듯 이라도 따라 쓸 수 있어야 합니다.

5) 만 7세(초등학교 2학년): 눈으로 빠르게 읽기 시작하고, 맞춤법에 맞춰 쓰기가 가
   능합니다.

덧, 아이가 한글이 늦다고 생각하면 책을 많이 읽어 주시는 경우가 있으십니다. 앞서 언어 발달에서도 말씀드렸지만 부모님과 아이가 책을 함께 읽는 것은 함께 앉아서 무언가를 같이 한다는 의미에서 좋고, 책을 읽는다는 것이 평생에 좋은 취미이자 습관이기 때문에 좋습니다. 다만 언어 발달, 한글 교육의 측면에서는 책을 놓고 아이와 그림과 글자를 번갈아 보면서 함께 읽고, 아이와 눈을 맞추고 책의 내용에 대해서 이야기를 도란도란 나눌 수 있으면 더할 나위 없이 좋습니다. 하지만 아이는 다른 곳을 보고 있고 어머니는 등 뒤에서 읽어 주는 것이 '학습'의 측면에서는 큰 도움이 되지 않습니다. 그리고 학교 가기 전의 아이들은 직접 경험으로 학습하는 시기이지 '문자'를 보고 추상적으로 상상해서 학습하는 시기가 아니기 때문에, 만약 어머니께서 하루 한 시간씩 책을 읽어 주느라 힘이 드는데, 아이 발달 때문에 억지로 하시는 것이라면, 안 하셔도 됩니다.

29.

칭찬 스티커

자발적 동기, 좋다. 하지만

아이들의 좋은 습관을 만들어 주는 것에 있어서 '보상'을 주는 것이 좋다, 좋지 않다 의견이 분분합니다. 상담을 하러 오신 부모님들 중에서도 아이가 하기 싫어하는 일을 할 때 보상을 줘서라도 하게 하려는 부모님과, 보상은 좋지 않기 때문에 아이에게 원리원칙을 강조하시는 부모님 간에서 갈등을 보이기도 하십니다. 실제 의사들, 심리학자들 사이에서도 보상을 줘서 강화하는 것이 좋다고 하는 사람들과, 아이가 무엇에든지 자발적인 동기가 생길 때까지 기다리자는 사람들로 나뉩니다.

과연 그러면 보상이라는 것이 뭘까요? 보통 심리학에서의 보상은 Positive feedback이라고 해서 '긍정적 강화물'이라고 얘기를 합니다. 앞서 아이들 훈육에 있어서 잠깐 언급을 했지만 학습 이론에서 바람직한 일을 했을 때 보상을 주면 그 바람직한 일을 더 하려고 강화가 되고, 바람직하지 않은 일을 했을 때엔 처벌을 해야 그 행동이 소거가 됩니다. 그리고 딱히 바람직하지도, 나쁘지도 않지만 하지 않았으면 하는 습관들(예를 들어 손가락을 빨거나, 코를 킁킁거리거나, 다리를 떨거나 하는 등의)에는 관심을 두지 말아야 소거가 됩니다. 보상이라고 하는 긍정적 강화물에는 물질적 강화물과 사회적 강화물이 있습니다. 물질적 강화물은 칭찬 스티커, 뭔가를 사 주는 것, TV나 유튜브를 보거나 게임이나 놀이를 하는 시간을 주는 것들이고 사회적 강화물은 부모님의 감탄하는 표정과 칭찬의 말들입니다.

참고로 저는 칭찬 스티커, 보상에 매우 긍정적인 입장입니다. 사람은 성향에 따라서 원리원칙이 강한 사람과 승부욕이 강한 사람은 크게 보상이 필요 없습니다. 전자는 "일곱 살 형아는 당연히 해야 해"라고 하면 잘 따르고, 승부욕이 강한 사람은 '목표'를 주면 잘합니다. 이런 사람들은 원칙을 해내는 것에서 오는 기쁨, 목표를 이룬 것에 대한 기쁨 자체가 보상이고, 이런 것이 부모님들이 원하시는 '자발적 동기'로 보일 수 있습니다. 하지만 우리의 자유로운 영혼의 아이들의 경우 호불호가 강해서, 자신이 좋아하는 일에는 어차피 보상 없이 몰두합니다. 꼭 게임이나 놀이가 아니더라도 좋아하는 분야의 책을 읽거나 하는 것은 보상 없이도 잘하죠. 대신 하기 싫은 것에 대해서는 "보상 안 받고 안 할래"를 시전합니다. 앞선 다른 성향의 아이에게처럼 "일곱 살 형아는 당연히……"를 말해 주면 이 아이들은 맑은 눈으로 "왜?"라고 근본적인 질문을 던집니다.

내적 동기가 생기는 일에는 당연히 보상이 필요 없습니다. 하지만 자신이 하기 싫지만 이 시기에 꼭 해야 하는 일들, 예를 들어 숙제가 싫은 아이에게 숙제를 시키거나, 유치원 가는 것이 싫은 아이에게 유치원을 갔다 오는 것들에 '내적 동기'가 생기기까지 기다리기가 어렵습니다. 그리고 화가 나면 동생을 때리는 아이, 너무 길게 우는 아이, 규칙을 지키지 않는 아이, 잠자리 독립이 어려운 아이 등등 '원칙은 아는데' 실행이 잘 안 되는 것들에 대해서 아이가 반복적인 실패의 경험을 하게 되는 것에서 득과 실을 따져 봐야 합니다. 이런 아이들에게 "훌륭한 사람이 되려면 숙제를 해야 해"라고 하면, 다만 숙제가 싫을 뿐인데 나는 '훌륭한 사람'이 될 수도 없고, "규칙을 지키는 것은 당연한 일이야"라고 했을 때 당연한 줄은 아는데 실천이 안 되는 내가 참 한심해집니다. "당연한 일이지만 우리 ~는 이게 참 어렵지. 이것을 성공하면 칭찬 스티커를 줄게. 스티커 10개 모으면 ~를 하자"라는 식의 제안을 하시고, '이걸 하는 것은 참 어려운 것은 맞아. 내가 이상한 건 아니야. 하지만 이건 꼭 해야 하는 거지. 이걸 내가 시도를 해 보면 나는 보상을 받을 수 있고, 만약에 못하더라도 내가 나쁜 애가 되는 것은 아니야. 다음에 성공하면 또 보상을 받을 수 있어'라는 생각을 할 수 있게 도와줍니다. '훌륭한' 사람이 되기 위해서는 아니더라도 이번에 참으면 칭찬 스티커를 받을 수 있다고 생각하면 잠깐의 자기조절력이 생길 수 있거든요.

이러면 부모님께서 "다 해 봤는데 안 먹혀요"라고 하실 수 있습니다. 칭찬 스티커를 10개를 모았을 때 '아이가 하고 싶어 하는 활동', '아이가 갖고 싶어 하는 것'을 주셔야 합니다. 부모님이 뭔가를 제안했을 때 "난 그거 필요 없는데?"가 되면 안 되거든요. 설사 그것이 부모님이 싫어하는 유튜브 보기나 게임 같은 게 되더라도(Hell gate를 열게 된다 하더라도) 아주 매력적인 것을 걸어야 합니다. 화가 나서 동생을 치고 싶다가도 '아, 이것만 참으면 게임할 수 있는데'라는 생각으로 10번에 한 번을 참을 수 있다면 이 아이는 '자기조절을 성공하는 경험'을 하게 됩니다. 그러고 달콤한 보상을 받은 기억이 있는 아이는 다시 동기가 생기고 그러면서 성공하는 경험이 많아지고, 자신에 대한 유능감이 높아지게 됩니다.

모든 것을 칭찬 스티커나 보상으로 해결하시는 것은 아니고, 매번 Deal을 하듯이 하시는 것은 아닙니다. 아이의 습관, 아이가 잘하지 못하는 것 2-3개를 정해 놓고, 정해진 원칙대로 보상을 주시고, 그러는 중에 이제 보상 없이도 잘 되면 그것을 빼고 또 다른 주제를 넣으시면 됩니다. 미리 사전에 약속을 하고 1주일 정도 지켜보고, 잘 안 되면 또 아이와 머리 맞대고 앉아서 방법을 강구하는 것이죠. 그리고 칭찬 스티커를 디자인할 때 "100개 모으면 뭔가를 해 줄게"라는 식으로 목표가 너무 멀리 있으면 어렵습니다. 보통 2-3일에 10개를 모아서 성취를 할 수 있도록 도와주라고 합니다. 그리고 부모님은 '엄마가 보상도 걸었으니까, 얼마나 잘하는지 보자'고 팔짱 끼고 감시하는 역할이 아니시고 아이가 스티커를 받을 수 있도록 최대한 도와주시는 역할을 하셔야 합니다. 7시 반에 숙제를 시작하면 스티커를 받기로 약속을 했다면 7시 20분에 미리 알려 주는 역할을 해 주시는 것입니다.

칭찬 스티커는 '긍정적 강화 요법'으로 아이들의 행동 교정을 위해서 쓰는 심리 치료의 한 기법입니다. 보상을 걸어서 아이를 부모 뜻대로 조종하려는 것이 아니고, 아이에게 '반복적인 성공의 경험'을 하게 해 주는 것입니다. 부모님들께서는 '보상이 없으면 안 하려고 하면 어떡해요?', '너무 수동적인 아이가 되지 않을까요?' 하고 걱정하십니다. 부모님과 칭찬 스티커로 싫은 것을 잘 해내 본 경험이 있는 아이들은 커 가면서 자기 스스로 동기를 만들고 해낼 수 있습니다. '나 10시까지 보고서 쓰고 게임할 거야', '이만큼 돈 모아서 여행 갈 거야'라는 식으로요. 부모님은 안전한 '가정'이라는 울타리 안에서 아이가 다양한 시도를 해 볼 수 있게 해 주는 역할을 하시는 것입니다. 성공해서 보상을 받아 보기도 하고, 실패해서 혼나는 것이 아닌 '보상을 못 받는 것'이 '처벌'이 되는 것이죠.

결론 및 요약

1) 아이가 좋아하는 일에는 '보상'이 필요 없습니다.
2) 아이가 싫어하는 일에 대해서 '보상'은 도움이 됩니다.
3) 아이와 함께 규칙을 정하고, 아이가 원하는 '보상'을 주세요.
4) 부모님은 보상을 받을 수 있게 도와주세요.
5) 물질적 보상에는 항상 사회적 보상도 함께 주세요. "크~~ 우리 고운이는 역시 한다면 하는 애야"

넷. 칭찬 스티커는 '욕구 지연'과도 관련이 있습니다. 많이들 아시죠? 마시멜로 테스트? 아이들에게 마시멜로를 앞에 두고 어른은 나갑니다. 나가면서, "내가 돌아올 때까지 안 먹고 참으면 하나 더 줄게"라고 말하죠. 그냥 먹은 아이와, 기다렸다 하나 더 먹은 아이 중에 기다릴 수 있었던 아이가 어른이 되었을 때 성취가 더 높더라는 연구입니다. 칭찬 스티커는 '욕구를 지연'시키는 연습을 합니다. 지금 힘들지만 하면 '보상'이 있다는 것을 가르치고, 토큰의 형태로(심리학에서는 Token therapy라고 합니다) 주지만 이걸 10개 모으면 정말 원하는 것을 얻을 수 있습니다. 지금 당장 숙제 안 하고 노는 것도 즐겁지만, 더 큰 보상을 바라보면서 기다리고, 싫지만 뭔가를 해내는 연습을 하는 것이죠.

　그리고 말이 길어졌네요. 만약 아이가 저녁 일곱 시 반에서 아홉 시 사이에 숙제를 했으면 좋겠다고 생각하시면 칭찬 스티커 디자인을 '1. 저녁 7시 반에서 9시 사이에 숙제를 하기, 2. 나갔다 들어오면 손 씻기, 3. 열 시에 침대에 눕기' 정도로 하고, 10개를 모으면 유튜브 30분을 보여 주기로 해 봅니다. 그러면 처음에는 1번은 못해요. 대신 2번 3번은 "에이, 이건 하지" 싶기 때문에 아이가 2, 3번의 성공으로 칭찬 스티커로 인한 보상을 받습니다. 보상을 받을 때 "역시, 우리 고운이는 아빠랑 약속을 잘 지키는구나, 고맙다"라고 사회적 보상도 주시죠. 아이가 성공의 달콤한 맛을 보면서, 어쩌다 1번을 성공하게 됩니다. 그러면 부모님도 기뻐해 주시죠. 이러면서 아이의 능력이 강화가 되고, 유능감이 높아집니다. 시작은 작은 데서부터 하는 거예요. 작은 성공이 큰 성공의 씨앗이 됩니다.

30.

코피가 너무 자주 나네요

성장기 아이들이 코피를 자주 흘리는 경우에 걱정이 많이 되시죠? 인터넷에 찾아보면 '백혈병', '빈혈', '혈소판 감소증', '동맥 파열' 등등 무서운 얘기들이 많습니다. 그런데, 아이들 코피의 대부분은 코를 파다가 나는 것입니다. 아이들 코점막은 약해서 건드리면 피가 잘 나요. 특히 만 4-6세 아이들은 비염이 많은 시기이기 때문에 점막이 항상 부어 있고, 봄가을은 환절기라, 여름엔 에어컨 때문에, 겨울엔 건조해서, 결국 사시사철 코피가 잘 납니다.

그러면 코피가 났을 때 어떻게 하시나요? 보통 휴지를 돌돌 말아서 막죠. 몇 분 있다가 휴지를 빼면 또 주르륵 하고 코피가 납니다. 그리고 겨우 피가 멎어서 피딱지가 앉았는데, 아이들이 그걸 떼다가 또 주르륵. 그러면 부모님 입장에서는 하루 종일 코피 뒤치다꺼리 하고 있는 것 같아 걱정이 이만저만이 아닙니다. 특히 아이들은 자다가 코피가 많이 나기 때문에 아침에 아이가 자고 일어났는데, 베개, 이불, 아이 얼굴에 피가 덕지덕지 묻어 있으면 부모님이 기함을 하십니다.

코피가 나서 병원에 오면 부모님께 피가 5-10분 이내로 잘 멎는지를 먼저 여쭤봅니다. 그런데 저렇게 휴지 빼면서 또 나고 그러면

10분이 훌쩍 넘어가기 때문에 잘 안 멎는다고 하시죠. 잘 멎는지 여쮜보는 이유가, 혈액 응고가 잘 되는지를 확인하는 것인데, 코피가 나면 휴지를 코 곁에다 대고 콧방울을 눌러줍니다. 고개를 숙이면 피가 코 쪽으로 더 쏠려서 잘 안 멎기 때문에 살짝 들어 줍니다. 그렇게 1분 정도를 눌렀다가 살짝 떼보시고, 안 멎으면 멎을 때까지 눌러 줍니다. 아이들 코피는 주로 코점막이 쓸리면서 나는 것이라, 물리적으로 눌러 주기만 해도 잘 멎습니다. 그런데 확인한다고 계속 뗐다 말았다 하면 피가 계속 납니다.

코피로 연상되는 가장 나쁜 질병이 백혈병, 악성 빈혈 이런 것일 텐데요. 그런 경우는 '코피만' 나지는 않습니다. 열이 한 달씩 간다거나, 혈소판 수치가 떨어지면서 출혈이 생기는 것이기 때문에 온몸에 멍이 많이 듭니다. 특히 팔다리처럼 잘 부딪히는 곳 말고 몸통, 등, 허벅지 이런 곳에 크고 작은 멍들, 아니면 빨갛고 작은 점이 모래알처럼 좍 퍼져 있는 모양으로(점상 출혈이라고 합니다) 생깁니다. 그리고 아이의 혈색이 안 좋습니다. 아이를 딱 봤을 때 창백하고, 노랗고, 아파 보이는지도 중요합니다.

코피가 멎고 나면 피딱지도 부드럽게 떼 줄 겸 바셀린이나, 혹시 집에 쓰던 안연고가 있으면(안연고가 점막에 자극이 적어서 가장 좋기는 합니다) 면봉에 살짝 묻혀서 콧방울 안쪽을 살살 돌려서 발라 줍니다. 그러면 코점막이 보습도 되고, 비벼도 코피 나는 빈도가 많이 줄어듭니다.

1) 애들 코피의 원인 중 대부분은 '코를 파서'입니다.

2) 아이가 열이 오래가거나, 혈색이 달라졌는지 보시고, 몸 다른 곳에 멍이 많이 드는지 보세요.

3) 자기 전에 코안에 바셀린이나 안 쓰는 안연고 있으면 발라 주세요. (너무 깊이 넣어서 바르지 마시고, 면봉 머리 들어갈 정도만요)

4) 5-10분 안에 멈추면 괜찮습니다.

  아직도 불안하시다고요? 그러면 소아과 가셔서 간단한 혈액 검사를 해 보시면 됩니다. CBC라고 적혈구, 백혈구, 혈소판, 헤모글로빈 수치가 나오는 검사가 있거든요. 거기서 문제가 없으면 괜찮습니다. 그래도 불안하시다고요? 그러면 검사실이 있는 병원에 가셔서 '혈액 응고 검사'해 보시면 됩니다. 혈액 응고 검사는 피를 뽑자마자 검체를 돌려야 해서 일반 소아과 의원에서는 어렵고, 검사실이 있는 규모가 조금 큰 병원으로 가서 검사해 보시면 됩니다.

31.

아이가 자위를 하는데 어떻게 하나요?

3-6세 아이가 팬티 속에 손을 집어넣거나 남자아이들은 대놓고 손으로 고추를 만지고, 여자아이들도 다리 사이에 장난감을 끼우고 혹은 바닥에 문지르는 행동을 하면 부모님들이 식겁을 하십니다. 깜짝 놀라서 하지 말라고 하시기도 하고, 소아과 진료 보러 왔다가 잠깐 아이를 내보내고 걱정스러운 표정으로 어떻게 해야 하는지 물어보기도 하십니다.

일단 사춘기가 되기 전의 아이들의 성기를 만지는 행위는 '몸을 가지고 노는 놀이'의 일종입니다. 기저귀를 떼고 있는 아이들이 속옷이 축축하거나 옷이 끼어서 만지다 보니 느낌이 이상하고, 그래서 더 만지기도 합니다. 딱히 성적인 개념이 있는 것이 아니기 때문에 사실 큰 문제는 되지 않습니다. 대부분의 부모님들도 큰 문제가 아니라는 것은 알고 계십니다. 그런데 어떻게 해야 할지, 이런저런 방법을 찾아보시는데 어디서는 아이에게 하지 말라고 말하면 더 하니까 모른 척하라고 하고, 어디서는 하지 말라고 말하라고 하고, 어디서는 아이와 몸 놀이를 더 해 주라고 하는데, 더 뭘 어떻게 놀아 주라는 건지도 모르겠고 그렇습니다.

세 돌쯤부터 아이들이 자기 몸에 대해서 배울 때, "우리가 수영할 때 수영복을 입는데, 거기가 가장 중요한 부분이기 때문에 수영할 때에도 가리는 거야. 여기는 고운이도 다른 사람 만지면 안 되고, 다른 사람도 고운이의 여기는 만지면 안 되는 거야. 너도 여기는 쉬할 때, 씻을 때 말고는 만지지 않는 게 좋아"라고 가르치기 시작합니다. 여기서부터 성교육의 시작이죠. 중요한 부위이기 때문에 만지면 안 된다고 가르치시고, 다른 사람들 있는 데서는 특히 만지지 말라고 말해 줍니다. 이게 다예요. 끝.

그렇게 말했는데도 계속 만지죠? 책 초반에, 아이들의 기억에 각인이 되려면 몇 번 말해야 한다고 했는지 기억하시나요? 2,000번 반복해서 말씀해 주시면 됩니다. 그리고 또 학습에 있어서, 잘한 것은 칭찬해 주고, 잘못한 것은 혼내는데, 딱히 잘한 것도 아니지만 잘못했다 하기 애매한 게 바로 이런 '자위' 같은 거예요. 이런 것에는 적당히 무관심해야 행동이 소거됩니다.

하지만 심리적 관점에서, 아이가 지나치게 자신의 몸을 만지는 데에 몰두한다면 아이가 평소에 감정을 말로 잘 표현하는지 관찰해 보세요. 긴장과 불안이 높은 아이들이 말로서 자신의 감정을 잘 표현하고 해소하지 못하면, 그 긴장을 신체를 만지면서 풀려는 경향이 있습니다. 평소에 아이가 좋다, 싫다는 표현을 잘 하는지, 아이가 표현했을 때 부모님이 잘 수용해 주시는지를 한번 점검해 보시는 것이 좋겠습니다.

그리고 아이가 초등학교에 들어가면 아이들의 관심사가 외부로 확장됩니다. 그러면서 자연스레 자기의 몸에 관심이 줄고, 친구와의 관계, 학교생활 쪽으로 관심사가 옮겨집니다. 그러면서 아이들이 자기 몸을 만지는 행동들이 확연히 줄어들어야 합니다. 그런데 초등학교에 들어갔는데에도 몸을 만지는 빈도가 줄지 않는다면 아이의 친구 관계는 괜찮은지, 학교 적응은 좋은지, 부모님과 아이가 정서적으로 잘 교감을 하시는지 살펴보시면 좋습니다. 잘 모르겠으면 그럴 때 풀 배터리 검사 같은 것을 통해서 아이의 마음을 들여다보는 것이죠. 아이들은 감정이 섞여 있는 부모님들에게 혹시 속내를 잘 드러내지 못해도, 부모님이 아닌 다른 사람에게는 솔직하게 표현하는 경우도 많거든요.

결론 및 요약

1) 일단 별문제는 없습니다.
2) 다른 사람들 있는 데서는 하지 말라고 말씀해 주세요.
3) 초등학교 들어가서도 자위를 하면 다른 심리적인 문제를 고려 해 봐야 합니다.

32.

형제, 남매, 자매간에 너무 싸우는데 어떻게 해야 할지 모르겠어요

아이가 둘 이상인 부모님의 고민이 아이들끼리의 싸움입니다. 딱히 누구 편을 들어야 할지 모르겠고, 아이들이 싸우면 부모인 우리도 화가 나고, 아이들은 부모님이 다 자기편 안 들어준다고 섭섭해하고, 때리고 소리 지르는 애를 혼내고 보면 다른 애가 먼저 놀렸고, 혼돈의 카오스죠? 저도 아이 둘을 키우면서 참 고민을 많이 한 부분입니다. 저는 그것에 대한 답을 하임 G.기너트라는 심리학자가 쓴 『부모와 아이 사이』라는 책에서 찾았습니다. 이 책에서 "특별한 사랑은 있어도 공평한 사랑은 없다"라는 부분이 있습니다.

보통 아이들이 동생이 태어나면 혼란을 겪게 됩니다. 물론 기질에 따라서 크게 질투하는 아이도 있지만 그렇지 않은 아이도 있고, 질투나 속상함을 표현하는 아이도 있고 감정을 꾹 삼키는 아이도 있습니다. 혹은 엄청 잘해 주면서 칭찬받기를 원하는 아이도 있고 다양하죠. 하지만 형제, 자매, 남매 관계라는 것은 평생 부모의 사랑을 놓고 저울질을 하지 않을 수 없는 관계입니다.

"엄마는 누나만 좋아하고", "엄마는 동생만 예뻐하고", "왜 형아만

저거 사 줘?", "왜 오빠하고만 나가 놀아?" 등등 자주 들으셨죠. 그러면 저도 예전에 그 말이 틀렸다는 것을 증명하기 위해서 정말 논리적인 설명을 했었습니다. "아니야, 엄마는 누나랑 너를 똑같이 사랑해", "아니야, 네가 세 살 때에는 너하고만 놀아 줬잖아, 근데 동생하고는 너랑 놀아 주던 때에 비하면 더 조금 놀아 주고 있는 거야" 등등 설명이라기보다는 변명을 하게 됩니다. 그러면 이 변명 같은 설명은 항상 실패를 하죠. '왜 다른 형제를 엄마가 더 사랑하는 것 같은지' 내가 댄 이유 개수만큼의 이유를 아이가 가지고 옵니다. 과거에 너랑 더 많이 놀아 줬다고 해도 '지금' 불공평하다고 울먹입니다. 그렇게 한참 실랑이를 하다 보면 부모인 저는 화가 나죠. "엄마한테 도대체 뭘 어떻게 해 달라는 거야?" 하고 빵 폭발합니다.

이런 실패에 대해서 이 책에서는 **"모든 아이들에게 사랑을 절대적으로 공평하게 나누어 주고 싶어 하는 부모들은 결국 아이들 모두에게 화를 내고 만다. 무게를 달아서 공평하게 대하려고 하면 반드시 실패하게 되어 있다"**고 말하고 있습니다. 그러면 어떻게 해야 하나. "아이들이 부모의 사랑을 골고루 배급하거나 나눠 주라는 강요에 말리지 말아야 한다"고 조언하고 있습니다. 즉, 각 아이에게 균등한 사랑, 똑같은 사랑을 주려고 하지 말고 '아이마다 아이와 부모의 관계가 특별하다'는 점을 각인시켜 주어야 한다고 하였습니다. 공평한 사랑을 중요하게 생각하지 말고 '사랑의 질'에 초점을 맞추라는 것이죠. 한 아이를 데리고 외출할 때에는 다른 아이에게 신경을 쓰지 말고 온전히 그 아이에게 집중하고, 어느 한 아이와 짧은 시간을 보내더라도, 몇 분을 보내더라도 온통 그 아이에게 몰입하라는 것입니다. 그 시간 동안은 자기가 부모의 유일한 자식이라는 기분을 느낄 수 있게 해 주라고 합니다.

덧붙여서 아이가 가지는 '사랑을 독차지하고 싶다'는 욕심을 인정해 주면 아이는 '안심'하게 됩니다. '내가 나쁜 아이가 아니구나, 이런 마음을 가져도 되는구나'라고요. 부모가 이런 욕심을 이해하고, 인정하고, 그 마음을 안쓰럽게 생각해 주면 아이는 큰 위안을 얻습니다. 각 아이가 가지고 있는 특별함에 몰입해서 인정해 주면 아이들은 큰 용기를 얻게 된다고 이 책에서는 마무리하고 있습니다.

결론 및 요약

1) 애들이 싸우고 있으면 혼내셔도 됩니다.
2) 각각의 아이들에게 가서 다른 형제에 대한 밉고, 섭섭한 마음이 당연하다고 편을 들어줍니다.
3) 하루에 5분, 그게 어려우면 주말에 20분 정도만이라도 부모님이 한 아이만 데리고 편의점에라도 다녀오세요. 그러면서 그 시간엔 한 아이에게만 오롯이 집중해 주세요.

덧, 아이들이 싸울 때엔 '황희 정승'의 마인드가 필요하다는 것을 느낍니다. 한 아이한테 가서 "네 말이 맞다" 다른 아이에게 가서도 "네 말이 옳다"고 해 주시는 거죠. 그러면 아이들도 좀 크면 우리 아빠, 엄마가 다른 형제한테 가서 똑같이 편들어 주는 것을 알아요. 하지만 자신의 감정을 인정받는 그 순간 '정말 사랑받고 있구나'를 느끼게 됩니다. 부부싸움도, 형제간의 싸움도 일방적으로 누군가가 잘못하는 것은 없잖아요. 대부분 49:51 수준으로 잘하고 잘 못하고가 있는 거죠. 서로 너무 밉기도 하고, 너무 좋기도 한 것이 가족입니다.

33

아이들 앞에서 부부가 심하게 싸웠어요, ## 괜찮을까요?

우리가 육아 관련 서적을 읽으면 가장 많이 나오는 말들 중에 하나가 '아이 보는 앞에서 부모가 싸우지 마라'는 것입니다. 아이들은 부모가 싸우는 것을 보면 혹시 자신 때문에 싸우나 해서 죄책감을 느낀다고 합니다. 그리고 가장 안전해야 하는 가정에 큰 소리가 나고 무거운 침묵, 무서운 긴장감이 느껴지면 보호받지 못한다는 기분을 가지게 됩니다. 부모님이 아이 앞에서 큰 소리로 싸우지 않더라도 부부간의 냉랭한 기운을 아이들은 느끼죠. 가능하면 싸우는 모습을 보여주지 않는 것이 좋기는 합니다.

하지만 만약에 어쩔 수 없이 싸우게 되었다면 감정이 좀 가라앉고 나서 아이에게 부모님이 왜 싸웠는지를 설명해 주시면 됩니다. 어른의 갈등을 모두 노출해서 아이에게 얘기해 주는 것은 아닙니다. 부모의 영역과 아이의 영역은 분명히 구분되어야 하고 경계가 명확해야 합니다. 우리 집 대출이 얼마인지, 그런데 엄마, 아빠가 어떻게 한건지 등등을 시시콜콜하게 아이에게 얘기해 주라는 것이 아닙니다. "어제, 엄마랑 아빠가 싸웠는데 서로 생각이 안 맞는 게 있어서 싸웠어. 엄마는 가끔 아빠한테 섭섭할 때가 있어. 오늘은 별로 말을 안하고 싶은데 아마 며칠 후면 화해하게 될 거야"라는 식의 설명이 필요합니다. 그러면 아이들은 일단 '나 때문에 싸운 게 아니구나'라는데서 안심을 하고, '어른들도 싸우는구나', '싸워도 화해하면 되는구나', '우리 엄마는 이럴 때 섭섭하구나' 그리고 '엄마 아빠는 무슨 일이 있으면 나에게 설명해 주시는구나'를 배우면 됩니다.

두 분이서 냉랭하게 있는데 아무도 아이에게 설명을 해 주지 않으면 아이는 엄마, 아빠의 표정, 반응을 과도하게 살피고 눈치를 보고, 혹시 자신이 혼나지 않을까, 버림받지 않을까 걱정하게 됩니다. 그래서 적절히 설명을 해 주시는 것이 필요합니다. 간혹은 "엄마 아빠가 싸웠는데 아이가 전혀 신경을 안 써요. 혹시 눈치가 없는 걸까요? 사회성에 문제가 있나요?"라고 물어보시는 경우가 있습니다. 만약 아이가 발달상의 문제가 없는 아이라면, 기질에 따라서는 다른 사람의 감정에 크게 관심이 없는 경우가 있습니다. 하지만 설사 그런 아이라 할지라도 자신과 가장 가까운 부모가 갈등을 하는데 모를 리 없습니다. 어떻게 해야 할지 몰라서 모른 척하거나, 고민하면 너무 고통스럽기 때문에 회피 반응을 보이는 것일 수 있습니다. 비록 아이가 관심이 없어 보이거나 부모님이 싸운 것을 모르는 것 같다 할지라도 적절한 시기에 설명을 해 주시는 것이 필요합니다. 그러면 아이들이 친밀한 사람끼리의 갈등이 있을 때 말로 감정을 푸는 방법을 배우게 됩니다.

1) 가능하면 아이 앞에서 싸우지 마세요.
2) 혹시 싸우셨다면 감정이 가라앉고 난 후에 아이에게 설명해 주세요.

덧. 부모님이 평소에 일상에서 느끼는 소소한 감정들을 많이 표현해 주시는 것이 좋습니다. "엄마 오늘 커피가 너무 맛있어서 행복해", "아빠 오늘 회사에서 힘든 일이 있어서 조금 지쳐", "언제 우리 ○○가 이렇게 컸나. 뭉클하네", "주차하는데 뒤에 아저씨가 너무 빵빵거려서 놀랐어. 지금도 심장이 벌렁거려". 감정을 말로 표현하는 것을 잘 모델링 해 주시면 아이들도 "엄마, 오늘 □□랑 싸워서 너무 속상해"라고 자기 마음을 말로 잘 표현할 수 있게 됩니다. 그리고 우리 부모님은 자신에게 솔직하게 감정을 표현한다는 것을 알면, 부모님의 말과 행동을 파악하기 위해서 지나치게 눈치를 보지 않아도 되죠. 그리고 아이를 위해서 감정을 표현하려고 애쓰다 보면 부모인 우리가 스스로의 감정을 잘 다룰 수 있게 된답니다.

34.

우리 아이가 뚱뚱해요?

초등학교 들어가면서 시작되는 아이들에 대한 부모님의 걱정 중에 가장 큰 것은 '키'와 '몸무게'일 것입니다. 밥을 안 먹으면 체력이 떨어질까, 키가 안 클까, 너무 많이 먹으면 살이 쪄서 건강이 나빠질까 봐, 자존감이 떨어질까 봐, 성조숙증이 와서 키가 안 클까 봐 걱정을 많이 하십니다. 아이가 단 것을 좋아해도 걱정, 고기를 안 먹어도 걱정, 야채를 안 먹어도 걱정, 물을 많이 안 마셔도 걱정, 우유를 안 마셔도 걱정…… 아이가 '먹는' 문제에 걱정이 없는 부모님이 과연 있을까요?

일단 과체중, 저체중 기준이 뭘까요? 어른들 같은 경우 '(키-100) × 0.9kg'이 표준 체중이고 거기서 ±0%까지는 정상이라고 하기도 하고, '키-110'이 표준 체중이라고 하기도 합니다. 그런데 성장하는 아이들은 표준 체중을 어떻게 생각해야 하는지 궁금하시죠? 아이들의 경우 체질량지수 'BMI(Body Mass Index)=키(m)/몸무게(kg) × 2'가 상위 5% 이상이면 비만, 하위 5% 미만이면 저체중이라고 합니다. 계산하기 복잡하시죠? 여기에 질병 관리청에서 배포한 소아청소년 신장별 체중 백분위수가 있습니다. 여기서 키 대비 몸무게가 95% 이상이면 '비만' 5% 미만이면 '저체중'이라고 생각하시면 됩니다.

사실 뭐 뚱뚱하고, 마르고 간에 아이가 건강하다면 큰 문제가 없습니다. 다만 의학적인 '비만'의 경우에는 체중을 정상 범위로 줄이는 것이 좋습니다. 비만인 경우에는 성인형 고혈압, 당뇨, 고지혈증도 생길 수 있고 체지방에서 나오는 호르몬이 사춘기를 앞당길 수 있어서, 골연령을 높이게 되고, 결국 엄마, 아빠에게서 물려받은 키를 못 클 수도 있습니다. 키뿐만이 아니고 호르몬과 관련한 다양한 질환이 생길 수 있습니다.

저체중의 경우에는 아이가 먹는 양이 적절하고, 엄마, 아빠의 키가 정상이고 부모님도 어릴 때 많이 말랐다면 체격도 유전의 경향이 커서 지켜보셔도 됩니다. 하지만 먹는 양이 현저히 적거나, 키 자체가 5%가 안 된다면, 성장 호르몬 자체의 문제일 수도 있고, 다른 질병도 감별해야 하기 때문에 소아과 병원에 가서 검사를 받아보시는 것이 좋습니다.

뿐만 아니라 키와 비교한 몸무게가 5-95% 사이라 하더라도 갑자기 살이 찌거나 빠지는 경우, 예를 들어 세 달 이내에 체중의 10%가 찌거나 빠진 경우에는 병원 진료를 받아 보시는 것이 좋습니다. 유난히 너무 많이 먹었거나 억지로 살을 빼려고 덜 먹고 운동을 한 경우가 아니라면 다른 질병들(갑상선 호르몬 질환, 조발 사춘기, 다낭성 난소, 염증성 장 질환, 극심한 우울증 등)을 생각해 봐야 합니다.

일단 우리 아이가 비만에 속한다면 어떻게 빼야 할까요? 아시아계 사람들의 비만은 서양형 비만과 조금 다릅니다. 서양 사람들에 비해 더 적은 몸무게에도 소위 대사증후군이라는 성인병 발생이 훨씬 높습니다. 지방 섭취가 높아서 비만이 오는 것보다는 탄수화물의 섭취가 높아서 오는 비만이 많기 때문에 식이 조절에서 가장 중요한 것은 '당류'를 줄이는 것입니다. 단 것, 예를 들어 사탕, 젤리, 초콜릿도 문제지만 생각보다 많은 양의 당이 먹어지는 것이 복합당인 '밥, 빵, 떡, 면, 과자'의 양을 줄이는 것이 중요합니다. 성장이 끝난 성인은 이런 것을 먹지 말라고 하지만 성장기 아이들에게는 극단적인 식이 조절은 어렵습니다. 그래서 보통 '밥, 빵, 떡, 면, 과자'는 양을 정해 놓고 먹이라고 합니다. 예를 들어 밥과 고기를 먹는데, "엄마, 더 먹고 싶어"라고 하면 차라리 고기를 더 구워 주건, 계란프라이를 더 해 주시는 것이 좋습니다. 단백질, 지방 종류들은 먹을 수 있는 양에 한계가 있습니다. 우리가 식빵 한 줄은 그냥도 먹을 수 있지만, 같은 칼로리를 고기로 먹기는 쉽지 않습니다. 달지 않은 복합당이 생각 없이 많이 먹어지기 때문에 양을 정해 놓고 먹는 것이 좋습니다.

그리고 아이들 다이어트에 있어서 가급적 먹이지 말라고 하는 것이 '주스'를 포함한 음료수입니다. 아무리 생과일 갈아서 건강하게 만들었다 하더라도 당량이 많고, 액체 형태의 당은 순식간에 혈당을 확 높입니다. 높아진 혈당은 결국 지방으로 저장되기 때문에, 의외로 고지혈증 있는 분들이 당류를 줄이면 콜레스테롤, 중성지방의 수치가 낮아지는 경우가 많습니다. 목이 마르면 물을 마시는 습관을 가지게 해 주는 것이 좋습니다. 목이 마를 때 '콜라'가 먼저 생각나거나

'오렌지 주스'가 생각이 나게 되면, 생각 없이 마시는 칼로리, 당량이 상당합니다. 목이 마르면 물을 마시고, 굳이 음료수를 원하면 우유를 권하시는 것이 좋습니다. 앞서도 말씀드렸지만 성장기 아이들은 우유를 하루 두 잔은 마시기를 권하고, 성장 급등기에는 200ml 우유 세 잔을 마시라고 권합니다.

참, 우유를 저지방으로 먹여야 하는지 물어보십니다. 정상 체중아들은 그냥 우유를 먹이셔도 좋습니다. 일반 우유의 지방이 필수 지방산을 많이 가지고 있기도 하고, 적당한 양의 지방 섭취가 다른 영양소의 흡수를 도와주기도 합니다. 다만 비만인 경우에는 저지방 우유를 권하기도 합니다. 미국의 경우 '지방 섭취에 의한 비만'이 많기 때문에 만 2세 지나면 저지방 우유를, 만 5세가 지나면 무지방 우유를 권하기도 하지만, 일반적인 한국식 식사를 하는 경우이면서 정상 범위의 체중을 유지한다면 그냥 일반 우유 먹이시면 됩니다.

마지막으로 가족 중 한 아이만 비만이어서 그 아이만 식이 조절을 시키게 되면 아이들은 심리적으로 힘들 수 있습니다. "너는 살쪘으니까 그만 먹어", "너는 살 빼야 하니까 이것만 먹자", "다이어트해야 하니까 너는 야채 더 먹어"라는 식의 말들이, 부모님은 걱정이 되어서 하시는 말씀이시지만 아이들에게는 정말 큰 상처가 됩니다. 가족 안에서 소속되지 못하는 느낌을 받기도 하고, '우리 집에서 나만 문제야'라는 생각이 든다거나 '나만 우리 집에서 열등한 인간이야'라는 느낌이 들기도 합니다. 가장 안전하고, 조건 없이 사랑받고 싶은 가족 안에서 '나만'이라는 생각이 들면 참 외롭습니다. 사실 탄수화물을 제한하는(양을 정해 놓고 먹는) 식사는 어떤 체형의 사람들에게도 나쁘지 않습니다. 같이 건강한 식습관을 만든다고 생각하시면 좋을 것 같습니다.

결론 및 요약

1) 키 대비 몸무게가 95% 이상이면 비만입니다.
2) 밥, 빵, 떡, 면, 과자의 양을 정해 놓고 먹이세요.
3) 고기, 우유, 야채는 크게 제한하지 말고 먹이세요.
4) 주스, 음료수 대신에 물 주세요. 물 말고 다른 음료를 원하면 우유를 주세요.
5) 가족 다 같이 식이 조절을 하세요.

덧, 요즘엔 만 12세 이상의 아이들의 경우 비만에 대한 약물 치료가 가능합니다. 예전부터 '제니칼'은 아이들도 쓸 수 있는 약으로 허가는 되었지만 '지방 흡수를 막아 주는' 약이기 때문에 탄수화물이 주식인 동양계 사람들에게는 크게 도움이 되지 않아서 많이 쓰이지 않았습니다. 하지만 최근에 삭센다가 12세 이상 아이들에게 허가가 되었는데, 의지만으로 살을 빼기 어려운 경우 약물 치료가 도움이 될 수도 있습니다.

참, 그리고 "살쪄도 괜찮아. 그거 다 키로 가"라는 말, 거짓말인 것 아시죠? 아닙니다. 살은 살이고 키는 키입니다. 그리고 앞서도 말씀드렸지만 비만이 되면 사춘기가 빨라져서 키가 더 안 큽니다.

남자 3-18세 신장별 체중 백분위수

신장 (cm)	체중(kg) 백분위수										
	3rd	5th	10th	15th	25th	50th	75th	85th	90th	95th	97th
90	11.3	11.6	11.9	12.2	12.5	13.2	13.9	14.2	14.5	14.8	15.1
91	11.6	11.8	12.2	12.4	12.8	13.4	14.1	14.5	14.7	15.1	15.3
92	11.8	12.1	12.4	12.7	13.0	13.7	14.4	14.7	15.0	15.4	15.6
93	12.1	12.3	12.7	12.9	13.3	13.9	14.6	15.0	15.3	15.6	15.9
94	12.3	12.5	12.9	13.2	13.5	14.2	14.9	15.3	15.5	15.9	16.2
95	12.6	12.8	13.2	13.4	13.8	14.5	15.2	15.5	15.8	16.2	16.5
96	12.8	13.0	13.4	13.6	14.0	14.7	15.4	15.8	16.1	16.5	16.7
97	13.0	13.3	13.6	13.9	14.3	15.0	15.7	16.1	16.4	16.8	17.0
98	13.3	13.5	13.9	14.1	14.5	15.2	16.0	16.4	16.6	17.0	17.3
99	13.5	13.8	14.1	14.4	14.8	15.5	16.2	16.6	16.9	17.3	17.6
100	13.8	14.0	14.4	14.6	15.0	15.8	16.5	16.9	17.2	17.7	17.9
101	14.0	14.3	14.6	14.9	15.3	16.0	16.8	17.3	17.5	18.0	18.3
102	14.3	14.5	14.9	15.2	15.6	16.3	17.1	17.6	17.9	18.3	18.6
103	14.5	14.8	15.2	15.4	15.8	16.6	17.5	17.9	18.2	18.7	19.0
104	14.8	15.0	15.4	15.7	16.1	16.9	17.8	18.2	18.6	19.1	19.4
105	15.0	15.3	15.7	16.0	16.4	17.2	18.1	18.6	18.9	19.4	19.8
106	15.3	15.6	16.0	16.3	16.7	17.6	18.5	19.0	19.3	19.8	20.2
107	15.5	15.8	16.3	16.6	17.0	17.9	18.8	19.3	19.7	20.2	20.6
108	15.8	16.1	16.5	16.8	17.3	18.2	19.2	19.7	20.1	20.7	21.0
109	16.1	16.4	16.8	17.1	17.6	18.6	19.5	20.1	20.5	21.1	21.5
110	16.4	16.7	17.1	17.4	17.9	18.9	19.9	20.5	20.9	21.5	21.9
111	16.6	16.9	17.4	17.8	18.3	19.2	20.3	20.9	21.3	22.0	22.4
112	16.9	17.2	17.7	18.1	18.6	19.6	20.7	21.3	21.8	22.4	22.9
113	17.2	17.5	18.0	18.4	18.9	20.0	21.1	21.8	22.2	22.9	23.4
114	17.5	17.8	18.4	18.7	19.3	20.4	21.5	22.2	22.7	23.4	23.9
115	17.8	18.2	18.7	19.1	19.6	20.7	22.0	22.7	23.2	23.9	24.4
116	18.1	18.5	19.0	19.4	20.0	21.1	22.4	23.1	23.7	24.4	25.0
117	18.4	18.8	19.3	19.7	20.3	21.5	22.9	23.6	24.1	25.0	25.5
118	18.7	19.1	19.7	20.1	20.7	22.0	23.3	24.1	24.7	25.6	26.1
119	19.1	19.4	20.0	20.5	21.1	22.4	23.8	24.7	25.2	26.1	26.8
120	19.4	19.8	20.4	20.8	21.5	22.8	24.3	25.2	25.8	26.7	27.4
121	19.7	20.1	20.8	21.2	21.9	23.3	24.9	25.8	26.4	27.4	28.1
122	20.1	20.5	21.2	21.6	22.4	23.8	25.4	26.4	27.0	28.1	28.8
123	20.4	20.8	21.5	22.0	22.8	24.3	26.0	27.0	27.7	28.7	29.5
124	20.8	21.2	22.0	22.5	23.3	24.9	26.6	27.7	28.4	29.5	30.3
125	21.1	21.6	22.4	22.9	23.7	25.4	27.3	28.3	29.1	30.3	31.1
126	21.5	22.0	22.8	23.4	24.2	26.0	27.9	29.0	29.8	31.0	31.9
127	21.9	22.4	23.2	23.8	24.7	26.6	28.6	29.8	30.6	31.9	32.8
128	22.3	22.8	23.7	24.3	25.3	27.2	29.3	30.5	31.4	32.7	33.7
129	22.7	23.3	24.2	24.8	25.8	27.8	30.0	31.3	32.2	33.6	34.5
130	23.1	23.7	24.7	25.3	26.4	28.4	30.7	32.1	33.0	34.5	35.5
131	23.5	24.1	25.1	25.8	26.9	29.1	31.5	32.9	33.9	35.4	36.4
132	24.0	24.6	25.6	26.4	27.5	29.7	32.2	33.7	34.7	36.3	37.4
133	24.4	25.1	26.1	26.9	28.1	30.4	33.0	34.5	35.6	37.3	38.4
134	24.8	25.5	26.7	27.5	28.7	31.1	33.8	35.4	36.5	38.2	39.4
135	25.3	26.0	27.2	28.0	29.3	31.8	34.6	36.3	37.4	39.2	40.4
136	25.7	26.5	27.7	28.6	29.9	32.6	35.5	37.2	38.3	40.2	41.4
137	26.2	27.0	28.3	29.2	30.5	33.3	36.3	38.1	39.3	41.2	42.5

* 2세(24개월) 이상의 신장은 선 키로 측정

남자 3-18세 신장별 체중 백분위수

신장 (cm)	체중(kg) 백분위수										
	3rd	5th	10th	15th	25th	50th	75th	85th	90th	95th	97th
138	26.7	27.5	28.8	29.8	31.2	34.0	37.2	39.0	40.2	42.2	43.5
139	27.2	28.0	29.4	30.4	31.9	34.8	38.0	39.9	41.2	43.2	44.6
140	27.7	28.6	30.0	31.0	32.5	35.6	38.9	40.8	42.2	44.3	45.7
141	28.2	29.1	30.6	31.6	33.2	36.4	39.8	41.8	43.2	45.3	46.8
142	28.7	29.7	31.2	32.3	33.9	37.2	40.7	42.7	44.1	46.3	47.8
143	29.3	30.3	31.8	32.9	34.6	37.9	41.6	43.7	45.1	47.4	48.9
144	29.8	30.8	32.4	33.6	35.3	38.7	42.5	44.6	46.1	48.4	49.9
145	30.4	31.4	33.1	34.3	36.0	39.6	43.4	45.6	47.1	49.4	51.0
146	31.0	32.1	33.8	35.0	36.8	40.4	44.3	46.5	48.1	50.5	52.1
147	31.6	32.7	34.4	35.6	37.5	41.2	45.2	47.5	49.1	51.5	53.1
148	32.2	33.3	35.1	36.4	38.3	42.0	46.1	48.4	50.1	52.5	54.2
149	32.9	34.0	35.8	37.1	39.0	42.9	47.0	49.4	51.1	53.6	55.3
150	33.5	34.7	36.5	37.8	39.8	43.7	48.0	50.4	52.1	54.6	56.4
151	34.1	35.3	37.2	38.5	40.6	44.6	48.9	51.4	53.1	55.7	57.5
152	34.8	36.0	37.9	39.3	41.3	45.4	49.8	52.3	54.1	56.8	58.6
153	35.4	36.7	38.6	40.0	42.1	46.3	50.8	53.3	55.1	57.9	59.7
154	36.1	37.4	39.3	40.7	42.9	47.1	51.7	54.3	56.1	58.9	60.8
155	36.8	38.0	40.1	41.5	43.6	47.9	52.6	55.2	57.1	59.9	61.8
156	37.5	38.7	40.8	42.2	44.4	48.7	53.4	56.1	58.0	60.9	62.9
157	38.1	39.4	41.5	42.9	45.1	49.5	54.3	57.0	58.9	61.9	63.8
158	38.8	40.1	42.2	43.7	45.9	50.3	55.1	57.9	59.8	62.8	64.8
159	39.5	40.8	42.9	44.4	46.6	51.1	56.0	58.8	60.7	63.7	65.7
160	40.2	41.6	43.7	45.2	47.4	52.0	56.9	59.7	61.6	64.7	66.7
161	41.0	42.3	44.5	46.0	48.2	52.8	57.8	60.6	62.6	65.6	67.7
162	41.7	43.1	45.2	46.7	49.1	53.7	58.6	61.5	63.5	66.6	68.7
163	42.5	43.9	46.1	47.6	49.9	54.5	59.6	62.4	64.5	67.6	69.6
164	43.3	44.7	46.9	48.4	50.8	55.4	60.5	63.4	65.4	68.5	70.6
165	44.2	45.5	47.7	49.3	51.6	56.3	61.4	64.3	66.4	69.5	71.6
166	45.0	46.4	48.6	50.1	52.5	57.2	62.4	65.3	67.4	70.5	72.7
167	45.8	47.2	49.5	51.0	53.4	58.2	63.3	66.3	68.4	71.6	73.7
168	46.7	48.1	50.3	51.9	54.3	59.1	64.3	67.3	69.4	72.6	74.8
169	47.5	48.9	51.2	52.7	55.2	60.0	65.2	68.2	70.3	73.6	75.8
170	48.3	49.7	52.0	53.6	56.0	60.9	66.2	69.2	71.3	74.6	76.8
171	49.1	50.5	52.8	54.4	56.9	61.8	67.1	70.1	72.3	75.5	77.7
172	49.8	51.3	53.6	55.2	57.7	62.6	67.9	71.0	73.1	76.4	78.6
173	50.5	52.0	54.3	55.9	58.4	63.4	68.8	71.8	74.0	77.3	79.5
174	51.2	52.7	55.1	56.7	59.2	64.2	69.6	72.7	74.9	78.2	80.4
175	51.9	53.4	55.8	57.4	60.0	65.0	70.4	73.6	75.7	79.1	81.3
176	52.6	54.1	56.5	58.2	60.7	65.8	71.3	74.4	76.6	80.0	82.2
177	53.2	54.8	57.2	58.9	61.5	66.6	72.1	75.3	77.5	80.9	83.2
178	53.8	55.4	57.9	59.6	62.3	67.5	73.1	76.2	78.4	81.8	84.1
179	54.4	56.0	58.6	60.4	63.1	68.4	74.0	77.2	79.4	82.8	85.0
180	55.0	56.7	59.3	61.1	63.9	69.3	75.0	78.1	80.3	83.7	85.9
181	55.6	57.3	60.0	61.9	64.7	70.2	75.9	79.1	81.3	84.6	86.9
182	56.1	57.9	60.7	62.6	65.5	71.1	76.9	80.1	82.3	85.6	87.8
183	56.7	58.5	61.4	63.4	66.3	72.0	77.8	81.0	83.2	86.5	88.7
184	57.2	59.1	62.1	64.1	67.1	72.9	78.8	82.0	84.2	87.5	89.6
185	57.8	59.8	62.8	64.9	68.0	73.8	79.8	83.0	85.2	88.4	90.6
186	58.3	60.4	63.5	65.7	68.8	74.7	80.7	83.9	86.1	89.4	91.5

여자 3-18세 신장별 체중 백분위수

신장 (cm)	체중(kg) 백분위수										
	3rd	5th	10th	15th	25th	50th	75th	85th	90th	95th	97th
88	10.6	10.8	11.1	11.4	11.7	12.3	13.0	13.4	13.7	14.0	14.3
89	10.9	11.1	11.4	11.6	11.9	12.6	13.3	13.7	13.9	14.3	14.6
90	11.1	11.3	11.6	11.9	12.2	12.9	13.5	13.9	14.2	14.6	14.8
91	11.3	11.6	11.9	12.1	12.5	13.1	13.8	14.2	14.4	14.8	15.1
92	11.6	11.8	12.1	12.4	12.7	13.4	14.1	14.5	14.7	15.1	15.4
93	11.8	12.0	12.4	12.6	13.0	13.6	14.3	14.7	15.0	15.4	15.7
94	12.1	12.3	12.6	12.9	13.2	13.9	14.6	15.0	15.3	15.7	15.9
95	12.3	12.5	12.9	13.1	13.5	14.2	14.9	15.3	15.5	15.9	16.2
96	12.6	12.8	13.1	13.4	13.7	14.4	15.1	15.5	15.8	16.2	16.5
97	12.8	13.0	13.4	13.6	14.0	14.7	15.4	15.8	16.1	16.5	16.8
98	13.1	13.3	13.6	13.9	14.3	15.0	15.7	16.1	16.4	16.8	17.1
99	13.3	13.5	13.9	14.2	14.5	15.2	16.0	16.4	16.7	17.1	17.4
100	13.6	13.8	14.2	14.4	14.8	15.5	16.3	16.7	17.0	17.4	17.7
101	13.8	14.0	14.4	14.7	15.1	15.8	16.6	17.0	17.3	17.8	18.1
102	14.0	14.3	14.7	14.9	15.3	16.1	16.9	17.4	17.7	18.2	18.5
103	14.3	14.5	14.9	15.2	15.6	16.4	17.3	17.7	18.0	18.5	18.8
104	14.5	14.8	15.2	15.5	15.9	16.7	17.6	18.1	18.4	18.9	19.2
105	14.8	15.1	15.5	15.8	16.2	17.0	17.9	18.4	18.8	19.3	19.6
106	15.0	15.3	15.7	16.0	16.5	17.4	18.3	18.8	19.2	19.7	20.1
107	15.3	15.6	16.0	16.3	16.8	17.7	18.6	19.2	19.5	20.1	20.5
108	15.5	15.8	16.3	16.6	17.1	18.0	19.0	19.6	20.0	20.6	21.0
109	15.8	16.1	16.6	16.9	17.4	18.3	19.4	20.0	20.4	21.0	21.4
110	16.1	16.4	16.8	17.2	17.7	18.7	19.8	20.4	20.8	21.5	21.9
111	16.3	16.6	17.1	17.5	18.0	19.0	20.2	20.8	21.3	21.9	22.4
112	16.6	16.9	17.4	17.8	18.3	19.4	20.6	21.2	21.7	22.4	22.9
113	16.9	17.2	17.7	18.1	18.7	19.8	21.0	21.7	22.2	22.9	23.4
114	17.2	17.5	18.0	18.4	19.0	20.1	21.4	22.1	22.6	23.4	23.9
115	17.4	17.8	18.3	18.7	19.3	20.5	21.8	22.6	23.1	23.9	24.5
116	17.7	18.1	18.7	19.1	19.7	20.9	22.3	23.0	23.6	24.4	25.0
117	18.0	18.4	19.0	19.4	20.0	21.3	22.7	23.5	24.1	25.0	25.6
118	18.3	18.7	19.3	19.8	20.4	21.7	23.2	24.0	24.6	25.5	26.2
119	18.7	19.0	19.7	20.1	20.8	22.2	23.7	24.6	25.2	26.2	26.8
120	19.0	19.4	20.0	20.5	21.2	22.6	24.2	25.1	25.7	26.8	27.5
121	19.3	19.7	20.4	20.9	21.6	23.1	24.7	25.7	26.3	27.4	28.1
122	19.6	20.1	20.8	21.3	22.0	23.6	25.3	26.2	26.9	28.0	28.8
123	20.0	20.4	21.2	21.7	22.5	24.0	25.8	26.8	27.5	28.7	29.5
124	20.4	20.8	21.6	22.1	22.9	24.5	26.4	27.4	28.2	29.4	30.2
125	20.7	21.2	22.0	22.5	23.4	25.1	26.9	28.1	28.9	30.1	30.9
126	21.1	21.6	22.4	23.0	23.8	25.6	27.6	28.7	29.6	30.9	31.8
127	21.5	22.0	22.8	23.4	24.3	26.1	28.2	29.4	30.3	31.6	32.6
128	21.8	22.4	23.2	23.8	24.8	26.7	28.8	30.1	31.0	32.4	33.4
129	22.3	22.8	23.7	24.3	25.3	27.3	29.5	30.8	31.8	33.2	34.2

* 2세(24개월) 이상의 신장은 선 키로 측정

여자 3-18세 신장별 체중 백분위수

신장 (cm)	체중(kg) 백분위수										
	3rd	5th	10th	15th	25th	50th	75th	85th	90th	95th	97th
130	22.7	23.2	24.1	24.8	25.8	27.9	30.2	31.5	32.5	34.1	35.1
131	23.1	23.7	24.6	25.3	26.3	28.5	30.9	32.3	33.3	34.9	36.0
132	23.5	24.1	25.1	25.8	26.9	29.1	31.6	33.1	34.1	35.8	36.9
133	23.9	24.5	25.6	26.3	27.4	29.7	32.3	33.8	34.9	36.6	37.8
134	24.3	25.0	26.1	26.8	28.0	30.4	33.1	34.6	35.8	37.5	38.7
135	24.8	25.4	26.6	27.3	28.6	31.0	33.8	35.4	36.6	38.4	39.6
136	25.2	25.9	27.0	27.9	29.1	31.7	34.5	36.2	37.4	39.3	40.5
137	25.6	26.4	27.6	28.4	29.7	32.3	35.3	37.0	38.2	40.1	41.4
138	26.1	26.8	28.1	28.9	30.3	33.0	36.0	37.7	39.0	40.9	42.2
139	26.5	27.3	28.6	29.5	30.8	33.6	36.7	38.5	39.8	41.8	43.1
140	27.0	27.8	29.1	30.0	31.5	34.3	37.5	39.3	40.6	42.7	44.0
141	27.5	28.3	29.7	30.6	32.1	35.0	38.3	40.2	41.5	43.5	44.9
142	28.0	28.9	30.3	31.3	32.8	35.8	39.2	41.1	42.5	44.6	46.0
143	28.6	29.5	30.9	31.9	33.5	36.6	40.1	42.0	43.4	45.6	47.0
144	29.1	30.0	31.5	32.6	34.2	37.4	40.9	43.0	44.4	46.6	48.1
145	29.8	30.7	32.3	33.4	35.0	38.3	41.9	44.0	45.5	47.7	49.2
146	30.4	31.4	33.0	34.1	35.8	39.2	42.9	45.0	46.5	48.8	50.3
147	31.2	32.2	33.8	35.0	36.8	40.2	44.0	46.2	47.7	50.0	51.6
148	31.9	33.0	34.7	35.9	37.7	41.3	45.1	47.3	48.9	51.2	52.8
149	32.6	33.7	35.5	36.7	38.6	42.3	46.2	48.5	50.0	52.4	54.0
150	33.5	34.6	36.4	37.7	39.6	43.3	47.3	49.6	51.2	53.6	55.2
151	34.3	35.4	37.3	38.6	40.5	44.4	48.5	50.8	52.4	54.8	56.5
152	35.1	36.3	38.2	39.5	41.5	45.4	49.5	51.9	53.5	55.9	57.6
153	36.0	37.2	39.1	40.4	42.4	46.4	50.6	52.9	54.6	57.1	58.7
154	36.8	38.0	40.1	41.3	43.4	47.4	51.6	54.0	55.7	58.2	59.8
155	37.6	38.8	40.8	42.2	44.2	48.3	52.6	55.0	56.6	59.2	60.9
156	38.4	39.7	41.6	43.0	45.1	49.2	53.5	55.9	57.6	60.2	61.9
157	39.2	40.5	42.5	43.9	46.0	50.1	54.4	56.9	58.6	61.2	62.9
158	40.0	41.2	43.2	44.6	46.7	50.9	55.3	57.7	59.5	62.1	63.8
159	40.7	41.9	44.0	45.3	47.5	51.6	56.1	58.6	60.3	63.0	64.8
160	41.4	42.7	44.7	46.1	48.2	52.4	56.9	59.5	61.2	63.9	65.7
161	42.1	43.3	45.4	46.8	48.9	53.2	57.7	60.3	62.1	64.8	66.6
162	42.7	44.0	46.0	47.5	49.6	53.9	58.5	61.1	62.9	65.7	67.6
163	43.4	44.7	46.7	48.1	50.3	54.6	59.3	61.9	63.7	66.6	68.5
164	44.1	45.4	47.4	48.8	51.0	55.3	60.0	62.7	64.6	67.5	69.4
165	44.8	46.0	48.1	49.5	51.7	56.0	60.8	63.5	65.4	68.3	70.3
166	45.4	46.7	48.8	50.2	52.4	56.8	61.6	64.4	66.3	69.3	71.3
167	46.1	47.4	49.5	50.9	53.1	57.6	62.4	65.2	67.2	70.3	72.4
168	46.8	48.1	50.2	51.6	53.9	58.3	63.3	66.1	68.2	71.3	73.4
169	47.5	48.8	50.9	52.3	54.6	59.1	64.1	67.0	69.1	72.3	74.5
170	48.2	49.5	51.6	53.0	55.3	59.9	65.0	67.9	70.0	73.3	75.5
171	48.9	50.2	52.3	53.8	56.0	60.7	65.8	68.8	70.9	74.3	76.5
172	49.6	50.9	53.0	54.5	56.8	61.4	66.6	69.7	71.9	75.3	77.6

35.

우리 애 머리에서
냄새가 나기 시작했어요,
성조숙증일까요?

초등학교에 들어간 아이들은 이제 몸이 변화하기 시작합니다. 땀샘도 많아지고, 피지 분비도 많아지기 시작합니다. 심지어 외부 활동도 많아지면서, 남자아이든, 여자아이든 하루만 안 씻겨도 정수리에서 냄새가 나는 것 같아집니다. 그러면서 얼굴에 좁쌀 같은 발진이 생기기도 하면 부모님들은 '설마 사춘기가 일찍 오는 건가?'라고 걱정하시면서 병원을 찾으십니다.

아이들 신체 사춘기는 여자아이들은 가슴이 나오기 시작하는 것이고, 남자아이들은 고환이 커지기 시작하는 것으로 시작합니다. 가끔 아이들이 살이 찌면서 가슴 전체가 나오는 경우가 있는데, 실제 사춘기의 가슴이 나오는 것은 옆에서 봤을 때 유두를 중심으로 봉긋하게 나와야 하고, 유두도 진하고 커집니다. 남자아이들의 고환도 만져 봤을 때 타원형의 고환의 세로 길이가 1inch(2.5cm, 용적은 4cc) 이상이 되기 시작하면 사춘기가 시작되는 것입니다. 여자아이들은 만 9세 이후에 이런 변화가 생겨야 하고 남자아이들은 만 10세 이후에 이런 변화가 시작되면 정상입니다.

아무래도 사춘기가 시작되면 여성 호르몬, 남성 호르몬의 수치가 높아지다 보니 피지샘이 자극되어 분비가 많아지고, 그러면서 피부에 여드름도 생기고 아무래도 정수리 냄새도 많이 날 수 있습니다. 하지만 피부 발진, 냄새 이런 것들은 사춘기가 아니어도 생길 수 있기 때문에 이런 증상들로 사춘기를 예측할 수는 없습니다. 이제 더 이상 아이 정수리에 코를 대고 냄새를 맡는 것은 그만하셔도 됩니다. 가끔 여자아이들의 경우 팬티에 분비물이 많아지면 또 걱정을 하시는데 마찬가지입니다. 가슴이 납작하고 전혀 사춘기 징후가 없는데 분비물이 조금 많아지거나 정수리 냄새가 나거나, 얼굴에 좁쌀 여드름이 나는 것은 큰 문제가 되지 않습니다.

만약 우리 아이가 만 아홉 살(여자아이), 만 열 살(남자아이)이 되기 전에 가슴이 나오고, 고환이 커지는 것 같으면 빨리 병원에 가셔서 혈액 검사를 해 보셔야 합니다. 만 9세, 10세 전에 혈액 검사에서 호르몬 수치의 변화가 있어야 '성조숙증'으로 진단이 되고, 그렇게 되어야 의료 보험으로 치료를 받을 수 있습니다. 의심 증상이 분명 그 나이가 되기 전에 있었다 하더라도 혈액 검사로 증명되지 않으면 여러모로 보험 적용이 되는 진료를 받기가 어렵기 때문에 현실적으로 나이가 중요합니다.

만약 성조숙증으로 진단이 되면 사춘기를 늦추는 치료를 하게 됩니다. 보통 한 달에 한 번 주사를 맞게 되는데요, 어떤 부모님은 "저는 아이 키는 별로 중요하지 않기 때문에 치료 안 받겠습니다" 하시는 경우도 있습니다. 성조숙증은 키 때문에 치료하는 것이 아닙니다. 호르몬 자체의 이상이기 때문에 치료를 받지 않는 경우 다른 호르몬의 조절 능력에도 문제가 생길 수 있어야 치료를 당연히 해야 하는 것입니다. 사춘기가 일찍 와서 갑자기 성장 급등기가 와서 키가 막 크던 아이가 주사 치료를 시작하면 갑자기 성장이 멈추게 되는데, 부모님들은 덜컥 걱정이 되시기도 합니다. 실제 사춘기가 오기 전 아이들은 1년에 4-6cm 크는 것이 정상이기 때문에 정상 속도로 돌아온 것이지 늦어지거나 안 크는 것이 아니니까 놀라지 마세요.

1) 여자아이면 만 9세 되기 전에 가슴이 나오고, 남자아이면 만 10세가 되기 전에 고환이 커지면 빨리 병원에 가서 검사를 받으세요.
2) 정수리 냄새, 좁쌀 여드름, 팬티의 분비물 등등은 크게 중요하지 않습니다. 가슴과 고환을 잘 보세요.

덧, 성조숙증, 즉 조발 사춘기가 오면 아직 정서적으로는 성숙하지 않았는데 몸 사춘기가 오면서 호르몬의 변화를 겪으면 아이들이 힘이 듭니다. 자아가 확장되고, 인지 수준이나 사고 수준이 성숙되고 안정되면서 몸의 변화를 겪어야 하는데, 아직 정서적으로는 아이인데 몸이 변화하면 당황하고, 어찌할 줄을 모르게 됩니다. 몸의 성숙과 정서적인 성숙, 인지의 발달, 뇌 발달이 적절한 시기에 함께 진행되어야 훨씬 안정적으로 사춘기를 맞이할 수 있습니다.

36.

키 크려면
무슨 운동을 해야 하나요?

아이의 '키'는 우리 부모님들의 아주 중요한 관심사이죠. 키를 조금만 더 키울 수 있다면 비싼 비용을 지불하여서 호르몬을 맞춰서라도 키우고 싶어 하시는 부모님들이 계십니다. 꼭 치료까지는 아니더라도 키 크는데 좋은 음식, 키 크는 데 필요한 영양소, 영양제, 키 크는 데 도움이 되는 운동 등등 관심이 많으시죠?

키를 크게 하기 위해서는 '중력'을 받는 운동이 필요합니다. 성장하는 아이들의 관절에는 성장판이 있는데 키 크는 데 가장 중요한 관절이 다리 관절이죠. 성장판이 가로로 되어 있어서 위아래로 자극을 받아야 키 성장에 도움이 됩니다. 즉 위아래로 뛰는 운동이 성장판을 자극하게 되고, 그러면서 뼈가 길어집니다. 가만히 생각해 보면 마사지를 받는다거나 중력을 받지 않는 수영 같은 운동은 별로 도움이 되지 않겠죠? 뭐 성장판이 자극되어 키가 크면서 다리 통증이 생길 때 마사지를 받으면 통증이 좀 줄어들 수는 있겠고, 너무 살이 찌면 성장에 방해가 되기 때문에 수영처럼 에너지 소모가 많은 운동이 살을 찌지 않게 해서 키에 도움이 될 수는 있겠습니다. 하지만 직접적으로 키하고는 상관이 없습니다.

그러면 이런 운동을 얼마나 하면 될까요? 하루에 놀이터에서 10분 정도 놀면 충분합니다. 그리고 유치원 학교 왔다 갔다 할 때 잘 걸어 다니면 추가적인 운동은 별로 필요 없습니다. 하지만 운동을 시키고 싶으시다면 짧게 줄넘기를 시키거나 농구 점프슛처럼 뛰는 운동을 가볍게 하면 됩니다. 오히려 키 크게 한다고 줄넘기를 몇천 개씩 시키시다가 관절염이 오면 오히려 키 성장에 방해가 될 수 있습니다. 우리가 코로나가 한참이던 시기에 집 안에서만 생활하게 되었거나, 혹은 아파서 오래 누워 있어야 하는 경우에는 '운동'이 성장에서 매우 중요해집니다. 하지만 일상의 생활을 평범하게 잘하고 있는 아이라면 추가적으로 더 운동을 시킬 필요는 없습니다.

여기서 주의할 것은 아이들이 놀면서 넘어지고 다칠 수 있는데 관절 부위는 다치지 않게 해 주시는 것이 중요합니다. 다리 같은 경우도 관절이 아닌 부위가 골절이 되거나 다치면 아이들은 재생 속도가 빠르고 회복력이 좋기 때문에 잘 낫습니다. 하지만 관절 부위를 다쳤을 때 잘 치료하지 않으면 성장판이 손상을 받고, 손상된 성장판이 회복하는 과정에서 닫혀 버리는 경우가 생길 수 있습니다. 그러면 다친 부위가 성장을 멈출 수 있거든요. 자전거를 탈 때에도 팔꿈치, 무릎 등의 보호대를 하는 것이 성장판을 보호하기 위해서 중요합니다.

37.

공부는 왜 해야 하는 것일까요?

초등학교 이후 아이를 키우는 부모님들(요즘은 뭐 두세 돌 아이들을 키우는 부모님들까지도)의 가장 큰 관심사는 '공부'입니다. 공부. 공부는 왜 해야 하는 것일까요? 수많은 부모님들을 만나 보면 "결국 공부를 잘해야 아이가 잘 살 가능성이 높지 않을까요?"라고 하시는 분들이 있고, "저도 어릴 때 공부 별로 못했는데 잘 살아요"라고 하시는 경우도 있고, 심지어 공부에 대한 부모님의 시각이 달라 상담실에서 싸우시는 부모님도 계십니다. 어릴 때 공부를 잘 못했던 기억 때문에 아이가 잘했으면 하시는 부모님들도 계시고, 공부만 잘했더니 사는 게힘들다는 분들, 공부를 조금 더 열심히 했었더라면 지금 더 잘 살지 않을까 하고 생각하시는 분들, 나중은 모르겠고 공부를 잘해야 아이의 자존감이 올라가지 않을까 걱정하시기도 하고, 내가 그나마 공부라도 잘해서 이만큼 먹고 사는데, 우리 아이가 나보다 못하면 더 못한 삶을 살게 되지 않을까도 걱정이시고. 참 이 공부가 뭔지.

아이들을 만나 보면 공부에 대한 효능감이 좋은 아이들도 있고, 학습 자체에 긍정적 감정이 높은 아이들도 생각보다 많습니다. 물론 학습에 대한 감정의 체크하는 것에 있어서, 부정적 감정 100%인 아이들도 있고, 공부는 싫지 않은데 숙제가 싫은 아이들, 숙제는 어렵지 않은데 새로운 것을 익히는 것에 대한 두려움이 있는 아이들, 그냥 앉아 있는 게 힘든 아이들, 공부는 괜찮은데 부모님한테 혼날까 봐 걱정하는 아이들, 정작 부모님이 공부로 혼내지 않는데, 아이가 부모님을 실망시킬까 걱정하는 경우 등등 참으로 다양합니다.

이놈의 공부. 공부가 뭐길래. 만약 "공부는 왜 해야 하는 걸까요? 잘해야 하나요?"라고 저한테 물으신다면 "당연히 잘하는 것은 좋습니다"라고 말씀을 드립니다. 이 '잘~'이라는 것에 대해서 우리가 생각을 좀 해 봐야 할 것 같아요. 공부, 학습을 함에 있어서 아이들이 얻는 것 중 가장 중요한 것은 '유능감'입니다. '나, 좀 하네?'라는 생각을 아이가 공부를 통해서 배울 수 있어야 합니다. 처음에는 한글을 몰랐는데, 어느 순간 한 자 한 자 읽어지면서 '엄마, 내가 이걸 알았어'라는 마음. 처음에는 구구단이 어려웠는데, 이제는 두 자릿수 곱셈을 할 수 있게 되는 것. '뭔가 잘 못했는데 반복하다 보니 할 수 있게 되는 것'이 학습의 핵심입니다.

어른이 된 지금 "우리가 미적분 배운 것이 뭐 인생에 크게 도움이 되냐, 돈 계산, 더하기 빼기 정도만 하면 되는데 왜 그렇게 수학에 스트레스를 받았는지 모르겠다"라고 생각할 수 있습니다. 미적분의 개념 자체가 크게 도움이 되지는 않을 수는 있어도, 어려운 수학 개념을 이해하려고 애써 본 경험, 일부분이라도 이해를 해서 문제를 풀어 본 경험이 중요합니다. 내가 '주식', '부동산' 잘 모르겠는데 '내가 또 좀 읽어 보면 다는 아니더라도 알 수 있을 거야'라는 생각을 할 수 있게 해 주는 것이 학습에서 우리가 배워 온 유능감이 있기 때문입니다. 유능감을 잘 발달시킨 사람은 살면서 어려움에 부딪혀도 '내가 좀 노력하면 완벽하지는 않아도 지금보다는 나아질 거야'라고 생각하게 되고, 이로 인해서 그 어려움을 견딜 수 있게 되는 것이죠.

아이를 공부시킬 때 부모님에게 절대로 '결과'에 관심을 두지 마시라고 말씀드립니다. '이 정도 배웠으면 성적이 이 정도는 나오겠지'라는 생각을 버리기 위해 노력하시면 좋겠습니다. 부모님들 중에서는 "아니, 내가 1등하라고 한 것도 아니고, 평균만 하랬는데, 그걸 못해요"라고 말씀하시면, 부모님에게 '평균'이라는 것은 별것 아닌 것처럼 느껴지지만 결과에 대한 기준이 생기면 아이들은 '수행 불안'이 생깁니다. 결과에 대한 기준선이 생기면 아이들은 자신이 하는 공부가 성공과 실패라는 기준이 생기고, 어쩔 수 없이 겪을 수밖에 없는 실패의 경험들에 좌절감을 느끼면서 공부에 대한 부정적 감정을 느끼게 됩니다. 배우기 위해 뭔가를 하는 것과 하지 않는 것으로 우리는 보상을 주고 보상을 주지 않고를 결정하면 됩니다. 이때에도

'할 거면 제대로 해야지'가 아니라 다만 '했다'는 것에 인정하고 칭찬해 주는 마음가짐을 가지셔야 합니다.

수행 불안이라는 것에 대해서 '누구든지 뭘 잘하려면 불안한 마음이 드는 것은 당연하지 않나?' 생각하실 수 있습니다. 하지만 이 수행 불안은 아주 지능이 좋은 아이도 결정적인 순간, 예를 들면 시험 같은 때에 아주 저조한 결과를 가져다주기도 합니다. 평소에는 너무나도 잘하던 아이가 '결과'를 내야 하는 순간에 주저하게 되죠. 그러면 자신이 아는 것은 잘하지만 잘 모르는 것에 '찍기'를 못합니다. 자기의 생각이나 감정에 확신이 부족하기 때문입니다. 그리고 긴장에 압도되어서 가지고 있는 능력을 발휘를 못하게 됩니다. 이런 경우에 부모님은 "네가 나약해서 그래"라든지 "네가 좀 더 노력했어야지", "실수도 실력이야, 더 정신 차려서 해"라고 하면 아이들은 '난 어차피 안 될 텐데', '이게 내 실력이야'라며 유능감을 스스로 갉아먹게 됩니다. 이런 경우를 보면 안타깝죠.

아이: 엄마, 공부는 왜 해야 해?
엄마: 응, 공부는 당연히 해야 해.
아이: 왜?
엄마: 세상을 잘 살아가려면 항상 새로운 것을 배워야 해.
아이: 잘 못하면 어떡해?
엄마: 잘 못해도 돼. 하기만 하면 돼.
아이: 잘 못할 텐데 공부는 왜 해?

엄마: 하다 보면 점점 잘할 수 있어.

아이: 못하면?

엄마: 너 어릴 때 변기에 쉬 못했는데, 지금은 잘하잖아. 한글 몰랐는데 알게 됐잖아. 그렇게 하면 돼.

아이: 그래도 못하면?

엄마: 엄마는 네가 공부를 하고 있다는 것만으로도 대단하다고 생각해. 결과가 잘 될지 안 될지는 아무도 몰라. 근데 안 하면 못 하는 건 확실하잖아. 해 보자.

어렸을 때 겪었던 작은 성공의 경험들이 불씨가 돼서 다른 것을 또 배우게 할 수 있습니다. 지능이 좋은 아이든 나쁜 아이든, 빨리 배우는 아이든 늦게 익히는 아이든 다 각자만의 방식으로, 각자만의 속도대로 배우고 나가는 것이죠. 이런 유능감을 잘 쌓아 온 아이들은 어른이 되어서 'ChatGPT 라는 게 나왔네. 뭔지는 모르지만 한번 볼까? 뭐 전문가는 아니라도 어떤 건지나 한번 알아보자'라는 생각도 가질 수 있고, 부동산 계약서를 보면서 '무슨 말인지는 모르겠지만 한번 읽어 볼까. 모르는 것 있으면 물어보지 뭐'라면서 세상에 대해 능동적으로 살아갈 수 있습니다.

아주 머리도 좋고 공부를 잘하는 아이 중에서도 유난히 자신감이 없는 아이들이 있습니다. 이런 아이들은 웩슬러 지능 검사에서도 자신이 알고 있는 것을 평가하는 영역에서는 지수가 높은데, 지시가 모호한 상황에서 스스로 규칙을 찾아서 답해 보라는 유동추론 과제나,

지금 당장 기억해서 얘기해 보라는 작업 기억 과제에서 상대적으로 취약한 모습을 보이기도 합니다. 수행 불안이 높은 아이들은 시간제한이 있는 경우에 과도하게 긴장하는 경우도 있고, 딱 봐서 답이 바로 안 보이면 숙고하지 않고 바로 "모르겠어요"라고 포기하기도 합니다. 지금 당장 성적이 좋고, 지능이 높게 나온다 하더라도 이런 아이들은 성장하면서 많은 좌절을 겪고, 타고난 능력을 발휘하지 못하는 경우가 많습니다. 실제로 6-7세 때 지능 검사가 상위 0.1%였던 아이가 중학교 때 지능 검사가 50%, 평균이 안 나오는 경우도 있거든요.

우리가 살아보면서 느끼는 것이 '얼마나 빨리 뭔가를 받아들이는지'도 중요하지만 '얼마나 자기 것으로 잘 만들어서 숙달되느냐' 역시 중요하다는 것입니다. 속도도 중요하지만 방향성이 더 중요하죠. '몰랐던 것을 알아가는 즐거움, 내가 잘 모르지만 하다 보면 알아진다는 깨달음, 싫지만 계속하다 보니 익숙해져서 견딜 만해진 경험들, 노력했는데도 뭔가가 항상 잘 되지 않을 수도 있다는 깨달음' 등을 공부를 통해서 배워야 하고 그것이 인생을 살아가는 데 참 중요합니다.

결론 및 요약

1) 공부는 해야 합니다.
2) 이왕이면 잘하면 좋습니다.
3) 공부를 통해서 '유능감'을 배워야 합니다.
4) 결과에 연연하지 마세요.

덧, 저는 공부나 일에 있어서는 '하는 사람'과 '하지 않는 사람' 두 종류가 있다고 생각합니다. 부모님이 "제대로 할 것 아니면 하지 마"라고 하지 마시고 "못해도 되니까 계속해"라는 메시지를 아이에게 주셨으면 좋겠습니다. 전자는 '결과나 태도'를 염두에 둔 말이고 후자는 '한다'는 것을 강조한 말이죠. 자세가 좀 안 좋아도, 즐겁게 하지 않아도, 비록 결과가 시원찮더라도 '계속해'라고 지지해 주셨으면 좋겠습니다. 우리의 삶도 잘 살아질 수도, 못 살아질 수도 있지만 우리는 계속 살아내야 하잖아요. 그런 것을 공부를 통해서 아이들이 배웠으면 좋겠습니다.

38.

학습지 이야기

이번에는 학습지에 대해서 얘기 좀 해 볼까요? 구몬, 빨간펜, 싱크빅, 재능교육, 몬테소리, 눈높이, 튼튼영어…… 종류가 참 많죠? 아이들이 이런 학습지 하는 것을 대부분 별로 좋아하지 않습니다. (물론 간혹 좋아하는 아이들도 있습니다) 부모님들께서 아이들에게 학습지를 시키다가 실랑이도 많이 하게 되고 갈등이 생깁니다. 결국 '이게 뭐라고 애하고 이렇게 갈등을 하나' 싶어 그만두는 경우가 많죠.

저는 개인적으로 학습지를 시키는 것은 필요하다고 생각합니다. 부모님들과 학습 상담하면서 많이 권합니다. 특히 초등학생 아이들은요. 실제 저희 아이들도 꾸준히 시키고 있습니다. 학습지를 왜 해야 할까요? 꼭 브랜드 학습지가 아니어도 상관없습니다. 집에서 부모님이 책을 정해 놓고 시키셔도 괜찮습니다. 학습지를 하는 것을 권하는 이유를 한 번 말씀드리려고 합니다.

루틴의 중요성

공부든 일이든 '매일 반복하는 것'이 중요합니다. 매일 반복하려면 너무 어려우면 안 되고, 양이 너무 많아도 좋지 않습니다. 뭔가를 자기 것으로 만드는 것에는 단시간에 에너지를 확 집중시키는 것도 좋지만 매일 조금씩 꾸준히 긴 시간 반복하는 것이 중요합니다. 학습지도 그런 의미에서 매일 적은 양이라도 꾸준히 하는 것이 중요합니다. 그런데 저희 아이들도 매일 하지 않았습니다. 매일 꾸준히 놀고 싶은 것이 많기 때문에 아무리 짧은 시간이라도 놀다가 그 짬을 내는 게 엄청난 결단력과 실행력을 요구하거든요. 보통은 학습지 선생님이 월요일에 오신다고 하면 일요일에 다섯 장을 합니다. 그렇지만 그것이 1년이 되고 3년이 되면 그 꾸준함도 대단한 것이거든요. 하루에 지켜야 할 다른 루틴도 많이 있기 때문에(예를 들어 같은 시간에 일어나서, 같은 시간에 밥을 먹고 학교를 가고, 같은 시간에 다음 날 학교, 학원의 숙제를 하고, 같은 시간에 자는 것과 같은) 학습지도 꼭 매일 같은 시간에 하지 못해도 괜찮습니다. 하지만 긴 시간 꾸준히 하는 것이 중요합니다.

암기의 중요성

공부나 업무에 있어서 이해력도 중요하지만 '암기'도 못지않게 중요합니다. 제가 어릴 때에도 "이해하면 안 외워도 돼, 생각을 하고 이해를 해"라는 말을 많이 들었습니다. 물론 이해를 해서 암기가 되어서 완전히 내 것이 되면 참 좋죠. 그런데 공부량이 많아지고, 유독 재미가 없는 과목이고 그러면 도대체 이해가 안 되기 때문에 손을 놓게 됩니다. 의대를 다닐 때 생화학 교수님께서 'TCA cycle(우리 세포에서의 에너지 사이클)'을 가르쳐 주시면서 "잘 모르겠지? 그냥 외워. 외우고 나면 새로운 게 또 보여"라고 말씀하셨습니다. 그러면서 "군대와 의대에서 통용되는 것이 '까라면 깐다'라는 말인데, 그냥 하는 거야. 생각하지 말고 일단 외워 봐"라고 하셨습니다. 그때에는 무지막지한 말이라고 생각했는데, 그냥 외우고 나니까 새로운 것이 또 이해가 되더라고요. 학습지는 엄청난 수학적 개념, 언어학적인 원리를 가르쳐 주지는 않습니다. 하지만 주요 내용을 패턴화해서 외우게 해 주죠. 비록 분수의 곱셈, 나눗셈, 인수분해, 2차 함수, 미적분의 기본 개념은 잘 모르겠지만 일부분을 패턴화해서 외우고 나면 다시 개념이 이해가 되기도 합니다. 한자도 외우고 나면 한국어의 상위 언어를 이해하게 되죠. 간혹 정답을 주지 말고 아이가 몇 날 며칠이고 고민해서 답을 도출할 수 있게 기다려 주라고 말씀하시는 전문가 분들이 계십니다. 백번 타당한 말입니다. 그런데 모든 아이가 모든 것에 대해서 그런 학습을 하기는 어렵습니다. 부모님의 인내심, 불안 등도 무시할 수 없는 요소들이거든요. 패턴화해서 익혀 놓은 다음에 다시 생각하면서 지식을 확장하는 과정도, 혼자 끙끙거리다 새로운 것을 알아낸 기쁨 못지않습니다.

유능감을 경험하기 좋은 방법

학습지를 한다고 했을 때 어느 정도의 양이 좋을까요? 저는 저희 아이들 어릴 때에는 수학 연산 한 장, 국어 한 장(국어 읽기가 조금 되고 나서는 한자 한 장으로) 시켰습니다. 아이들이 보기에 "애걔~ 이 정도는 하지" 싶은 양으로 하시는 것이 좋습니다. 부모님 보기에 말고 아이들이 보기에도 만만해 보이는 양. 저는 아이들이 학습지를 너무 싫어해서 하루치를 하면 게임 10분을 줬습니다. 보상으로요. 아이들마다 좋아하는 보상이 다르죠. 앞선 칭찬 스티커에서 말씀드렸지만 그냥 부모님이 좋아하는 표정만으로도 보상이 되는 아이가 있고, 스스로 해냈다는 만족감만으로도 보상이 되는 아이가 있습니다. 하지만 그렇지 않은 경우에는 칭찬 스티커를 걸고 모아서 뭔가를 해 준다거나 다양한 보상이 있는 것이 좋습니다. 아이는 큰 노력 들이지 않고서 부모님께 매일, 매일이 안 되면 매주 칭찬받는 경험을 할 수 있습니다.

단순히 이런 보상으로 인한 유능감뿐만이 아니라 1-2년 꾸준히 학습지를 한 아이들은 "내가 연산은 좀 하지", "성형외과? 여기에 '성'이 '완성' 할 때 그 '성' 자야?" 이러면서 자신감도 생기고, 모르는 것에 대해서도 생각을 하게 됩니다. 그리고 그렇게 싫었던 학습지도 1-2년 꾸준히 하다 보면 더 이상 큰 스트레스가 되지 않거든요. '싫은 것도 꾸준히 하니까 별것 아니네'라는 생각을 할 수 있게 됩니다.

그러면 다음에 뭔가 하기 싫지만 꼭 해야 하는 것이 생기면, '이것도 좀 하다 보면 괜찮아질까?' 하고 시도해 보게 됩니다.

기질에 따른 필요성

아이들의 기질에 따라 학습지가 필요한 이유가 달라집니다. 충동성이 강하고 새로운 것을 좋아하는 아이들은 항상 새로운 것은 흥미로워하는데, 매일 반복하는 것은 너무너무 지겹죠. 이런 아이들에게 적절한 보상을 주면서 매일 반복되는 일상을 해내는 경험을 하기에 학습지가 좋습니다. 뿐만 아니라 이런 아이들은 실제 학습에서도 어려운 개념을 이해하는 것은 크게 문제가 되지 않는데 매일 반복하는 숙제가 너무 지겹고 싫죠. 이미 배운 것을 또 하라 그러면 차라리 어려운 문제 하나 더 푼다고 하는 아이들도 있습니다. 하지만 이런 루틴이 잘 형성되지 않으면 자신의 능력을 100% 발휘하기가 어렵습니다. 잔실수가 많고, 익숙하게 외워 놓지 않으면 짧은 시간에 자신의 능력을 발휘해야 할 때 시간이 오래 걸리기도 하기 때문이죠. 그래서 이렇게 자유로운 영혼의 아이들에게는 매일 반복되는 것의 중요성을 몸으로 배우도록 하는 게 도움이 됩니다.

반면 새로운 것은 어렵고 매일 반복되는 것을 편안해 하는 아이들이 있습니다. 이런 아이들은 학습지를 하는 것에는 크게 스트레스받지 않는데 새로운 것을 배울 때 어려워합니다. 특히 수학이나 과학의 경우 새로운 개념이나 낯선 것을 배워야 하는 상황에서 스트레스를 받아서 실제로 못하지 않는데 처음에 배우기 어려워하는 성향의 아이가 있죠. 이런 아이들에게 학습지는 좋은 선행 학습의 도구가 됩니다. 아무래도 학습지는 엄청난 개념을 배우고 심화 학습을 하는 것이 아니다 보니까 진도가 조금씩 빨리 나가집니다. 그러면 개념은 정확하게 모르지만 일부를 익혀 놓고 학교나 학원에서 개념을 배우면 "아, 나 저거 본 적 있는데", "아 저거 어떻게 푸는지는 아는데"라고 하면서 초기 긴장이 낮아집니다. 그러면 낯선 것을 배우는 긴장감이 떨어지면서 익혀 놓은 것을 바탕으로 개념을 이해할 수 있게 되고, 공부에 재미를 붙일 수 있습니다.

결론 및 요약

1) 크게 어렵지 않은 것으로 매일 반복하는 것은 중요합니다.
2) 학습에서 암기도 사고력만큼이나 중요합니다.

덧, 앞서 굳이 브랜드 학습지, 방문 학습지 선생님이 아니어도 부모님과 학습지를 골라서 푸는 것에 대해서 잠깐 말씀을 드렸습니다. 그런데 여기에서는 주의할 점이 있습니다. 아이들은 부모님이 선생님 역할이 되는 것을 좋아하지 않습니다. 부모님에게는 사랑만 받고 싶은데 부모님이 평가자 역할이 되어서 맞고, 틀리다고 채점하는 것을 좋아하지 않습니다. 정서적인 아이의 경우 그런 과정에서 상처를 받기도 하지요. 부모님과 함께한다고 하면 기본적인 것만 가르쳐 주고, 아이가 스스로 하게 하시고, 아이가 스스로 채점할 수 있게 도와주세요.

39.

학원 레벨 테스트에 대한 이야기

아이를 학원에 보내려고 하다 보면 레벨 테스트라는 벽을 만나게 됩니다. 말 그대로 우리 아이의 수준을 평가해서 이 학원에 들어갈 수 있는지 없는지, 혹은 들어와서 어떤 반에 배정이 될지를 결정합니다. 비슷한 학습 수준의 아이들을 모아서 효율적으로 공부를 시키려는 목적이죠. 적절한 학원에 가려고 할 때 학원에서 아이의 수준을 알기 위해서 '반 배치를 위한 평가' 정도로 생각하면 큰 문제가 없는데 레벨 테스트 자체가 목표가 되어 버리기도 합니다. 이를 통과하기 위해서 무리해서 공부를 시키기도 하고, 레벨 테스트가 아이의 수준을 말해 준다고 판단해서 한 학원을 다니고 있으면서 여러 학원의 레벨 테스트를 시험 삼아 보러 다니는 경우도 있습니다.

레벨 테스트에 임하는 부모님의 태도에 대해서 논하기 위해서 이야기를 시작한 것은 아닙니다. 레벨 테스트라는 것이 그런 것인데 유난히 레벨 테스트를 못 보는 아이가 있습니다. 실제로 가지고 있는 능력에 비해 레벨 테스트만 보면 어중간하게 나오는 경우가 있죠. 주로 긴장이 높은 아이들인데 특히 낯선 공간, 낯선 사람에 대한 불안이 높은 경우 그렇습니다. 낯선 곳에서 모르는 사람과 앉아서 뭔가를 평가받는 상황에 긴장이 올라가면 과제 자체에 집중을 하지 못합니다. 심지어 레벨 테스트를 본다고 하면 아이가 초등학교 2학년 1학기 수학까지 배웠다면 1학년 2학기, 2학년 1학기, 2학년 2학기 정도에 걸쳐서 테스트를 봅니다. 그러면 이런 성향의 아이들은 배운 데까지만 풀지 안 배운 것은 손을 안 대는 경우가 많습니다. 그래서 막상 보면 풀 수 있을 것 같은 문제도 시도를 하지 않기 때문에 레벨 테스트 결과가 아주 우수하게는 나오지 않습니다. 이런 성향의 아이들은 배운 것은 크게 실수하는 성향이 아니어서 크게 못하지는 않지만 자기 실력을 다 보여 주지는 못합니다.

이런 성향의 아이들에게는 "고운아, 레벨 테스트는 못 봐도 돼. 우리는 어느 반에나 들어가기만 하면 되는 거야. 들어가면 우리 고운이는 누구보다도 잘할 수 있어"라고 지지해 주시는 것이 중요합니다. 이런 아이들은 공간과 사람들에게 익숙해지는 데에 두 달은 걸립니다. 그동안은 꽤나 버벅거립니다. 지난번 학원이 좋았다고 투덜대기도 하고, 가기 싫다고 징징거립니다. 그런데 딱 두 달 정도 지나고 나면 적응합니다. 그때부터 아이는 한두 단계 레벨 업 하게 되죠. 초기 불안이 높은 아이들은 대부분 크게 부주의하지 않기 때문에 배운 것은 잘 까먹지 않습니다. 그래서 한두 달 적응하는 시기가 지나가고 나면 배운 것을 평가하는 총괄 평가는 꽤 잘 봅니다. 이러면서 이런 아이들은 "음, 처음에는 내가 좀 힘들지만 시간 지나면 잘해"라는 경험치를 쌓아 나갑니다.

이제 반대의 아이들이 있습니다. 전혀 준비 안 하고 레벨 테스트를 봤는데 덜컥 매우 높은 반에 붙어 버리는 아이들이 있습니다. 그런데 막상 들어가면 수업 따라가는 것이 어려운 아이들이 있죠. 이런 아이들은 대부분 수행이 다소 불안정한 면이 있습니다. 어떤 때는 엄청 잘하는데 어떤 때에는 "엥? 이런 걸 틀릴까?" 할 정도로 못하기도 하죠. 레벨 테스트는 꽤 잘 보는데 실제 학원에 들어가서 수행이 불안정한 경우에는 크게 두 부류가 있습니다. 수행 불안이 있어서, 별 기대 없이 준비 안 하고 시험을 보면 잘 보는데, 작정하고 공부해서 잘 해야겠다는 마음을 가지고 시험을 보면 망치는 아이들이 있습니다. 이런 아이들은 결과에 대한 부담이 커서 실제 수행에는 저조한 결과를 보이는데, 부모님께서 '준비 안 해도 이 정도 하는데, 준비하면 얼마나 잘하겠어?'라는 식의 유언의 무언의 압박을 가하시는 경우도 있고, 아이 스스로도 너무 잘하고자 하는 의지가 지나치다가 긴장이 높아져서 실제 수행은 불안정한 경우도 있습니다. 반면 또 다른 부류로는, 새로운 것에 대한 흥미가 높아서 새로운 것을 직관적으로 파악하고 이해하는 데에는 매우 빠른 아이들이 있습니다. 이런 아이들은 새로운 것에는 매우 흥미로워하는데, 익숙해지면 딱 재미가 없습니다. 레벨 테스트, 처음에 개념을 배울 때에는 너무 재밌는데, 숙제하는 것이 너무 싫고 반복적으로 비슷한 패턴의 문제를 푸는 게 너무 재미가 없습니다. 이런 아이들이 총괄 평가를 보면 잔실수가 많고, 시험 시간이 남아도 다시 풀거나 하지 않습니다. 1번 문제가 좀 어렵다면 그거 신나게 풀다가 다른 쉬운 문제를 못 풀거나, 킬러 문제는 맞추는데 모두가 다 맞는 문제는 실수해서 틀리기도 합니다.

이러한 경우에는 부모님들이 혼란스럽습니다. 테스트 결과가 오락가락하니까 어떤 게 아이의 진짜 수준인지 알 수가 없습니다. 통상적으로 잘하는 애가 못할 수는 있지만 못하는 애가 잘하기는 어렵기 때문에 '똑똑한 애가 열심히 하지 않는다'고 생각하시면서 아이를 다그치게 됩니다. "네가 불성실해서 그래", "한 번 더 검산을 했어야지", "잘 보고 옮겨 써야지", "'인 것은?'인지 '아닌 것은?'인지 잘 보고 풀어야지", "식을 안 써서 그래"라고 하시면서 아이의 태도를 지적하게 됩니다. 그런데 일부러 대충 해서 그런 게 아니거든요. 수행 불안이 있는 아이에게는 '결과'에 대해서 생각하지 말고, "시험 빵점 받아도 되니까 다 풀고 와", "결과는 상관없는데 이번에는 꼭 두 번 풀어"라는 식으로 결과보다는 과정에 집중해서 아이와 다양한 시도를 해 보시는 것이 좋습니다. 복습하고 반복하는 게 힘든 아이라면, 지겨움을 견디고 매일 반복되는 활동을 했을 때 보상을 주시며 강화해 주시는 것이 중요합니다.

결론 및 요약

1) 레벨 테스트에 유난히 긴장하는 아이는 들어가서 레벨 업 하면 됩니다.
2) 레벨 테스트만 잘 보는 아이는 수행 불안이 있는지 보시고, 그렇지 않다면 꾸준히 복습하는 연습을 도와주세요.

덧. 레벨 테스트를 통해서 아이의 기질에 따른 특징을 간단히 살펴봤는데, 초기 불안, 예기 불안이 높은 기질, 새로운 상황에 빠르게 적응이 어려운 아이, 수행 불안이 있는 경우, 반복되는 루틴이 힘든 아이, 이런 기질은 타고나는 면이 많고, 평생 갑니다. 당장 레벨 테스트 좀 못 보고 학교, 학원 시험 잘 못 봐도 괜찮죠. 하지만 이런 것을 기회로 아이의 성향을 부모님이 파악하게 되시고, 결국 아이가 알게 된다면, 비슷한 종류의 인생의 위기가 왔을 때 자신을 비난하지 않고 자기에게 맞는 방식의 해결 방법을 찾을 수 있게 됩니다.

40.

학교, 학원 숙제시키기가 어려우신가요?

숙제라고 하면 우리 어릴 때에도 생각해 보면 참 하기 싫은 것이죠. 남이 시키는 것을 성실하게 꾸준히 잘하는 것은 쉬운 일이 아닙니다. 뭐든 자기가 좋아하는 일이어야 신이 나고 재미가 있어서 꾸준히 하게 되는데, 숙제라는 것은 참 쉽지 않습니다. 하지만 앞서도 말씀드렸지만 뭔가를 배움에 있어서 꾸준히 단련시키는 것은 참 중요하죠. 그건 학습뿐만이 아니라 어른이 되어서 어떤 기술을 익히거나, 업무를 할 때에도 꼭 필요한 것이고, 삶에 있어서 지속적인 루틴이 삶에 안정감을 가져다주기 때문에 어릴 때 '뭔가를 꾸준히 성실히'

해내는 것을 배우는 것은 중요합니다.

좋아, 숙제는 꼭 해야 하는 것은 아이도 알고, 나도 아는데 어떻게 꾸준히 하게 만들 수 있을까요? 일단 아이에게 숙제를 하고 말고는 너의 선택도 아니고 나의 선택도 아니고 당연히 하는 것이라는 것에 대한 합의를 이뤄야 합니다. 그리고 숙제를 하는 시간을 정합니다. 예를 들어 저녁을 먹고 7시 반부터 9시 사이에 하기로 정합니다. 루틴에서 가장 중요한 것은 '시간'이라고 생각합니다. 같은 시간에 일어나고, 같은 시간에 일어나고, 같은 시간에 학교 갔다 와서, 같은 시간에 숙제를 하고 같은 시간에 잠이 드는 것. 그런 것이 삶을 매우 안정적으로 만들어 주고, 감정 조절에 도움이 됩니다.

약속을 정하면 잘하는 아이들이 있습니다. 그리고 정해진 시간 안에 끝내는 연습을 해야 합니다. 잘하든 못하든. 그런데 약속을 해도 지키기 어려운 아이들이 많죠. 그런 아이들은 7시 반에 식탁 혹은 책상에 앉으면 스티커 하나, 9시에 끝내면 스티커 하나를 줍니다. 만약 시간 안에 못 끝내면 칭찬 스티커는 못 받고, 계속하다가 다 못해도 자는 시간은 지킵니다. 만약에 숙제의 양이 그 정도 시간에 끝낼 수준이 아니라면 숙제의 양을 조절하셔야 합니다. 초등학교 시기에는 '정해진 시간 안에 정해진 양을 하는 것'을 꼭 익혀야 합니다. 그것이 잘 되면 시간이 줄어도, 양이 늘어도 할 수 있습니다. 1주일 정도 해 보고 아이와 시간과 양에 대해서 함께 얘기하면서 적절하게 조절해 나갑니다. 이런 과정을 통해 아이도 숙제라는 것이 '엄마가, 학교, 학원이 억지로 시켜서 어쩔 수 없이 하는 것'이라기보다는 자신이 주체적으로 계획을 세워서 하는 것으로 생각하게 됩니다. 그리고 나에게 주어진 일이 있을 때 어떻게 해 나가는지를 부모님과 함께 경험하며 배우게 됩니다.

부모님은 아이가 숙제를 할 때, 어떤 아이는 부모님이 옆에 있는 것을 좋아하고, 어떤 아이는 혼자 하기를 좋아합니다. (이러한 기질에 대해서는 책 후반부에서 다시 말씀드리겠습니다) 만약 혼자 하는 것을 좋아하는 아이라면 정해진 시간에 다 끝냈는지 확인만 하시면 됩니다. 하지만 부모님이 옆에 있기를 원한다면, 혹은 옆에 없으면 머릿속에서 다른 세상으로 가 버리는 아이라면, 옆에 앉으셔서 부모님이 하고 싶은 것을 하시고, '시계 역할'을 해 주시면 됩니다. "7시 20분이니까 숙제할 준비 하자, 8시야, 8시 30분이다, 8시 50분이니까 정리하자"

곁에 계시면서 "똑바로 앉아, 허리 펴고, 연필 똑바로 잡고" 등등 태도에 대한 지적을 하시거나, 공부를 직접 가르쳐 주시는 것은 권하지 않습니다. 숙제는 아이가 해야 할 일이지 부모님이 가르쳐서 해 주는 것은 아니죠. 그리고 가뜩이나 하기 싫은 것, 억지로 앉았는데 자세 지적을 받으면 아이는 "에이, 안 해!" 하면서 반발심을 가지게 됩니다. '정해진 시간 안에 정해진 양을 하는지'만! 보세요. 자세, 태도, 숙제의 질, 얼마나 많이 맞췄는지, 얼마나 글씨를 예쁘게 썼는지는 부모님의 몫이 아닙니다. 가끔은 부모님이 봐주지 않으면 아이가 혼자 도저히 해낼 수 없는 숙제를 해야 하는 경우가 있습니다. 보통 학교 숙제는 그렇지 않죠. 학원 숙제가 그런 경우가 있습니다. 저는 그런 경우라면 단호히 학원을 바꾸라고 말씀드립니다. 학원의 레벨을 유지하는 것이 우리가 아이를 공부시키는 목표가 아니잖아요. "내가 좀 봐주면 잘해요"라고 말씀하시지만 그런 과정을 통해서 아이는 유능감도 키울 수 없고, 부모님과 좋은 관계를 유지할 수도 없고, 스스로 업무를 처리하는 능력도 키울 수 없습니다. 일단 숙제의 시간과 양을 스스로 해결할 수 있게 되면 그다음에는 질도 높이고 효율도 높일 수 있습니다. 우리 길게 봅시다.

결론 및 요약

1) 숙제의 퀄리티는 부모님의 몫이 아닙니다.
2) 숙제할 때의 자세는 지적하지 마세요.
3) 정해진 시간에 정해진 양을 끝내는 연습부터 시킵시다.

덧, 숙제를 시킬 때 숙제를 해야 한다는 것에는 선택의 여지가 없는 것이지만, 아이가 싫어하는 것에 대해서는 "참 힘들지, 놀고 싶은데 숙제하려니까 얼마나 싫을까"라고 공감해 주시는 태도가 중요합니다. 그럼 또 우리의 자유로운 영혼의 아이들은 이때다 싶어서 "그럼, 안 하면 안 돼?"라고 묻죠. 그럼 "안 돼. 숙제는 네 선택도, 내 선택도 아니야. 당연히 하는 거야"라고 반응해 주셔야 합니다. 감정을 받아 주되 행동에는 크게 선택을 주지 않는 것이 중요합니다. 그러면 아이들은 '싫지만 해내는 연습'을 하게 됩니다. 충분히 공감을 받으면서요.

41.

학원? 과외?
우리 애한테는 어떤 것이 맞을까요?

초등학교 들어가서 아이를 공부시키려 할 때 학원을 보낼지 소규모 공부방을 보낼지, 집에서 부모님이 시키실지, 개인 선생님과 공부를 시킬지 고민을 많이 하십니다. 흔히들 좋다 하는 학원을 보내 놨는데 아이가 너무 가기 싫어하는 경우도 있고, 개인 과외 선생님을 불러 놨더니 선생님 오기 전만 되면 불안해지면서, 결국 오셨는데 공부도 못하고 선생님을 돌아가게 하는 아이들도 있습니다. 학교 공부만 시키자니 불안하고 보습 학원을 보내고 싶은데 어디를 보내야 할지 모르겠고, 고민이 되시죠?

사실 어릴 때부터 부모님과 '싫지만 해내는' 연습을 잘 해 온 아이는 어디를 보내도 상관없습니다. 어지간히 잘 적응합니다. 아이가 힘들어하는 부분을 부모님이 잘 이해만 해 주신다면요. 그런데 지금 아이를 당장 학원이든 어디든 보내야 하는데 아이의 저항이 큰 경우라면 아이의 기질에 대해서 한번 생각할 필요가 있습니다. 뒤에 아이의 기질에 대한 설명에서 다시 다루겠지만 한번 들어 보세요.

일반적으로 관계 욕구가 매우 높은 아이들은 소규모 학원이나 개인 과외가 좋습니다. 이런 아이들은 학원 선생님, 학교 선생님과 '긴밀한 관계'를 맺고 싶어 합니다. 궁금한 것 있으면 질문도 하고 싶고, 관계의 주도권을 잡아 보고 싶기도 하고, 칭찬받고 싶어 하면서 '공부' 그 자체보다는 '관계'를 좋아하는 아이들입니다. 이런 아이들은 자기가 좋아하는 선생님이 시키는 것이면 재미없는 공부라도 잘 따라갑니다. 이런 아이들은 초등학교 저학년까지는 학교에서 친구를 사귀는데 별 어려움이 없기 때문에 굳이 학원에서 다양한 관계를 만들어 줄 필요가 없습니다. 그래서 초등학교 저학년까지는 소규모 학원이나 개인 과외가 '공부' 자체의 효율을 위해서는 좋습니다. 대신 학년이 올라가면서 친구들과 함께 학원을 가는 것을 좋아하게 되면서 차츰 학원으로 바꿔 주시면 됩니다.

반면 승부욕이 높은 아이들은 학원 시스템에 잘 맞습니다. 이런 아이들은 다른 아이와 경쟁하는 상황을 즐기고, 친구들이 많이 모여서 공부를 하더라도 '관계'보다는 '목표'에 집중하는 아이들이라 어지간한 학습 성과가 좋습니다. 좋다고 하는 학원, 유명한 학원에서 자신의 수준을 객관적으로 파악하면서 편안함을 느낍니다. 그리고 이런 아이들은 다양한 관계를 맺는 것을 좋아하지 않기 때문에 과외 선생님의 시선을 온몸에 받는 것을 그렇게 좋아하지 않습니다. 그리고 이런 성향의 아이들은 학교에서 다양하게 친구를 사귀는 것을 좋아하지 않고, 타인이 나의 영역에 깊이 들어오는 것을 불편해합니다. 따라서 학원 등에서 가벼운 친구 관계를 맺으면서 또래들과의 관계 기술을 익히게 하는 것도 좋습니다. 정서적으로 꼭 친밀해지지 않아도 같이 앉아서 공부하고, 쉬는 시간에 편의점 정도 같이 갈 수 있는 가벼운 관계에서 오히려 편안함을 느낄 수 있거든요.

결론 및 요약

1) 어디를 보내든 상관없으니 형편껏 하시면 됩니다.
2) 관계 욕구가 높은 아이들은 어릴 때에는 개인 과외가 좋고, 승부욕이 높은 아이들은 학원에 잘 맞습니다.

너무 뻔한 이야기인가요?

42.

책 꼭 읽어야 하나요?

부모님들께서는 아이가 책을 많이 읽었으면 하십니다. 저희 부모님도 그러셨어요. 그런데 저는 사실 책을 별로 좋아하지 않습니다. TV나 영상물을 훨씬 좋아하고, 지금도 그렇습니다. 특히 어렸을 때엔 책도 읽었던 것을 여러 번 읽는 것을 좋아하고, 만화책도 대사를 외울 정도로 반복해서 보는데 딱히 다양한 책을 읽지는 않았습니다.

어른이 되고 나서 책을 좀 읽기는 해도 제 취미 생활 중에서 높은 순위를 차지하고 있지는 않죠.

분명 책을 읽는 것은 인생을 살아가는데 좋은 습관 중의 하나입니다. 상상을 하게 하고 사고를 깊이 있게 해 주죠. 그리고 다른 사람의 지식을 내 것으로 만들기 위한 아주 좋은 방법이기도 하고요. 그런데 '학습', '성적'과 관련해서 독서는 좀 다른 관점으로 생각해 볼 수 있습니다. 아이들이 책을 읽을 때 정독을 하는 아이가 있고, 굉장히 빠르게 속독하고 다독하는 아이들이 있습니다. 심지어 난독증이 있는데도 책 읽는 것을 좋아하는 아이들이 있고, 공부를 매우 잘하는데도 책을 별로 안 읽는 아이들도 있습니다.

책을 빠르고 정확하게 읽을 수 있으면 정말 좋습니다. 뭘 배우더라도 더 많은 정보를 빠르게 익힐 수 있어서 여러 면에서 좋습니다. 그런데 대부분의 빨리 읽는 아이들은 정확하게 읽기가 잘 안 됩니다. 빨리 읽고, 독후감도 꽤나 잘 쓰고, 문제도 잘 푸는데, 책 내용을 구체적으로 물어보면 대답을 하지 못하는 경우가 많습니다. 중요한 단어 위주로 사진 찍듯이 읽어서 전체적인 맥락은 파악하고 있지만 그 안에 있는 다양한 어휘의 뜻, 전후 관계, 등장인물의 관계 등을 잘 이해하지 못하는 경우도 많습니다. 책을 빠르고 정확하게 읽는 것이 아닌 '빠르게만' 읽는 아이들에게는 한 권의 책을 여러 번 읽게 하면 좋습니다.

편독도 좋습니다. 꼭 다양하게 읽어야만 하는 것은 아닙니다. 문학을 좋아하는 아이가 있고, 비문학을 좋아하는 아이가 있고, 과학책, 역사책…… 다 자신이 좋아하는 분야가 있습니다. 그러면 자신이 좋아하는 책을 많이 읽으면서 거기서 어휘도 확장되고 사고의 깊이도 깊어지게 됩니다.

학습과 관련해서는 교과서는 꼼꼼히 잘 읽어야 합니다. 교과서는 각 연령에 필수적으로 알아야 하는 어휘들로 엄선해서 구성된 책입니다. 적어도 교과서에 나오는 단어는 뜻을 알고 있어야 하고, 이해를 할 수 있어야 합니다. 꼭 국어 교과서만이 아니라 수학 교과서에 나오는 내용들, 영어, 사회, 과학 교과서에 나오는 어휘나 참고 내용들까지 다 알고 있어야 다음 학년으로 넘어갔을 때 학습에 공백이 생기지 않습니다. 그 나이에 꼭 알아야 하는 개념들로 선택되어 만들어진 책이기 때문에 혹시 우리 아이가 학습이 조금 뒤처진다면, 코로나 시기에 학업 공백이 좀 생겼다면 한두 해 전 교과서부터 정확하게 읽기를 하는 것이 좋습니다.

결론 및 요약

1) 책 읽는 것은 좋은 취미이자 습관입니다.
2) 학습과 관련해서는 교과서만 잘 읽으면 됩니다.

요즘은 영상물도 많고 이미지로 시각화된 교육 자료도 많은데 꼭 교과서를 읽어야 하는지 궁금하실 수 있습니다. 학습에서의 독서는 '어휘력'이 핵심이라고 생각합니다. 다양한 언어적 개념을 이해함으로써 사고의 넓이와 깊이가 확장된다고 생각합니다. 어른이 되어서 다양한 새로운 것을 학습해야 할 때에, 시각화되어진 정보보다 글자로 이루어진 정보의 양이 월등히 많습니다. 그리고 글자로 이루어진 정보가 훨씬 더 정확하고 깊이 있는 내용이 많습니다. 글자로 된 정보를 정확하게 잘 읽고 이해할 수 있는 능력은 정보의 바닷속에서 매우 큰 경쟁력을 가지게 해 줄 수 있습니다.

43.

이중 언어가 좋은 걸까요?
외국어 교육은 어떻게 해야 할까요?

어릴 때 외국에서 살다가 온 아이들, 혹은 부모님께서 외국인이시거나, 그렇지 않더라도 한국어, 영어에 꾸준히 함께 노출시켜서 두 가지 언어를 다 사용하는 아이들이 있습니다. 아이가 여러 가지 언어를 쓰면 부모님들은 뿌듯하시죠. 큰 노력 안 들이고도 다양한 언어를 습득할 수 있을 것 같아서 말이죠.

물론 어린 시절 이중 언어, 삼중 언어가 언어 발달에 도움이 된다, 안된다 등 학자들에 따라서도 이견이 많습니다. 도움이 된 아이들에 대해서는 우리가 사실 크게 고민할 필요가 없는데, 실제로는 여러 가지 언어에 노출된 아이가 모든 언어가 다 외국어처럼 하는 경우를 꽤 많이 봅니다. 사실 언어라고 하는 것이 단순히 '말을 하는 기술'만을 의미하지는 않습니다. 우리는 사고도 '언어'를 통해서 하고, 다른 사람과의 관계도 '언어'를 통해서 맺게 되고, 자신의 감정도 '언어'를 통해서 표현하고, '언어'를 통해서 자신의 생각과 논리를 표현합니다. 그리고 언어에는 각 나라의 문화와 역사가 녹아 있고, 다양한 의미적 상징들을 포함하고 있습니다. 그래서 사람이 '언어'를 배우고 익힌다고 하는 것이 참으로 중요합니다. 가지고 있는 어휘의 개수에 따라서 사고하는 양이 달라지고, 사고의 깊이도 달라지고, 세상에 대한 인지도 달라집니다.

언어라고 하는 것은 어떤 큰 틀을 가지고 있어야 합니다. Template, 주형이라고 하는 것이 어렸을 때에는 모든 사물에는 '이름'이 있구나, 단어를 붙이면 문장이 되는구나, 문장도 여러 개를 붙이면 표현이 많아지는구나, 명사가 형용사로 쓰이려면 어미가 달라지는구나, 단어는 음절로 나눌 수 있구나, 음절은 또 음소로 나눌 수 있구나, 각 음소는 다른 소리를 가지고 있구나, 같은 형식적인 주형이 있습니다. 그리고 의미적으로도 같은 단어가 상황에 따라서는 다른 의미로 쓰일 수 있구나, 우리나라 말은 이런 의미로 쓰이는 것이 외국에서는 저런 의미로 쓰이는구나, 이 단어의 어원은 이것이구나, 겉뜻과 속뜻이 다른 표현이 있구나 등등 무궁무진한 Template, 틀이 나이에 맞게 발달하고, 견고해지고, 확장해야 합니다. 어릴 때 말하는 언어(구어) 수준에서, 나이가 들면서 읽고 사고하는 언어(문어) 수준으로 발전을 해야 합니다. 그러면서 사고가 깊어집니다.

그런데 이중 언어, 삼중 언어에 노출된 아이들은 언어 감각이 아주 뛰어난 소수의 아이들을 제외하고는 대부분 이 구어 수준에서 문어 수준으로 잘 못 넘어갑니다. 언어 발달이 잘 되지 않은 상태에서 영어 유치원을 보냈거나, 말이 느린 아이가 외국을 왔다 갔다 하면서 특정 언어가 발달이 안 된 경우에, 한국어도 외국어처럼, 영어도 외국어처럼 하는 아이들이 생각보다 꽤 많습니다. 웩슬러 지능 검사를 하다 보면 "'용감한'은 무슨 뜻이야?"라고 물어봤을 때 그냥 "Brave"라고만 대답하는 아이들이 있습니다. "그래, 그러면 그건 어떤 때 쓰는 말이야?"라고 물어보면 대답을 하지 못합니다. 다섯 살쯤 되면 예를 들어서 설명을 하거나, 다른 단어로 바꿔서 설명을 할 수 있어야 하는데, 단어 수준의 번역에서 사고가 확장되지 못하는 아이들을 보면 안타깝습니다.

반대로 외국에서 사는데, 어머니가 한국어는 꼭 가르치고 싶어서 집에서는 한국어를 쓰고 책도 한글책을 읽어 주시는 부모님이 있으십니다. 엄마가 쓰는 모국어를 가르쳐 주시고 싶으시다고요. 저는 보통 초, 중, 고등학교에서 주로 쓰는 언어가 아이의 '모국어'가 되어야 한다고 말씀드립니다. 언어 감각이 좋아서 외국에서 살면서 그 나라 언어를 잘 쓰고, 상위 언어로 잘 넘어간 아이가 한글을 배우고, 한국

말을 유지하는 것은 큰 문제가 없습니다. 하지만 어린 나이에 한참 언어의 틀이 잡혀야 하는 시기에 오히려 다양한 언어에 노출되는 것이 아이의 언어 체계를 혼란스럽게 할 수 있습니다.

외국에서 살고 있지만 결국 한국으로 돌아와서 초, 중, 고를 한국학교를 보내실 거라면 지금 외국에서 유치원을 보내고 있어도 집에서는 한국어를 쓰고, 한글을 가르쳐야 합니다. 반면 한국과 외국을 자주 왔다 갔다 하면서 한국에서도 결국은 국제 학교를 갈 것이라면 영어가 모국어가 되어야 하고, 한국어는 일상적인 생활 언어를 할 수 있는 수준으로 두셔도 괜찮습니다. 학습을 할 때 쓰는 언어, 사고하는 언어가 자신의 모국어가 되는 것입니다. 그 틀이 확고하게 잘 잡혀 있으면 그것을 틀로 해서 다른 언어를 다양하게 습득하면 됩니다.

결론 및 요약

1) 이중 언어인 경우 초등학교 들어갈 즈음에는 모국어를 결정하자.
2) 엄마가 사용하는 언어가 모국어가 아니고, 평생 사고할 때 쓰는 언어가 모국어입니다.
3) 한 언어의 틀이 잘 만들어져 있으면 얼마든지 외국어를 받아들일 수 있습니다.
4) 구어 수준의 언어에서 상위 언어로 넘어가는 것이 중요합니다.

덧, 한국어가 모국어인 아이들은 앞서도 말씀드렸지만 '한자' 교육은 꼭 해야 한다고 말씀드립니다. 우리 어릴 때처럼 일일이 다 쓸 필요는 없지만 우리나라 말에서의 상위 언어들은 대부분 한자어인 경우가 많기 때문에 각 글자가 뜻을 가지고 있다는 것을 이해해야 합니다. '목'이 들어가면 '나무와 관련된 건가?', '냉'이 들어가면 '뭔가 차가운 건가?'라면서 말이죠. 그렇게 해야 모르는 단어가 나와도 뜻을 유추하게 되고, 그걸 통해서 사고가 확장됩니다. 영어가 모국어인 아이들은 '라틴어 어원'을 알아야 하듯이 한국어가 모국어인 아이들은 한자어를 이해하는 것이 중요합니다.

44.

유학, 어학연수에 대한 이야기

매년 방학이 되면 단기 어학연수, 캠프를 가려고 영문 건강 확인서나 예방 접종 증명서를 발급받으려고 오는 아이들이 있습니다. 방학의 짧은 캠프, 부모님 근무 혹은 영어를 배우기 위해 1–2년 외국에 살다가 오는 경우, 아니면 아예 이민을 가는 경우 등등 다양합니다. 아이들만 가는 경우, 부모님 중 한 분하고만 가는 경우, 온 가족이 함께 가는 경우 다양합니다. 뿐만 아니라 한국 교육에 아이가 맞지 않다고 판단하셔서 외국에서 자유롭게 공부시키고 싶으신 경우도 있습니다. 혹은 학교에서 적응에 어려움 혹은 학교 폭력 등의 문제가 있어서 외국을 선택하는 경우도 있습니다.

외국에 가서 좋은 경험을 쌓고, 시야를 넓히고 오는 것은 돈과 시간이 드는 일이어서 그렇지 좋습니다. 그런데 늘 그렇듯 모든 아이들에게 좋을 수는 없습니다. 특히 학교 적응에 어려움이 있어서 외국의 학교를 선택하는 경우는 조금 신중해야 합니다. 물론 환경이 바뀌면서 좋을 수도 있지만, '학교'라는 곳이 외국이라고 크게 다르지는 않습니다. 선생님이라는 직업을 선택하는 사람들의 기질적 특성도 비슷하고, 학교에서는 일정한 규율 속에서 목표를 가지고 뭔가를 해내야 하는 것은 크게 다르지 않습니다. 한국 학교보다는 좀 더 다양성을 인정해 줄 수 있지만 '외국인', '이방인'으로서의 어려움도 있을 수 있습니다. 친구들 간의 갈등이 있어서 외국 학교를 선택하게 된다면 더더욱 외국 학교도 친구들 간의 갈등이 없을 수는 없기 때문에 신중하게 선택해야 합니다. 다행히 가서 잘 적응하면 감사한 일이지만 만약 가서도 비슷한 일을 겪게 된다면 아이는 '나는 이제 더 이상 갈 곳이 없는 것일까?'라는 생각이 들 수 있기 때문에 오히려 상황이 더 어려워질 수 있습니다. 그리고 문제 상황에 대해서 '회피'를 해결 방법으로 선택을 하게 되면 어려움을 겪을 때 직면하기보다는 도망가고 싶어지기 때문에, 아이와 함께 진심으로 소통하면서 결정해야 합니다.

뿐만 아니라 아이의 기질상 변화에 적응하는 데에 오래 걸리는 아이들이 있습니다. 이런 아이들은 단기로 연수나 유학을 가는 경우에 가서 적응하느라 한두 달 써야 하고, 돌아와서 적응하는 데에 또 한

두 달을 써야 합니다. 그런 과정에서 '다른 아이들은 즐거워 보이는데 나는 왜 불편할까'라는 마음이 들면서 자신이 작아지는 경험을 할 수 있습니다. 그럴 때 곁에 지지해 줄 수 있는 사람들이 있으면 다행이지만 혼자 외국에 갔다 오게 된다거나, 곁에 계신 부모님이나 어른들이 "돈과 시간을 들여서 좋은 기회를 줬는데 왜 즐거워하거나 고마워하지 않는 거야?"라는 반응을 보인다면 아이는 더 위축될 수 있습니다. 새로운 환경을 좋아하고, 호기심이 많고 타인과 관계 맺는 데에 큰 어려움이 없는 아이들에게는 더할 나위 없이 좋은 경험이 어떤 아이들에게는 고통스러운 경험일 뿐일 수 있어서 아이의 기질을 잘 살피셔야 합니다.

만약 아이의 외국어 교육 때문에 외국에 가는 것을 선택하신다면 초등학교 저학년 이전에 갔다 오는 경우에는 다소 효율이 떨어집니다. 특히 학교 가기 전의 나이에 1-2년 갔다 오는 경우에는 돌아와서 영어 학원을 꾸준히 다녀도 원어민 수준으로 잘 유지하기가 어렵습니다. 심지어 까마득히 다 까먹어 버리는 경우도 있죠. 물론 아예 Zero가 되는 것은 아닙니다. 언어에 대한 감각, 뉘앙스, 발음, 알아듣는 수준 등은 외국 경험이 없는 사람보다는 좋을 수 있습니다. 그런데 비싼 비용과 시간을 들여서 간 것에 비해 '비용 대비 효과, Cost effectiveness'가 낮습니다. 하지만 초등학교 고학년 때 1-2년을 외국 학교를 다니고 돌아오게 된다면 아이들은 거기서 '상위 언어'를 배워서 오게 되기 때문에 다시 한국에 돌아와서 중, 고는 한국 학교를 다니고 다시 대학을 외국으로 간다고 하더라도 원어민 수준으로 할 수 있습니다. 외국에 가는 다양한 이유들, 예를 들어 가족과 좋은 시간을 보내기 위해, 부모님의 안식년으로, 부모님의 일 때문에, 견문을 넓히기 위해 등등의 의미를 무시하는 것은 아닙니다. 다만 언어를 배우기 위한 목적에 대해서는 그렇다는 것입니다.

결론 및 요약

1) 학교 적응 문제의 대안으로 유학을 가는 것은 주의 깊게 생각하고 판단하세요.
2) 새로운 환경에의 적응이 어려운 아이는 생활환경의 변화가 잦은 것이 좋지 않습니다.
3) 다만 언어적인 학습을 위해 유학을 가는 것이라면 초등학교 고학년 때가 가장 적절합니다.

45.

우리 아이가 예술 전공에 맞을까요?

아이들 적성 검사를 하다 보면, 어릴 때 음악, 미술, 무용, 연기, 뮤지컬 등 다양한 전공을 일찌감치 정해서 '이 길이 과연 아이에게 맞을까?' 궁금해서 검사를 하러 오시는 경우가 있습니다. 감성이 풍부하고 직관력이 좋고, 창의적이며, 한 끗 다른 감각을 가지고 있는 아이들이 종국에는 예술 전공에 매우 적합합니다. 물론 타고나는 면도 있겠지만 예술 분야가 의외로 공부보다 타고난 능력 대비 '후천적 노력'에 영향을 많이 받는 것으로 되어 있습니다.

어릴 때 미술 학원을 보냈더니, 혹은 악기를 시켰더니 선생님께서 '색감, 음감이 너무 좋으니 전공을 시켜 보라'는 제안을 받습니다. 아이도 좋아라 해서 부모님도 지지해 주십니다. 초등학교 고학년이 되면서 입시 미술, 입시 음악을 시작합니다. 그런데 그때부터 삐거덕거리기 시작합니다. 선생님과 트러블이 있거나, 아이가 예전만큼 좋아하지 않아 보입니다. 그렇다고 전공을 접기에는 여태까지 해 온 것들이 많고, 아이의 재능도 아깝습니다. 그런데 계속하자니 아이도 너무 힘들고 부모로서도 벌써 지칩니다. 어떻게 해야 할까요?

제가 상담하면서 아주 많이 보는 상황들입니다. 그럴 때 아이의 기질이 중요합니다. 아이가 워낙에 예술적 감성이 풍부하고, 창의력도 좋고, 타고난 감각이 남다른 아이들은 '남이 시키는 것, 틀에 박힌 것'을 싫어합니다. 조금 싫은 게 아니라 진저리나게 싫어합니다. 어릴 때 너무 좋아서 시작했던 예술이 '입시', '콩쿠르'가 시작되면서 '내가 하고 싶은 대로'가 아닌 '남이 시키는 기준대로' 맞춰야 하는 것이 너무 힘듭니다. 선생님이 이렇게 해 보라, 저렇게 해 보라는 지시를 주시는 것이 내가 좋아하는 영역에 지대한 침범을 받는 것 같아 자존심이 상해서 더 시키는 대로 안 하기도 합니다. 그리고 예술을 전공한 사람들이 대부분 매우 감성적이기 때문에 선생님들과 아이가 감정적으로 부딪히기도 합니다.

그러면 이런 아이들은 우리나라 입시에 맞지 않으니 외국으로 나가거나 그게 안 되면 예술을 접어야 하는 대안밖에 없는 것일까요? 그렇지는 않습니다. 그런 성향의 아이들도 예술에 있어서 '기본기가 중요하다'는 것을 알아야 하고, 기본적인 틀, 이론도 중요하다는 것을 알려 줘야 합니다. 부모님께서 "네가 어떤 부분이 답답한지 잘 알고, 엄마, 아빠도 그 점에 너무 가엽게 생각한다. 하지만 우리가 무시할 부분은 아니다. 싫지만 노력해야 하는 부분이 있다. 그걸 해놓고 나면 네가 좋아하는 것을 더 풍성하게 할 수 있다"는 것을 '지시적'으로 알려 주는 것이 아니라 아이와 평소에 잘 소통하면서 이야기를 나눠야 합니다. 어린아이가 순수한 시선과 감각으로 멋진 인상파 그림을 그린다고 해서 우리가 기특해하기는 하지만 Master piece라고 하지는 않죠. 절대음감을 타고나서 멋진 감각을 가지고 있어도 탄탄한 기본기가 있지 않으면 다른 사람에게 깊은 감동을 주기 어렵습니다.

반면에 또 이런 경우도 있습니다. 굉장히 성실한 아이들, 창의력이 아주 뛰어나거나 감성적이지는 않지만 열심히 하는 아이들이 있습니다. 이런 아이들은 어릴 때 '미술 학원 갈래?' 그러면 간다고 하고, '발레 배울래?' 하면 배운다고 하고, '바이올린 배울래?'라고 하면 또 배운다고 합니다. 가르쳐 주면 아주 열심히 듣고 보고 배우고, 연습도 열심히 합니다. 그래서 잘합니다. 콩쿠르 같은 데 나가면 매번 꽤 우수한 성적을 냅니다. 공부도 열심히 하기 때문에 성적도 좋습니다. 이런 아이들이 의외로 예중, 예고, 예술 대학에 진학을 잘 합니다. 심지어 좋은 대학에요. 타고난 감각은 뛰어나지 않지만 성실성으로 그걸 극복하죠. 타고난 감각이나 감성은 다소 부족해도 이런 성향의 아이들이 예술 전공을 했을 때 일정 수준 이상의 성과를 보이는 경우가 많고, 그런 과정에서 이뤄낸 성과들이 다른 사람에게 깊이 있는 감동을 주기도 합니다. 앞의 아이가 타고난 모차르트 같은 사람이라면 이런 아이들은 살리에리 같은 사람이라고 할까요. 영화에서는 모차르트를 더 우월하게 묘사하였지만, 실상 이런 두 부류의 예술가 모두 훌륭한 작품을 남기고, 사람들에게 감동을 줄 수 있습니다.

1) 창의력이 좋고 예술성이 높은 아이가 입시나 콩쿠르에 어려움이 있을 수 있습니다.
2) 기본기도 중요합니다.

   예술 전공하는 아이들과 심리 상담을 하면서 들어 보면 한결같이 하는 말이 있습니다. "배우는 게 어려운 것 괜찮아요. 선생님이 나한테 나쁘게 말하는 것도 괜찮아요. 그럴 수 있다고 생각해요. 그런데 엄마, 아빠가 내 편 안 들어주는 것은 참을 수가 없어요"라고 말합니다. 예술을 전공하겠다고 하는 아이들은 모두 자신의 의지, 열정, 자신의 전공에 대한 사랑을 가지고 있습니다. 꼭 예술이 아니더라도 뭐든 배우고 익혀 나가는 과정이 어렵죠. 그럴 때 부모님께서 "네가 더 열심히 해야 해", "선생님 입장에서 저러는 것을 네가 이해해", "네 노력이 부족한 것이야", "너는 타고난 것이 부족하니까" 등등 아이가 힘들까, 행여 상처받을까 위로를 해 주려고 하는 말들, 혹은 자극을 주겠다고 하는 말들이 아이들에게는 더 큰 상처를 주는 경우가 많습니다. 어려운 길을 선택한 아이들에게 부모님은 같은 편이 되어 주세요. 앞서 공부와 마찬가지로, 감정은 다 받아 주고, 행동에 대해서는 너무 많은 선택을 주지 마시고요.

46.

아침에 가뿐하게
못 일어나는 아이들

아침에 유난히 못 일어나는 아이들이 있습니다. 잠을 너무 늦게 자서 수면량이 부족해서 못 일어나는 경우도 있지만, 충분히 자는데도 아침에 못 일어나는 경우가 있습니다. 아침에 아이를 깨워서 밥을 먹여서 학교 보내는 일이 전쟁인 경우가 있죠. 아이들이 어릴 때에는 등교 시간이 아주 이르지는 않아서 어찌어찌 가지기도 하고, 조금 늦다고 해서 큰 문제가 되지는 않는데, 중학교 때부터는 유난히 아침에 못 일어나는 경우 1교시 시작 전에 못 가서 벌점이 쌓이는 아이들도 있고, 아예 아침에 늦게 일어난 김에 학교를 안 가려고 하기도 합니다. 그래서 생각보다 아침에 아이를 깨우는 일이 녹록지 않은 경우가 있습니다.

어릴 때부터 방긋 웃고 일어난 적이 없는 아이가 있습니다. 항상 울음으로 시작해서 깨서는 한참을 안고 달래야 하는 아이들이 있죠. 앞에 잠자리 독립 관련해서 이야기를 하면서 잠시 말씀드린 적이 있지만 완전히 각성 상태가 아닌 졸려서 몽롱한 상태에 불안이 가장 높습니다. 잠들기 전에 졸리면 유난히 짜증이 많고, 아침에 일어나서 빨리 정신을 차리지 못하는 아이들은 그게 싫어서 잠이 들기 싫어하고, 아침에 웁니다. 일찍 깨우면 일찍 깼다고, 늦게 깨우면 엄마 때문에 늦었다고, 괜히 아침 밥투정을 하기도 하고, 자기가 늦게 일어나 놓고 시간 안에 못 간다고 난리를 피우기도 합니다. 아침마다 아이를 깨울 때 기 빨리는 경험을 하신 부모님들은 아침에 아이를 깨울 생각만 해도 심장이 벌렁거린다고 하시기도 합니다. 아침을 좋지 않게 시작해서 결국 아이에게 소리를 지르고 학교를 보내고 나면 하루 종일 기분이 안 좋죠.

이런 아이들 중에 ADHD가 있는 경우가 있습니다. 앞서 말씀드린 대로 ADHD가 있는 사람들이 감각이 예민해서 유난히 이런 몽롱한 상태에서 불안과 짜증을 과도하게 느낍니다. ADHD 수준은 아니더라도 특히 청각이 예민한 사람들이 이런 상황에서 불안을 많이 느낍니다. 아침에 일어나서 기분이 안 좋고 불안이 올라오면 부모님에게 공격적인 말로 투사를 하기도 하고, 얼른 준비해서 학교를 가야 하는 압박이 느껴지면 견디기가 어렵죠. 이런 경우 '네가 일부러 이러는 것이 아니라, 졸린 상태가 얼마나 너한테는 힘들까?'를 부모님이 이해만 해 주셔도 짜증이 반으로 주는 경우가 있습니다. 어떤 중학생 아이는 다른 이유로 검사해서 ADHD로 진단이 되었는데, "아침에 혹시 못 일어나거나 하는 경우 아이가 게을러서 그런 게 아니라 이런 감각 과잉 때문에 힘든 것일 수 있습니다"라고 부모님에게 말씀드렸더니 아이가 진료실에서 펑펑 울었습니다. 억울했던 것이 풀리는 기분이라고 하였고, 부모님도 아이에 대해 오해했던 부분이 있었고, 아이 탓만 했던 것이 미안하다고 하셨습니다.

이런 아이들은 깨우는 것을 단계적으로 하는 것이 좋습니다. 사전에 아이와 어떤 식으로 깨울 것인지를 합의를 하고, 처음에는 아이 이름을 부르면서 일어날 시간이 되었음을 알리고, 부모님은 부모님 하실 일을 좀 하시다가 다시 와서 아이를 좀 안아 주시거나 팔다리를 주물러 주면서 좀 기다려 주시는 것이 좋습니다. 청각이 예민한 아이들은 다른 감각도 민감해서 이불을 확 걷어 버린다거나 불을 갑자기 켜 버리면 불안이 분노로 바뀌면서 아침에 핵전쟁이 일어나기도 합니다. 부드러운 목소리로 이름을 불러 주고, 부드럽게 아이의 팔다리를 주물러 주거나 안아 주면서 시간을 좀 주시는 것이 중요합니다. 만약 ADHD가 있는 경우라면 아이를 깨우면서 미지근한 물과 함께 **약을 먹이면**(물론 아이와 사전에 합의가 되어 있어야죠) 조금 있다가 발딱 일어나기도 합니다.

이렇게 잘 일어나다가도 어떤 날은 또 엄청 울고, 난리블루스를 하기도 합니다. 그래도 실망하지 마시고, 내일은 잘 일어나자고 다독여 주시면 됩니다. 예민한 감각은 점점 무뎌집니다. 주요한 자극에 대한 감각은 강화되고 불필요한 감각은 조금씩 퇴화가 되면서 신경망에도 질서가 생기게 됩니다. 늘 말씀드리는 만 12세, 6학년. 어릴 때부터 우리 아이가 감각이 좀 예민하다면 아침에 편안하게 일어나게 하는 노력을 해 주시는 것이 좋습니다. 물론 앞서 말씀드린 것은 하나의 예일 뿐이고 아이와 다양한 실험을 해 보면서 어떤 게 가장 좋은지 찾아 나가면 됩니다. '아휴, 우리 애는 깨우는 것 하나 쉽지 않구나'라는 생각에 속상하실 수 있겠지만 이것을 계기로 아이가 자신의 감각을 느끼고, 그걸 적절하게 다루는 법을 익히게 됩니다. 감각이 어느 정도 정리가 되지만 어른이 되어서도 불편감 정도로는 남아 있기 때문에, 이 불편한 감각을 다루는 것이 이 아이 인생에 아주 중요합니다. 그리고 아이가 감각이 예민하다면, 부모님 두 분 중에 한 분은 비슷한 분이 꼭 계십니다. 아이의 감각을 함께 다루면서 부모님도 자신에 대한 이해가 깊어지고, 아이를 부드럽게 대해 주면서 자신에 대해서도 '나도 어렸을 때 이런 거로 힘들었는데, 내가 이상한 것은 아니었어. 너무 자책하지 말자'라는 생각이 들면서 너그러워질 수 있습니다.

게슈탈트 심리 치료에서는 자신의 신체 감각을 중요하게 생각합니다. 불안이 올라올 때 그 순간 내 몸의 감각을 좀 느껴 보고 어디에 긴장이 느껴지는지, 어디가 불편한지 느껴 보고, 그 감각에 집중해 봅니다. 평소 불안이 높으시거나, 긴장이 높고, 감각이 예민하다고 느끼신다면 그런 순간 잠깐 멈추고 눈을 감고 가만히 몸에 집중해 보세요. 그러면서 떠오르는 것이 있다면 편안하게 연상해 보시고요. 감각 통합 치료가 따로 있는 것이 아니고, 명상이 별것 아닙니다. 1-2분이라도 잠깐 멈추고 나에게 집중해 보다 보면 나를 더 소중하게 다룰 수 있습니다. 내 몸이 주는 신호를 귀하게 여기고 집중해 보세요.

47.

시기별 친구 사귀기 팁

아이가 세 돌이 지나고 나면 본격적으로 친구들과 관계 맺기를 시작합니다. 학교 가기 전까지는 같은 어린이집에 다니는 아이, 같은 동네에 살면서 놀이터에서 만나는 친구, 엄마, 아빠 친구의 자녀들과 사촌들과 주로 관계를 맺기 시작합니다. 이때에는 아이의 성향에 맞는 친구라든지, 관계의 기술이 중요하다기보다는 '타인과 관계를 맺는 경험'을 하면서 '사람 사이의 규칙'을 배우는 시기이지 친구를 좋아하는 시기는 아닙니다. 가끔 영유아 검진 항목에 '사회성' 영역을 가리키시면서 부모님께서 "우리 아이는 친구를 별로 안 좋아해요. 괜찮나요?"라고 물어보십니다. 학교 가기 전 아이들은 친구랑 노는 것을 좋아하지 않는 아이들이 많습니다. 피곤하거든요. 내 것도 나눠야 하고, 양보도 해야 하고, 같이 노는 아이라고 해 봤자 어차피 어린아이들이기 때문에 서로 간에 배려를 기대하기 쉽지 않잖아요. 보통 엄마, 아빠랑 노는 것보다 친구들이랑 노는 것을 좋아하는 시기는 초등학교 4학년이 넘어가야 한다고 말씀드립니다. 그 전까지, 특히 학교 가기 전의 아이들은 친구랑 놀이가 '가능'한가를 보는 시기이지 친구랑 놀이를 '좋아하는지' 물어보는 시기는 아닙니다. 익숙한 가족들하고 친밀한 관계를 잘 맺고 있으면 괜찮습니다.

하지만 초등학교 들어가면 조금 다릅니다. 아이들의 관심이 자기 자신에서 세계, 다른 사람에게로 확대되는 시기라서 적극적으로 관계를 형성하기 시작합니다. 그리고 학교의 교육 과정 자체가 친구들과 함께 뭔가를 해내야 하는 것들이 많아집니다. 그런데 초등학교 저학년, 특히 1학년 입학해서 아이들이 친구 관계로 문제가 많이 생깁니다. 서로 성향이 다른 아이들이 랜덤으로 섞이면서 소위 '왕 놀이'(돌아가면서 왕이 되면서 다른 아이가 신하가 되면서 왕이 시키는 일을 하는 놀이) 같은 것을 하면서 돌아가면서 왕을 안 하고 누군가가 왕을 독점하려 하기도 합니다. 혹은 친구랑 놀이에 끼지 못해서 겉돌기도 하고, 다른 친구가 까부는데 같이 까불다가 함께 혼나기도 하고, 자기는 친구가 좋아서 안았는데 친구가 때렸다고 오해하기도 하고, 실제로 치고받고 싸우기도 하고…… 수도 없는 다양한 갈등이 생기기 시작합니다. 아이들 간의 문제가 부모님들의 감정싸움이 되기도 해서 큰 싸움이 되기도 하고요. 학폭위(학교 폭력 위원회)가 열리기도 합니다. 우리 아이가 이런 일을 겪으면 아이도 힘들지만 부모님들도 참 괴롭습니다. 내 문제면 나 혼자 속상하고 해결하면 되는데, 아이 문제는 어떻게 해야 할지 모르겠고 친구 관계 문제는 우리 아이만 단속한다고 해결되는 것이 아니잖아요.

보통 초등학교 저학년 때 친구들과 무작위로 섞이면서 아이도, 부모님도 누가 나랑 맞는 친구인지를 잘 보시라고 말씀드립니다. 친구는 기질이나 성격이 비슷한 친구들끼리가 잘 맞습니다. 예를 들어 너무 소심한 아이가 친구를 사귀지 못하고 있는데, 아주 사교적이고 활발한 아이가 다가와서 친구가 되는데 시간이 지나면서 소심한 아이는 활발한 친구가 버겁고, 활발한 친구는 소심한 친구가 재미가 없어서 불편하죠. 또는 다른 사람과 정서적인 교류를 별로 좋아하지 않는 아이가 친구를 잘 못 사귀고 있는데, 반에 인기 많고 다정한 애가 다가오면 함께 친해집니다. 그런데 시간이 지나면서 혼자 있기를 좋아하는 이 친구는 인기 많고 다정한 친구의 요구가 부담스럽고(화장실 갈 때도 같이 가자고 하거나, 손을 잡자고 한다거나 하는 등) 인기 많고 다정한 이 친구는 지시적이고 딱딱한 친구가 불편합니다. 결국 아이들은 사이에서 투덕거리는 일이 생기더라도, 설사 그게 학교 폭력 이슈라 하더라도, 성장하고 있는 아이들이고, 현장을 직접적으로 보지 않은 경우 누가 잘했다, 잘못했다를 따지기 어렵습니다. 다만 서로 맞지 않는 성향의 친구들이 부딪히면서 대부분의 문제들이 생기죠. 그런 일을 겪으면 부모님은 아이의 편에 서서 지지해 주시면서, 우리 아이는 어떤 것에 상처를 받는지, 어떤 성향의 친구가 맞는지 아이와 함께 이야기를 지속적으로 나눠 보시는 것이 좋습니다.

드디어 초등학교 고학년이 되면 이런 과정을 잘 거친 아이들은 자기와 맞는 성향의 아이들끼리 모이기 시작합니다. 개인적인 아이들은 그런 아이들대로 서로의 영역을 침범하지 않으면서 안정적인 관계를 유지하게 되고, 텐션이 높은 자유분방한 아이들은 서로 좋아하는 것을 공유하면서 친구가 되고, 원리원칙이 강한 아이들은 서로 약속을 잘 지키는 아이들과 관계를 맺고, 정서적인 아이들은 같이 꽁냥거릴 수 있는 친구들끼리 모입니다. 이러면서 자신을 중심으로 관계를 형성하기 시작하죠. 비록 자신과 성향이 맞지 않는 친구라도 '놀 때는 재미없지만 같이 공부할 때에는 편한 아이', '다정하지는 않지만 나를 잘 이끌어 주는 아이' 등등 같은 반에 있는 아이들을 자신의 기준에서 생각하고 관계의 거리를 결정하게 됩니다.

자신이 어떤 성향의 사람인지를 잘 알고, 어떤 사람이 나와 맞고 맞지 않는지를 알아가는 것은 평생을 두고 참 중요한 작업입니다. 어른이 된 우리도 모든 사람과 잘 지내지 않잖아요. 그럴 필요도 없다는 걸 우리는 알죠. 초등학교 저학년 때 힘들었던 친구가 있다면 그 아이가 기준이 되어서, 그런 성향의 아이들은 멀리하면 됩니다. 친밀한 관계를 맺지 않고도 같은 공간에서 밥도 먹고, 공부도 할 수 있으면 매우 훌륭한 사회성을 키우는 것이죠. 앞서 말씀드린 아이들의 '사회성'과 같은 맥락의 이야기입니다.

결론 및 요약

1) 초등학교 1–3학년은 친구들이 무작위로 섞이는 시기입니다. 어떤 친구가 우리 아이에게 맞는지 함께 잘 탐색해 주세요.
2) 초등학교 4학년 때부터는 자신과 비슷한 성향의 친구들이 모이는 시기입니다. 이때부터 안정화됩니다.

덧, 학교 폭력도 어떻게 보면 서로 다른 성향의 아이들이 서로 엮이면서 문제가 생기는 것이죠. 많이들 알고 계시겠지만 Classmate

와 Friend는 다르다고 아이들에게 가르치셔야 합니다. 앞선 글에서는 저도 그냥 '친구'로 혼용해서 썼지만, 친밀한 관계를 맺는 친구가 프렌드인 거고 그 외의 아이들은 그냥 같은 교실에서 생활하는 클래스메이트인 거죠. 나와 안 맞는 사람과도 잘 지내려고 하면서 대부분의 갈등은 시작됩니다. 어떤 해에는 친구(Friend)라고 부를 만한 나와 맞는 성향의 아이가 없을 수도 있습니다. 그런 경우 불안한 마음에 누구라도 사귀게 하는 것보다는 외로움을 견딜 수 있게 부모님이 지지해 주시는 것이 매우 중요합니다.

48.

학교 가는 것을 싫어해요

학교 가는 것을 유난히 싫어하는 경우가 있습니다. 어떤 아이는 시간 맞춰 일어나는 게 싫어서, 어떤 아이는 집 밖을 나가는 것을 싫어해서, 선생님이 무서워서, 수업 시간에 잘 못할까 봐, 발표하는 것이 싫어서, 쉬는 시간에 뭘 해야 할지 모르겠어서, 사람들이 나를 싫어하는 것 같아서, 싫은 친구가 있어서, 괴롭히는 친구가 있어서, 배가 아파서, 머리가 아파서, 배가 아플까 봐, 화장실에 가는 것이 힘들어서, 부끄러워서…… 다양한 이유로 가기 싫어합니다.

어릴 때 분리 불안을 보이는 아이들에게 '불안해서 힘들지, 그런데 유치원을 꼭 가야 하는 것이야'라는 일관적인 메시지로 부모님과 함께 잘 극복해 본 경험이 있으면 그 경험을 바탕으로 좀 어려운 일이 생겨도 학교에서 잘 적응을 합니다. 그런데 그 과정을 능동적으로 이겨내 본 경험이 없이, 갔다 말았다 했거나 환경을 바꾸면서 어쩌다가 적응하면서 지나간 아이들은 또 비슷한 스트레스 상황이 되면 학교를 안 가고, 긴장의 끈을 놓고 싶은 마음이 듭니다. 아이가 나이가 들면 들수록 상처받고 위축된 경험의 시간이 길어지기 때문에 행동 교정이 더 어려워집니다. 중고등학교 때 아이가 학교를 안 가면, 부모로서 뭔가를 해 주기가 어려워서 더 힘듭니다.

일단 초등학생의 아이라면 어떠한 경우에라도 학교는 꼭 보내셔야 합니다. 아파서 못 가겠다고 하면 병원에 들러서 학교를 못 갈만한 몸 상태거나, 전염의 위험이 있는 경우가 아니라면 약을 먹여서, 추가로 먹을 수 있는 약을 가방에 넣어서라도 보내셔야 합니다. 가서 잘하지 않아도 되는데 '시간을 보내고' 오는 연습을 시켜야 합니다. '안 갈 수 있다'는 옵션을 주시지 않으셔야 합니다. 만약에 뭔가 사건이 있어서 아이가 너무 무서워서 못 간다면 급성기에는 집에서 쉬지만 급성기 지나고 나면 학교를 보내셔야 합니다. 아이를 위협하는 뭔가가 있다면 그것이 친구든 선생님이든, 반을 바꾸거나 해서라도 학교를 보내셔야 합니다. 부모가 단호하면 아이들도 포기를 합니다. 아이가 문제 행동을 일으켜 다른 친구들에게 피해를 주는 일이 생긴다면 다른 방법을 생각해야 하지만 그런 게 아니라면 약간의 틱이 생겨도, 손톱을 물어뜯어도, 아무것도 배우고 오지 못해도 학교는 보내셔야 합니다. 아이가 힘든 시간을 보내고 나왔을 때 충분히 지지해 주시고, 그 시간을 보낸 것에 대해서 칭찬해 주시고요.

그런데 중학교, 고등학교 아이들 같은 경우에는 이미 성격 형성이 어느 정도 된 후이기 때문에 아이가 학교를 안 간다는 것은 극심한 우울일 수도 있고, 말하지 못하는 학교 폭력의 문제도 있을 수 있고 다양한 심리적 문제를 가지고 있는 경우가 있어서, 아이의 의견을 좀 더 들어줘야 합니다. 설사 거짓말을 한다고 하더라도 우리는 진심으로 경청해야 합니다. 그리고 아이가 정서가 파괴될 수준으로 학교를 극심히 거부한다면 홈스쿨링이나 검정고시도 고려해 보셔야 할 수 있습니다.

그런데 여기서 중요한 것은 초등학교 이후에 학교 거부를 보이는데에는 심리적인 어려움을 가지고 있는 경우가 대부분이기 때문에 심리 검사를 하고 장기간의 심리 치료(놀이 치료) 및 상담이 필요한 경우가 많습니다. 아이의 사회성을 생각할 때 저는 '원숭이나 코끼리, 사자 등'을 떠올립니다. 인간은 집단생활을 하는 동물입니다. 집단생활을 하는 동물은 집단 속에서 낙오되지 않고 섞여서 생존할 수 있어야 합니다. 집단생활을 하는 어미 원숭이, 코끼리, 사자 등이 새끼에게 '너는 개인주의적인 성향이 강하니 혼자 살아라'라고 하지 않죠. 집단 속에서 살아갈 수 있어야 생존에 유리합니다. 이것은 고차원적인 학습이나 성향에 대한 이야기가 아니라 '생존'과 관련된 이야기이기 때문에 중요합니다.

사실 아이가 꼭 '학교'에 적응해야 하는 것은 아닙니다. 다른 이유로 홈스쿨링을 하는 경우에라도 또래 집단 속에서 관계를 맺는 활동은 꾸준히 하는 것이 중요합니다. 교회를 다니든, 학원을 다니든 운동을 하든요. 어릴 때 생존에 필요한 사회성, 관계의 기술을 익히는 것이 중요합니다. 인간은 동물과 달라서 혼자 살 수 있다고 하실 수 있습니다. 물론 혼자 사는 삶을 주체적으로 선택하는 사람도 있습니다. 그런데 사회적 기술을 가지고 있으면서 혼자의 삶을 선택하는 것과 사회 관계 기술이 없어서 외톨이가 되는 것은 별개의 문제입니다. 혼자 사는 삶을 선택하더라도, 다른 사람이 모여 있는 곳에서 밥도 먹을 수 있어야 하고 놀 수도 있어야 하고, 돈도 벌 수 있어야 합니다. 섞여 있을 수 있어야 하는 것이죠. 그리고 공통의 생각을 받아들일 수 있어야 하고, 함께 이뤄 온 역사와 문화를 이해할 수 있어야 합니다.

집단 속에서 적절한 관계를 맺으면서 살 수 있어야 아이가 집단 속에서 도태되지 않고 성공적인 삶을 살 가능성이 높습니다. 다양한 관계 중에서는 아주 친밀한 관계가 있을 수 있고, 캐주얼한 가벼운 관계가 있을 수도 있고, 적대적인 관계가 있을 수도 있습니다. 그런 관계 속에서 자아를 잃지 않으면서 자신이 원하는 삶을 살 수 있게 우리 부모는 도와줘야 합니다. 집단 속에서 친밀한 사람들하고만 좋은 관계를 유지할 수 있으면 됩니다. 좋은 관계라는 것은 서로 존중하고, 이해하고, 이해받으면서 서로의 가치를 인정해 주는 것이죠. 대표적인 것이 가족입니다. 가족이 어려우면 친구, 친구가 아니더라도 누군가와 친밀한 관계를 맺는 것은 중요합니다. 그 외의 사람들과는 '관계'를 맺을 수만 있으면 됩니다. 말을 걸어오면 대답을 할 수 있고, 궁금하면 질문할 수 있고, 요구를 하거나 받을 수 있고, 승낙하거나 거절할 수 있고, 내 생각을 표현할 수 있고, 같은 공간에 함께 있으면서 내 일을 할 수 있어야죠.

결론 및 요약

1) 학교는 꼭 보내세요.
2) 친구 관계, 학습에 어려움에 어려움이 있으면 그것에 대한 치료를 받으세요.

덧, 조지 E. 베일런트의 『성공적 삶의 심리학』이라는 책에 의하면 삶의 성공에 있어서 가장 중요한 요인이 지능, 학벌, 부모님의 재력 등등보다도 '관계'라고 하였습니다. 동일한 조건의 사람을 평생을 추적 관찰하면서 꾸준히 인터뷰를 하고 평가를 하면서 알아낸 인생의 성공에 가장 중요한 요인은 죽을 때까지 '친밀한 관계를 유지하는 사람이 있었는지' 였습니다. 비록 악처라 하더라도 '관계'를 유지하고 있었던 사람이 삶에서의 성공과 관련된 지표가 높았습니다. 우리 삶에서 뭐가 중요한지를 고민할 때 나의 꿈과 이상 등보다 고차원적인 것을 고찰하면서 얻을 수 있는 것도 있지만, 나라는 인간(집단생활을 하는 동물)의 가장 기본적인 특징이 뭔지를 생각해 보는 것도 도움이 될 수 있습니다.

49.

우리 아이가 상처를 받았어요,
PTSD가 생기면 어떡하죠?

우리가 큰 사고, 큰 재난이 일어나면 내가 직접 겪지 않아도 오랜 시간 우울하고 무기력한 경험을 하게 됩니다. TV에서 보는 큰 재난도 문제지만 일상 속에서 겪는 크고 작은 사건 사고들로 인해서 충격을 받게 되는 경우 PTSD(Post Traumatic Stress Disorder)가 생기면 어떡하나 걱정이 됩니다. 특히 아이가 학교 폭력을 당했거나, 큰 사고를 당했거나 등등 외상을 입게 되는 경우에는 더더욱 그렇습니다.

우리가 말하는 외상, 트라우마는 '죽음 혹은 죽을 수도 있을 만큼의 상해, 성적인 폭력'을 얘기합니다. 예전에는 PTSD, 외상 후 스트레스 장애를 진단할 때 본인이 직접 이러한 '외상적 사건'을 경험하거나 목격을 해야 진단을 했었습니다. 하지만 DSM-5에서부터는 외상 후 스트레스 장애를 일으키는 '외상'에 대한 역치 수준을 낮췄습니다.

① 외상 사건을 직접 경험하는 것.
② 외상 사건이 다른 사람에게 일어나는 것을 직접 목격하는 것.
③ 외상 사건이 가까운 가족이나 친구에게 일어났음을 알게 되는 것.
④ 외상 사건의 혐오스러운 세부 내용에 반복적으로 또는 극단적으로 노출되는 경우에 PTSD가 생길 수 있다고 하고 있습니다.

그런데 트라우마. 외상 사건에 대한 다양한 오해가 있습니다.

① 트라우마. 외상 사건은 흔치 않은 일이다!

아닙니다. '트라우마는 정말 흔치 않은 일이다!'라고 생각하는데, 그런 일이 나에게 일어나면 큰 절망을 느끼죠. 하지만 트라우마, 외상 사건은 누구에게나 일어납니다. 통계에 의하면 성인의 70% 이상은 평생에 한 번 이상 트라우마를 경험한다고 합니다.

② 모든 외상 생존자가 심리 치료를 받아야 한다!

아닙니다. 다양한 외상(전쟁, 테러, 강간, 자연재해 등등)을 경험한 사람들 중에서 PTSD로 넘어가는 경우는 외상을 경험한 사람의 4% 정도밖에 되지 않는다고 합니다. 물론 외상의 종류에 따라서 다르지만 평균적으로 그렇습니다. 오히려 이런 재난과 같은 사건보다는 가까운 사람으로부터 지속적인 폭행, 학대를 받는 경우가 PTSD로 넘어가는 확률이 10%가 넘기 때문에 더 높고요. 자연재해로 인해 PTSD로 넘어가는 경우는 0.3%, 생명을 위협하는 사고를 겪은 경우는 4.9% 정도의 사람들이 PTSD를 겪게 된다고 합니다. 많은 수의 사람들은 잘 극복을 하고, 오히려 트라우마를 극복하기 위해 애쓰면서 '외상 후 성장'을 경험하는 사람들도 있습니다.

그러면 PTSD 증상이 뭘까요?

① 일단은 '재경험'이 있습니다. 생각하고 싶지 않은데 자꾸 그 사건이 떠오르는 거죠. 이런 것을 심리학적으로 '침투증상'이라고 하는데 악몽을 꾸기도 하고, 외상이 재발하는 것처럼 신체 증상을 느끼는 분도 있습니다.

② 두 번째 증상으로 '회피'가 있습니다. 그 사건에 대해 생각하지 않으려고 애를 쓰고, 그 사건을 떠오르게 하는 장소, 사람, 비슷한 활동을 안 하려고 하는 것이죠.

③ 그리고 '과각성' 증상이 있습니다. 긴장이 높아져서 잠을 잘 자지 못하고, 짜증이 많아지고 깜짝깜짝 놀라며, 집중력도 떨어집니다. 배가 아프거나 두통이 있다거나 가슴이 두근거리기도 합니다.

④ 마지막으로 '인지'와 '감정'이 부정적으로 변합니다.

불안하고, 공포스럽고 화가 나기도 하고 우울해집니다. 때로는 감정이 없어진 것 같다고 하기도 하고, 자신이 더럽혀졌다고 생각하거나, 이 사건에 '내 잘못도 있어'라며 죄책감에 시달리거나 '이 사건 이후로 나는 정상인이 아니다'라고 생각하는 경우가 있습니다.

이러한 증상이 적어도 1개월 이상 지속되면 PTSD로 진단할 수 있습니다.

여기서 중요한 것은 '1개월 이상 지속되면' 입니다. 우리가 심각한 외상 사건을 직접 겪거나 뉴스로 접하면 일정 시간 동안 우울하거나 불안하고, 또 이런 일이 생기면 어떡할까, 내가 이랬어야 했는데 등등 생각하면서 재경험을 하게 됩니다. 계속 같은 장면이 떠오르기도 하고, 잠도 잘 안 오고, 누가 건드리기만 해도 화들짝 놀라고, 비슷한 상황이 되면 두려워서 얼어붙기도 합니다. 죄책감에 시달리기도 하고 분노가 폭발하기도 합니다. 이런 것은 당연한 일입니다. 힘든 일을 겪었으면 당연히 일정 기간 동안은 어려움을 겪습니다. 우리가 세월호 사건, 이태원 사건 등을 겪으면서 일정 기간 동안 많은 사람들이 우울감을 겪었던 경험이 있죠. 그런 것은 '급성 스트레스 증상'입니다. 힘든 일을 겪고 나서 일정 기간 동안은 당연히 힘이 듭니다. 그런데 그것이 한 달을 넘어가면 안 됩니다. 평소에 정서적 자산이 많이 있는 사람들, 예를 들어 어릴 때부터 가족과 애착 형성이 잘 되어 있고, 주변 사람들로 지지를 많이 받은 사람들. 흔히 '회복 탄력성'이 좋은 사람들은 외상 사건을 통해서 초기에는 힘들지만 시간이 가면서 성장을 이루어 나갑니다. 하지만 그렇지 못한 경우에는 외상 사건을 겪은 이후에 PTSD로 넘어갈 확률이 높습니다.

결론 및 요약

1) 외상 사건(Trauma)은 흔합니다. 살면서 70%는 겪습니다.
2) 외상 사건을 겪은 사람의 4%만이 PTSD를 겪습니다.
3) 평소 회복 탄력성이 좋은 사람들은 외상을 겪어도 잘 지나갑니다. 심지어 외상을 통한 성장도 가능합니다.

덧, 살면서 겪는 큰 자연재해 같은 사건보다 친숙한 관계의 사람에게서 오랫동안 정서적으로 학대를 받는 것이 사람에게는 더 큰 영향을 줍니다. 가장 친숙한 사람에게서 받는 상처는 겉으로 잘 드러나지도 않고 반복되는 특성이 있습니다. 정서 학대, 가스라이팅, 뭐가 됐든 말이죠. 항상 누군가로부터 버림받을 것 같은 불안을 가지고 살아가거나, 머릿속에 자신을 평가하는 재판관을 데리고 사는 것은 참으로 불행한 일입니다. 늘 강조하지만 항상은 아니더라도 아이를 보고 따뜻하게 웃어 주고, 아이 등 한 번 쓸어 주고, 안아 주는 것, 따뜻한 말과 표정으로 반겨 주는 것이 그 어떤 심리 치료보다 더 중요합니다. 화나고 혼낼 때는 어쩔 수 없더라도 좋을 때엔 잘해 줍시다.

50.

진로를 어떻게 결정해야 하나요?
웩슬러 지능 검사를 보면 알 수 있나요?

부모님들께서 아이의 풀 배터리 검사를 하는 다양한 이유 중에 꽤 큰 부분을 차지하는 것이 '우리 아이에게 맞는 진로는 뭘까?'입니다. 이것은 다음 장에서 설명할 사람의 기질적인 특성과 연관이 될 텐데요. 가끔은 세 돌 아이 유치원 입학용 웩슬러 검사를 하시고 "우리 아이가 문과 성향인가요, 이과 성향인가요?"를 물어보시는 부모님들도 계십니다. 그런 경우에는 아이의 발달 상태와 현재 아이의 인지적 강점과 약점을 말씀드리기는 하지만 아이가 발달하고 있는 과정에 있기 때문에 계속 변할 수 있음을 말씀드립니다.

일반적으로 웩슬러 지능 검사 포함 풀 배터리 검사를 권하는 나이는 초등학교 1학년, 초등학교 4학년, 중학교 1학년입니다. 그 외에도 심리적인 어려움이 있거나 기관에서의 어려움이 있으면 언제든지 하지만 초등학교 1학년, 초등학교 4학년, 중학교 1학년 이때 즈음이 아이들이 확 변화하는 시기여서, 아이의 특징을 파악하기에 좋습니다. 특히 초등학교 고학년-중학교 초반 시기에는 다소 부산했던 아이들도 차분해지면서 아이의 지적 능력을 평가하기에도 좋고, 사춘기를 겪으면서 심리적으로 취약한 부분이 확 드러나서 아이의 심리 상태를 평가하기에도 좋습니다. 그때 즈음에 검사한 자료를 보고는 저희도 어느 정도 문 · 이과 성향을 말씀드립니다.

언어이해가 매우 높은 아이의 경우에는 문과 성향이 강하고, 시공간 및 지각 추론 영역에 강점을 보이는 경우에는 이과적 성향이 강합니다. 그런데 단순히 이렇게만 볼 수는 없고, 언어이해 검사 시에도 표현이 풍성하고, 시공간 및 지각 추론 영역에서 직관적인 능력을 보는 부분이 잘 발달되어 있는 경우에는 문과라면 '문학' 쪽이, 이과라면 '순수 이과' 영역이 좀 더 맞고, 핵심어를 이용해서 정확하게 표현하고, 시공간, 지각 추론 영역에서도 귀납적 추론 능력이 뛰어난 경우에는 문과 중에서도 '비문학', 이과 중에서도 '응용 이과' 쪽이 맞습니다. 그리고 기질 및 성격 검사, 검사 시 태도, 스트레스에 대처하는 패턴, 검사의 초반에 잘하는지, 뒤로 갈수록 잘하는지 등을 종합적으로 평가해서 어떤 진로가 맞을 것 같다는 의견을 드리게 됩니다. 그리고 ADHD 검사에서 ADHD 성향이 높은 경우, 심리 검사에서 위축이나 우울, 분노, 행동화 경향이 높은 경우 이러한 것들이 지능 검사나 다른 검사에 영향을 줄 수 있어서, 이런 것들이 좋아지고 난

후 재평가하는 것이 필요합니다.

　간혹 아이의 웩슬러 검사를 했을 때 평균 수준의 지능이 나온 경우 부모님께서 대뜸 "얘는 공부는 안 되겠네요, 예술 시킬까요?"라고 물어보시는 경우가 있습니다. 우리 아이의 진로를 결정하는 데 있어서 이렇게 단편적으로 판단하면 안 됩니다. '어차피 좋은 대학 못 갈 것 같으니까 다른 것 시킬까' 고민하시기도 합니다. 정상 지능의 아이라면 목표가 뚜렷하고, 자신이 좋아하는 분야이면서 긍정적이고 성실한 아이라면 못해낼 것이 없습니다. 다소 낮은 지능을 가지고 있다 하더라도 아직 발달할 시간이 남아 있고, 적절한 언어적, 학습적, 심리적 개입을 해 주면 좋아질 수 있습니다.

　아이 진로를 결정함에 있어서 부모님이 아이들에게 잘 안 물어보십니다. 뭘 좋아하는지, 뭘 할 때 행복한지. 아이가 숙제하거나 유튜브 보거나 게임할 때를 빼고 뭐하고 시간을 보내는 것을 좋아하는지 모르시는 경우도 있습니다. 아이들과 뭘 할 때 좋은지, 뭐가 싫은지 물어보시고, 잘 관찰해 보세요. 그런데 아이들이 특히 사춘기에 들어선 아이라면 부모님이 이런 질문을 하면 대답을 안 합니다. 그러면 엄마, 아빠의 경험을 나눠 주시면 좋습니다. 아이들은 질문을 받으면 혼난다고 생각하기 때문에 "아빠는 이런 것 할 때 행복해", "엄마는 이거는 정말 딱 싫어", "아빠는 중학교 때 이런 거 하고 싶었는데, 이게 안 돼서 못했어", "엄마는 이것 하고 싶었어. 그래서 이렇게 노력해서 이거를 할 수 있게 되었어" 등 부모님의 경험을 말씀해 주시면,

아이들은 역시 대꾸가 없죠. 하지만 이런 질문을 하고 부모님의 경험을 말씀해 주시는 것이 "이런 관점에서 너에 대해서 생각해 봐"라는 메시지를 주시는 것이지 당장 부모님이 궁금해서 꼬치꼬치 캐묻기 위함은 아닙니다. 결국 아이 스스로가 진지하게 생각해야 하는 부분이잖아요.

결론 및 요약

1) 아이 진로는 아이와 함께 결정합시다.
2) 아이를 잘 보세요. 기질적 특성, 장점과 약점.
3) 웩슬러 지능 검사에서의 지능 백분위수는 수능 등급 컷이 아닙니다.

아이가 좋아하는 것이 꼭 진로와 관련되거나 직업으로 연결될 필요는 없습니다. 좋아하는 것과 잘하는 것이 일치하지 않을 수 있기 때문에 잘하는 것으로 진로를 정하고 좋아하는 것으로 취미를 가지기도 합니다. 아이들이 살아갈 세상은 우리가 감히 상상도 하기 어려운 세상이겠죠. 하지만 변하지 않는 것은, '항상 자신을 중심으로 생각할 것'입니다. 세상이 좋다고 말하는 게 뭐가 중요하겠어요. 내가 좋아야 하는 거죠. 나를 중심으로 생각하려면 나를 잘 알아야 합니다. 다음 장에서 자신의 기질에 대해서 한번 알아보는 시간을 가져 보죠.

Part 2.

우리 아이
기질에 대해서
한번 알아볼까요

You're doing well

It will be fine

1.

두뇌 유형이 뭔가요?

칼 구스타프 융(Carl Gustav Jung, 1875년 – 1961년)은 독일의 정신과 의
사이며 분석심리학의 개척자입니다. 융은 인간의 두뇌는 4개의 영역
으로 나누어져 있으며, 각각의 영역은 독특한 고유의 기능을 하며,
이러한 4개의 영역이 사람의 사고와 행동에 중요한 영향을 미친다는
것을 발견하였습니다. 사람은 4개의 영역 중 특정 영역(주로 하나 혹은
둘)이 우세하게 타고나는데, 커 가면서 자신이 타고난 특성을 잘 발전
시키면서 만족스러운 삶을 사는 경우가 있는 반면, 자신의 강점보다
는 취약한 부분을 발전시키면서 힘겹게 적응해 가는 경우도 있습니
다. 전자의 경우는 자존감을 유지하며 주변으로 인정을 받고, 사회적
성취도 이루면서 살아갈 수 있지만 후자의 경우는 자신이 타고나지
않은 특성을 개발하기 위해 신체적, 심리적 자원을 많이 써야 하고,
이러는 과정에서 자신이 소진되며 극심한 스트레스를 겪게 됩니다.
주로는 이런 과정이 어린 시절에서 청소년기, 초기 청년기까지 겪게
되기 때문에, 비록 노력에 의해 자신이 우세하지 않은 부분을 우수하
게 발휘시켜 원하는 성과를 얻는다고 해도(예를 들어 원하는 학과에 진학하
거나 원하는 직업을 갖는 등) 삶의 만족도, 학업 만족도, 업무 만족도가 떨
어지게 됩니다.

1980년대에 융의 이론을 바탕으로 두뇌 기능에 대한 연구를 하던 캐서린 벤지거(Katherine Benziger) 박사는 신경외과 의사이면서 스탠퍼드대학의 행동과학 연구소 원장이던 칼 프리브람(Karl Pribram) 박사와 함께 융의 이론과 신경과학을 일치시키고 증명하기 위해 연구를 하기 시작했습니다. 이후 리처드 하이어(Richard Haier) 박사가 PET(양전자 방출 단층 촬영)를 통해 두뇌의 4가지 영역과 전기 저항 간의 연구를 하였고, 1990년대 한스 아이잰크(Hans Eysenck, 심리학자)의 내향성과 외향성과 두뇌 각성 수준과의 관계를 연구한 이론 등을 종합하여 벤지거 박사는 '두뇌의 4가지 사고유형'에 대한 모델(Brain or Benziger Thinking Styles Assessment: 벤지거 두뇌 사고 유형 평가, BTSA)을 개발하였습니다.

이 모델은 융의 심리유형론, 마이어와 브릭스(Myers-Briggs, 요즘 유행하는 MBTI를 개발하신 분)의 성격 유형 지표, 아이잰크의 성격 차원 이론 등을 종합하여 네 가지 뇌 영역으로 나누어서 사람의 사고 유형을 설명하고 있습니다. 좌측전뇌, 좌측후뇌, 우측전뇌, 우측후뇌로 나누어 각각의 특징에 대해서 분석합니다. 다음 장에서부터 자세히 다루겠지만 좌측전뇌는 논리적이고 감정보다는 사실에 입각해서 원인을 찾고 분석하고, 좌측후뇌는 조직적이고 계획적인 사고방식을 바탕으로 상세한 지침을 선호하고 따르는 경향이 있습니다. 우측전뇌는 시각적으로 예민하고 상상력이 풍부하고 예술적인 면이 강합니다. 우측후뇌는 감성적이고 대인 관계, 교감을 중요하게 생각합니다.

네 가지 두뇌 사고 유형 중 어떤 것이 더 좋다 나쁘다고 절대로 얘기할 수 없습니다. 하지만 각각의 두뇌 사고 유형이 가지고 있는 특성이 매우 뚜렷합니다. 각 유형별로 세상을 인식하는 방식이 다르고, 문제를 해결하는 방식이 다르고, 유형에 맞는 친구, 환경, 직업이 다릅니다. 이 유형에 따라서 사람의 기질이 결정이 됩니다. 우리가 흔히 성격이라고 하는 것은 타고난 기질과 환경에 따라 형성되는 것으로 후천적인 특성이 강합니다. 하지만 기질이라는 것은 다분히 타고나는 것으로 자신의 타고난 두뇌 사고 유형에 영향을 많이 받습니다.

아이들의 경우에는 자신의 타고난 모습을 이해하는 데에 이 두뇌 사고 유형 검사를 이용하게 되고, 성인의 경우에는 현재와 과거(어린 시절) 두 가지 버전으로 검사를 하게 됩니다. 어릴 때의 두뇌 사고 유형과 성인이 된 현재 유형이 비슷한 경우에는 대부분 삶 또는 직업에 대한 만족도가 높은 것을 알 수 있는데, 어릴 때의 유형과 성인이 되어서의 유형이 반대 성향으로 바뀐 경우에는 삶의 만족도, 업무 만족도가 매우 떨어져 있는 것을 알 수 있습니다. 왼손잡이를 억지로 오른손잡이로 바꾸는 식의 강한 스트레스와 저항을 성장하면서, 이후 성인이 되어서도 느끼고 있는 것입니다.

아이들의 경우 두뇌 사고 유형을 알게 되면 아이들의 강점과 약점을 파악할 수 있고, 주로 겪게 될 문제에 대해서 미리 생각해 볼 수도 있고, 진로 계획을 세우는 데에 참고해 볼 수 있습니다. 성인의 경우에 이런 두뇌 사고 유형을 알게 되면 자신이 커 오면서 겪었던 문제가 '내가 열등해서'가 아니라는 것을 알게 되고, 비록 직업을 바꿀 수는 없다 해도 자신이 좋아하고 잘할 수 있는 분야의 취미를 가지면서 삶의 균형을 맞춰 볼 수 있습니다. 부모님의 경우 자신에 대해서 잘 알게 되면, 아이 혹은 배우자와 힘든 부분이 '아이'의 문제도 아니고, '배우자'의 문제도 아니고 '나'의 문제도 아닌, 우리가 서로 달라서 오해하고 있는 부분이라는 것을 알게 되면서 불필요한 감정 소모도 줄이고, 가족과 자신을 더 깊이 이해하고 사랑할 수 있게 됩니다. 이제 저와 함께 각 두뇌 유형에 대해서 한번 알아볼까요? 편안한 마음으로 따라오시죠.

2.

좌측전뇌 유형

특징 및 장점

좌측전뇌가 우세한 사람은 매우 목표 지향적이고 논리적이며 분석적입니다. 생각을 할 때에도 객관적 근거를 매우 중요하게 생각하고 사실에 근거해서 추론합니다. 명확한 것을 좋아하고 모호한 것을 싫어한다기보다는 불편해합니다. 언어와 문자에 매우 강해서, 언어적으로 명료화할 수 있는 개념에 대해서 빨리 이해하고, 장기 기억으로 잘 저장하고, 필요할 때에 인출을 잘 해냅니다.

그래서 보이는 가장 큰 장점은 경쟁에 강합니다. 승부욕도 매우 강해서 남한테 지고는 못 삽니다. 남보다 뛰어나고 싶다는 것뿐만 아니라 스스로 목표를 정해서 '나는 이 정도는 해야 해'라고 결정을 하면 그 목표를 보고 돌진합니다. 이런 성향이 자신의 삶에서 큰 성취 동기가 되어 주고, 높은 성취를 이룰 수 있게 합니다. 친구들과 놀이를 하더라도 '승패'가 있는 놀이를 좋아하고, 승부를 겨루는 데서 오는 긴장감을 즐깁니다. 모바일 게임을 하더라도 아이템을 모아가며 집을 짓거나 하는 게임보다는 1:1로 붙어서 승패가 확실하게 나는 게임을 좋아합니다. 승부 자체를 즐기고, 이기는 것을 매우 중요하게 생각합니다.

뿐만 아니라 '시간제한'이 있는 과제에 강합니다. 숙제가 하기 싫어서 늘어져 있다가도 엄마가 "우리 20분 안에 빨리 끝내자"라고 한다거나 "엄마 시간 잴 테니까 얼마나 빨리하는지 보자"라고 하면 갑자기 벌떡 일어나 자세를 고쳐 앉아 집중합니다. 혼자 공부할 때에도 시간을 재면서 집중력을 높이고, 시간제한이 있는 시험에서 전략적으로 시간을 안배하여 높은 성과를 보이기도 합니다.

그래서 우측전뇌가 발달한 아이들은 칭찬 스티커가 효과가 좋습니다. 자신이 하는 행위에 보상이 주어진다면 그 보상이 무엇이든 간에 강화가 잘 됩니다. 스티커를 10개 모아서 뭘 할지 명확하지 않은 상황에서도 "스티커 줄게"라고 하면 열심히 합니다. 문제없이 잘 성장하면 성인이 되어서도 자신이 하기 싫은 일을 해야 하는 때에도 적절한 보상을 스스로에게 제시하면서 견디는 힘을 길러 가기도 합니다.

논리가 발달하여서 '언어'와 '문자'에 강합니다. 토론 수업을 하거나 말싸움을 할 때 절대 지지 않습니다. 논리적으로 자신의 생각을 잘 표현하고, 다른 사람의 이야기를 귀담아들었다가 잘 반박합니다. 어릴 때부터 언어 발달이 좋은 경우가 많고, 좌측전뇌가 발달한 아이들은 문자도 스스로 깨우치는 경우가 많습니다. 문자에 관심이 많기 때문에 가르쳐 주지 않아도 글자에 관심을 보이고, 언어들 속에서 규칙을 찾아내고, 모르는 단어가 있어도 유추해서 파악하는 능력이 뛰어납니다. 말도 논리적이지만 글도 잘 씁니다. 자신이 가지고 있는 생각과 논리를 언어적으로 풀어내는 것에 매우 강하고, 글도 빨리 읽고, 자신이 이해한 것을 언어적으로 개념화해서 잘 분류해서 머릿속에 넣습니다. 정보를 잘 분류해서 책갈피를 잘 붙여서 기억 속에 가지고 있기 때문에 필요할 때에 인출하고, 정보를 조작하는 데에 매우 능합니다.

좌측전뇌가 발달한 사람들은 수학을 잘합니다. 단순한 연산에서부터 논리적 추론까지 개념을 명확하게 이해하고 이것을 응용해서 적용하는 데에 뛰어납니다. 학습한 것을 자기만의 방식으로 잘 정리해서 가지고 있기 때문에 굳이 따로 공부를 시키지 않아도 머릿속으로 계속 훈련을 합니다. 자동차 번호판을 보면서 혼자 더하기 빼기 같은 것 해 보고, 전화번호 속에서 규칙을 만들어 내면서 놀이를 하는 아이들이 있습니다. 구구단을 가르쳐 주면 그냥 외우는 것이 아니라 구구단의 원리를 스스로 생각하면서 자기 것으로 만듭니다.

좌측전뇌가 발달한 성인은 사회적으로 성취가 높은 경우가 많습니다. 조직에서 동료들과의 경쟁 상황이 생기면 누구보다 열심히 하고 그래서 결과도 대부분 좋습니다. 다만 성인에서 좌측전뇌가 높게 나오는 분들은 진짜 자기가 타고난 특성이 좌측전뇌인지 아니면 그렇게 되도록 만들어진 건지 한 번 생각해 볼 필요가 있습니다. 병원에서 아이들을 상담할 때에 부모님의 두뇌특성 검사를 함께 하는 경우가 있는데 타고나기는 좌측전뇌가 우세하지 않았는데 성인이 된 현재 매우 높게 나오는 경우가 있습니다. 주로 아버님들이 그런 경우가 많습니다. "사내자식이 야망이 없어?", "사내아이는 나약하면 안 돼", "사내아이가 왜 울어?", "남보다 뛰어나야 한다"라는 식의 사회적 압박을 받으면서 커서 형성된 특징일 수 있습니다. 실제로 어떤 아버님은 매우 유명한 로펌의 변호사이셨는데, 어릴 때의 검사는 너무나도 창의적이고 자유로운 유형(우측전뇌 유형)이셨는데 성인이 된 현재에는 좌측전뇌가 과하게 발달되어 있는 경우가 있었습니다. 부모님과 선생님으로부터 "똑똑하니까 너는 법대에 가야 해", "성공해야 해"라는 말씀을 많이 들으셨다고 합니다. 하지만 이 아버님은 업무 만족도가 많이 떨어지셔서 비록 능력은 너무 출중하셔서 업무에 전혀 지장은 없지만 가슴 한편엔 항상 사직서를 가지고 계신다고 하셨습니다. 대신 취미 생활을 매우 강렬하고 짜릿한 것(익스트림 스포츠)

을 하시면서 자신이 가지고 있는 에너지를 푼다고 하셨습니다.

―

자, 그럼 이렇게 승부욕도 강하고, 성취도 뛰어나고, 분석적이고 논리적이며 언어적으로도 뛰어나고 수학도 잘하는 좌측전뇌 아이는 아무 문제가 없을까요?

좌측전뇌 아이들은 모호한 것을 싫어합니다. 엄밀히 말하자면 모호한 것을 '불편해'하고 '어려워'합니다. 그런데 이 모호한 것의 끝판왕이 바로 '감정'입니다. 공감 능력이 떨어집니다. 정확하게 얘기하자면 '정서적 감수성'이 떨어집니다. 정서적 감수성은 감정에 대해서 직관적으로 알아차리고 느끼는 것을 말하고 '공감'은 이성적 능력이라 비록 정서적 감수성이 떨어지더라도 '아, 저 사람은 이래서 힘들 수 있겠구나'라고 생각할 수 있는 것이 공감입니다. 감정에 대한 감수성이 떨어집니다. 그런데 이것이 다른 사람의 감정도 느끼기 어렵지만 자기의 감정도 잘 모릅니다. 자기가 지금 '해야 하는 것'은 잘 아는데 '뭘 좋아하는지'를 잘 모릅니다. 감정을 다루는 것을 불편해하지요. 단적인 예를 들어, 제가 아이들 지능 검사나 심리 검사를 할 때 "용감하다는 것은 어떤 뜻이야?" 혹은 "일 년은 며칠일까?" 이런 질문에는 주저 없이 대답하는데 "너 책 읽는 것 좋아하니?"라고 물었을 때에는 대답을 주저하는 아이들이 있습니다. 혹은 "오늘 기분이 어때?"라는 일상적인 질문에도 "음…… 혹시 이것도 테스트용 질문인가요?"라고 묻거나 "음…… 기분이 아주 좋지는 않은데, 그렇다고 나쁘지는 않고, ……모르겠어요"라고 이야기하는 경우가 있습니다.

언어적이고 분석적인 측면이 강해서 우리가 흔히 말하는 '뉘앙스'를 잘 모릅니다. 연인들끼리 싸울 때 "이걸 꼭 말로 해야 알아?"라는 질문을 종종 하죠? 좌측전뇌 사람들은 이야기를 해야 압니다. "네가 이렇게 얘기하면 나는 기분이 나빠"라고 얘기를 하면 '아, 기분이 나쁠 수 있겠구나'라고 받아들이지만, 미간을 살짝 찌푸린다든가, 평소보다 말투가 냉랭하다고 해서 '저 사람이 기분이 좋지 않은가?'라고 생각하기 어렵습니다. 그래서 좌측전뇌가 발달한 아이들은 친구들과의 관계에서 '차갑다', '이기적이다'라는 평가를 받는 경우가 많습니다. 실제로 친구들을 경쟁 상대로만 생각하고, 마음을 나누는 것에 어려움을 느끼게 됩니다. 이기적이지 않은데 감정을 다루는 것이 어렵기 때문에 보다 명확한 것에 더 집중하게 되고, 모호한 감정 느낌을 회피하려는 경향이 있습니다.

경쟁에 강한 대신 경쟁이 아닌 상황, 놀이에는 흥미를 잘 보이지 않습니다. 요즘 아이들이 하는 게임들 중에 승부가 명확하게 나는 게임들(예를 들어 클래시로얄 같은, 저희 아들이 매우 좋아합니다)은 매우 좋아하지만 승부가 없는 놀이는 좋아하지 않습니다. 그리고 승부를 좋아한다는 것은 그 승부에서 오는 긴장감도 좋지만 '이기는 것'을 좋아합니다. 그래서 친구들과의 놀이에서도 (보드게임 등) 목숨 걸고 한다고 할 정도로 진심인 경우가 많습니다. 어릴 때 아빠랑 장기를 두거나, 가족끼리 모여서 윷놀이를 할 때에도 지고 나면 울고불고 난리가 나서 항상 놀이의 끝은 울음으로 끝나는 경우가 있죠. 승부 자체에 너무 매몰되어 관계를 망치게 되는 경우가 종종 일어납니다. 친구들과 즐기려고 한 축구 경기에서도 본인은 이기기 위해서 열심히 뛰는데 '그저 친구들과 노는 게 좋은' 다른 친구가 열심히 하지 않는 모습을 보면 '성실하지 않다', '게으르다'라고 판단하며 다툼으로 이어지는 경우도 종종 있습니다.

그리고 칭찬 스티커에 강한 만큼 보상이 없는 일에는 크게 흥미를 보이지 않습니다. 그래서 부모님이 "~야, 이것 좀 치워 줄래?"라고 이야기를 했을 때 "내가 이거 하면 뭐 해 줄 건데요?"라고 보상을 요구합니다. 혹은 "엄마를 위해서 이것 좀 해 주면 안 되겠니?"라는 부탁에 "내가 이것을 해야 하는 이유를 명확하게 얘기해 주세요"라고 요구하기도 합니다. 목적이 분명하지 않거나 보상이 확실하지 않은 일에는 잘 동기 부여가 안 되는 경우가 많습니다.

학습적인 면을 한번 볼까요? 글을 읽을 때에도 논리적인 글, 비문학은 매우 편안하게 이해를 합니다. 하지만 함축적인 의미를 가진 문학은 '뭐라는 거야? 무슨 말인지 하나도 모르겠네'라고 하며 재미없어합니다. 글을 쓸 때에도 읽은 내용을 요약하는 글, 토론을 위한 자료를 만드는 글을 쓰는 데에는 오랜 시간이 필요하지 않지만 일기를 쓰거나 자신의 감정을 써야 하는 글에는 너무너무 오래 걸리는 경우가 있습니다. 수학의 경우에도 논리적인 추론이라 연산은 어렵지 않은데 그래프나 도형, 특히 입체도형 등을 직관적으로 파악하는 데에는 어려움이 있습니다.

좌측전뇌가 주로 발달한 성인의 경우 직장에서 업무적으로는 문제가 적지만 동료들과의 관계에서 문제가 많이 생깁니다. 열심히 하지 않는 동료들을 '게으르다'고 단정 지어 버리거나, 공감 능력이 부족해서 소소하게 생기는 관계의 문제들이 생깁니다. 업무 능력은 우수하지만 동료들과 트러블을 자주 일으켜서 승진 고가에서 탈락하는 경우가 생길 수도 있습니다. "저 사람이 하는 말은 틀리지는 않는데 기분이 나빠" 혹은 "저 사람은 일은 잘하는데 같이 있으면 불편해"라는 평가를 받을 수도 있습니다. 목적을 향해서 달려가다 보면 주변에 있는 사람이 잘 보이지 않습니다. 다른 사람에게 나쁜 의도를 가지고 있는 것이 아닌데 억울하게 오해를 사는 경우가 생길 수 있습니다.

타인의 감정에도 둔감하지만 자신의 감정에도 둔감하기 때문에 목표를 향해 달려가다가 자신이 지치는지 힘이 드는지 살피지 못하다가 번아웃이 오는 경우가 있습니다. 좌측전뇌가 발달한 아이들은 이 것저것 하고 싶은 것이 많습니다. 공부도 잘하고 싶지만 음악도 잘하고 싶고, 그림도 잘 그리고 싶고, 체육도 잘하고 싶습니다. 막상 하면 매우 열심히 하기 때문에 주변으로부터 잘한다는 평가를 받습니다. 하지만 사람은 아무리 능력이 뛰어나도 가지고 있는 에너지에 한계가 있기 때문에, 목표한 만큼 잘 되지 않는 경우 자신을 너무 몰아붙이다가 번아웃이 오게 되는 것이죠.

마지막으로 좌측전뇌가 발달한 유형은 어릴 때부터 자신이 좋아하는 것보다는 잘하는 것을 하면서 앞만 보고 달려왔기 때문에 성인이 된 후 혼란을 겪는 경우가 있습니다. '과연 이 공부가 나에게 맞는 것일까?', '과연 이 직업이 나에게 맞는 것일까?', '나는 무엇을 좋아하는 것일까?'라는 질문을 한참 후에 하게 되는 경우가 많습니다. "공부를 잘하니까 너는 판사가 되어야 해"라는 식의 부모님의 권유에 앞만 보고 달려오다가 문득 회의감이 밀려오는 경우가 있죠. 그래서 어릴 때부터 내가 좋아하는 것이 뭔지, 어떤 삶을 살고 싶은지, 어떤 것을 할 때 내 가슴이 뛰는지 등에 대해서 고찰하는 연습을 해야 합니다.

양육팁

좌측전뇌가 발달한 아이들은 대부분 학습적인 성취가 좋습니다. 지능이 평균 이상이라면 열심히 하기 때문에 기본 이상의 성취를 보입니다. 그리고 언어, 문자, 숫자에 강하기 때문에 초등학교 저학년부터 글을 잘 쓴다든지 발표를 잘한다든지, 알고 있는 단어가 많다든지 연산을 정확하게 잘하는 등 선생님께 칭찬을 받을 일이 많습니다. 선생님이나 부모님의 지시에 잘 따르고, 규칙을 잘 따릅니다. 하지만 직관적으로 파악해야 하는 상황, 공부에 대해서는 다소 어려움을 보일 수 있는데 대부분 스스로 자기만의 룰을 만들어서 (언어적으로 해석한다든지, 규칙을 만들어서 외운다든지) 결국은 잘 헤쳐 나갑니다. 어릴 때부터 학습적으로 칭찬을 많이 받기 때문에 공부하다가 어려움이 닥쳐도 '나는 잘하는 아이니까 못할 리 없어'라고 생각하고 노력하며 이겨 나갑니다. 그래서 공부에 있어서 아이가 어려움을 느낀다고 해도 부모님은 정서적으로 지지해 주시면서 한발 물러나 지켜봐 주시면 대부분 스스로 해결을 잘 해 나갑니다.

하지만 좌측전뇌가 주로 발달한 아이가 친구들과 문제를 겪을 때에는 부모님께서 적극적으로 개입을 하시는 것이 좋습니다. 친구들과 보드게임을 하는 상황에서도 지는 것을 잘 견디지 못하기 때문에 과하게 자기주장을 한다든지 지고 나서 화를 내거나 우는 등의 일을 겪을 수 있습니다. 즐겁게 시작한 놀이가 항상 울음으로 끝이 나는 경우가 자주 있습니다. 이런 일이 자주 반복되는 경우 놀이가 시작되기 전에 아이와 약속을 합니다. "게임에서 이길 수도 있고 질 수도 있어. 누구나 이기면 기분이 좋고 지면 기분이 좋지 않아. 하지만 지난번처럼 과하게 울거나 화를 낸다면 우리는 오늘의 놀이를 끝낼 거야" 이기고 지는 것보다 친구들과 보내는 시간이 더 중요하다면 자신의 승부욕을 조절하는 법을 배워야 하기 때문입니다.

좌측전뇌가 발달한 아이는 습관을 만들 때에 칭찬 스티커를 이용하면 좋습니다. 적당한 동기 부여도 되고, 재미없는 숙제를 하거나 하기 싫은 것을 해야 할 때에도 적당한 보상이 있으면 게임처럼 인식하면서 즐겁게 참여할 수 있습니다. 여기서 칭찬 스티커는 긍정적 강화 요법을 말하는 것으로 스티커 자체는 즉시 보상이지만 이것을 10개 정도 모았을 때 원하는 것을 얻을 수 있게 하는 것이 좋습니다. 스티커를 몇 개 모았을 때 어떤 보상을 받게 될지 아이와 함께 상의하고, 진심을 다한 칭찬과 함께 주시는 것이 좋습니다. 아이들에게는 작은 성취의 경험이 중요하기 때문입니다. 2-3일에 10개 정도 모을 수 있게 계획을 세우는 것이 좋고, 부모님은 가능한 아이가 스티커를 받을 수 있게 도와주는 역할을 하시는 것입니다.

감정을 다루기 어려워하기 때문에 감정에 대한 대화를 나누시는 것이 좋습니다. 그럴 때 주로 부모님들은 아이들에게 "네 기분이 어때?", "학교에서 어땠어?", "왜 그러는 거야, 엄마한테 말해 봐", "우리 얘기 좀 해 보자"라고 접근하시면 거의 90% 이상 "몰라", "괜찮아"라는 대답을 받으시게 될 것입니다. 가뜩이나 감정을 다루기 어려운 유형의 아이들이 감정에 대한 질문을 받으면 당황하고 피하고 싶어 합니다. 이럴 때에는 부모님께서 부모님의 감정에 대한 말씀을 먼저 해 주시는 것이 좋습니다. "오늘 엄마는 이런 일이 있었는데 참 좋더라", "아빠는 회사에서 이런 일이 있었는데 너무 화가 나서 참기 어려웠어"라는 식의 말씀을 먼저 해 주시면 아이들은 상황에 맞는 감정을 배우게 됩니다. 그리고 "엄마가 보기엔 ○○이가 기분이 안 좋아 보이네"라고 느껴지시는 대로 편안하게 말씀을 해 주시면 아이들은 '아, 내가 지금 느끼는 이 불편한 기분이 안 좋은 기분이구나', '이 상황에서는 기분이 안 좋아도 되는구나'를 느끼고 배웁니다. 모호한 감정을 애써 모른 척하거나 무시하기보다는 자신이 자신 있는 언어로서 표현할 수 있게 된다면 자신을 받아들이기 편안해집니다. 갈등 상황에 있어서도 "○○이가 이렇게 얘기하면 엄마가 정말 속상해"라고 얘기해 주시면 이해력이 좋은 좌측전뇌 성향의 아이는 타고나기를 타인의 감정에 민감하지는 않지만 상대를 이성적으로 이해하려는 노력을 하게 됩니다. 성인이 되어서도 자신의 성향을 잘 안다면 대인 관계에서 갈등의 상황에서 '내가 혹시 놓치고 있었던 부분이 있었나?' 하고 다시 되돌아보며 상대에게 "혹시 내가 실수한 것이 있니?"라고 물어볼 수 있게 됩니다.

좌측전뇌가 발달한 아이들은 목표를 향해 달려가는 것에 유능한 아이라 이런 아이가 가끔 풀어지는 모습을 보이거나 목적 없이 방황하는 모습을 보게 되면 부모님은 걱정보다는 '우리 아이가 시야가 넓어지려나 보다', '여유가 좀 생겼나 보네'라고 한 발자국 떨어져서 지켜보셔도 됩니다. 이 아이들은 이내 또 목표를 잡고 나아갈 아이들이기 때문에 아이가 잠시 잠깐 방황을 한다고 해서 불안해하실 필요가 없습니다. 같은 상황에 다른 성향의 아이라면 부모님이 다시 재정비해서 아이와 함께 나아가야 하겠지만, 좌측전뇌가 발달한 아이는 편안한 마음으로 지켜보셔도 됩니다. 반면 공부나 특정 분야에 너무 매몰되어 있는 모습을 보인다면 내 아이가 정말 좋아서 열심히 하고 있는 건지, 맹목적으로 달려가고 있는 건지 열심히 지켜보셔야 합니다.

케이스

초등학교 3학년 남자아이가 학교에서 친구들과 트러블을 자주 일으켜서 상담을 위해 내원하였습니다. 공부도 잘하고 똑똑한 이 아이는 친구들이 쉬는 시간에 너무 큰 소리를 지르거나 뛰어다니는 것을 잘 보지 못한다고 합니다. 자기가 보기엔 옳지 않은 일이라 가만히 두고 볼 수 없어 지적을 하면 친구들이 강하게 반발하면서 싸움으로 이어지는 경우가 있다고 합니다. 이 아이는 틀린 말을 하는 것이 아닌데 왜 선생님께 혼나야 하는지 이해를 할 수 없다고 얘기합니다.

이 아이는 아빠랑 야구 게임을 하러 가서도 본인이 이기지 못하면 야구 배트를 집어 던지면서 울어서 어머니가 어떻게 해야 할지 모르겠다고 합니다. 아버님도 승부욕이 강한 편이라 아이에게 져 주지 않으시고, 아이가 강하게 커야 한다며 꼭 울려서 데리고 오셔서 어머니가 너무 힘들다고 하십니다. 명절에 가족끼리 모여서 윷놀이를 하더라도 이 아이가 이기지 못하면 어른들이 계시는데도 발 구르고 화를 내고 삐져서 분위기를 어색하게 만들기 일쑤라고 합니다.

엄마 아빠가 싸워도 나와서 보지도 않고, 엄마가 아플 때에 동생은 "엄마, 아파?"라고 손을 잡고 물어봐 주는데 이 아이는 멀리서 쳐다만 보고 있어서 섭섭했다고 하셨습니다. 부모님은 우리 아이가 크게 문제가 있는 것은 아닌 것 같은데 어떻게 양육해야 할지 어려워서 상담을 원하셨습니다.

이 아이는 풀 배터리 검사를 시행하였는데 아주 강한 좌측전뇌 우세 유형으로 나왔고 웩슬러 검사에서 언어이해 점수는 매우 높게 나온 반면 지각 추론 점수가 상대적으로 낮게 나왔습니다. 명확한 지시를 하는 검사에서는 핵심어를 이용해서 주저 없이 답을 하는 반면 "그림에서 비슷한 것 골라 볼래?", "여기서 이상한 점 찾아볼까?", "여기에는 뭐가 들어가면 좋겠어?"라는 식의 지시가 모호한 과제에서는 흥미를 잃으며 자신 없는 태도로 충동적으로 대답하였습니다.

문장 완성 검사에서는 자신의 생각을 표현하기 어려워해서 단답형으로 얘기하거나 빈칸으로 남겨둔 것이 많았고, 그림 검사에서도 다소 경직된 패턴을 보였습니다.

부모님과 아이의 성향에 대해서 이야기를 나누고, 아이의 행동을 오해하지 말기로 하고, 부모님이 충분한 정서적 지지를 해 주고 난 이후에도 크게 개선이 없다면 놀이 치료나 심리적 중재를 해 보자고 하였는데 치료 없이 가족 안에서 해법을 잘 찾으셨습니다.

※ 본 케이스는 특정인의 사례가 아닌 다양한 사례를 종합하여 재구성하였습니다.

3.

좌측후뇌 유형

특징 및 장점

좌측후뇌 성향은 순차적, 절차적이며 질서정연하고, 정확합니다. 매우 성실하고 책임감이 강하며 일관성이 있으며 숲보다는 나무 하나하나를 꼼꼼하게 잘 살피는 원칙 지향적인 성향을 보입니다.

좌측후뇌 성향의 사람의 가장 큰 특징은 '매일 반복되는 일상'에 강한 사람입니다. 우리가 흔히 말하는 Daily routines이라고 하는 매일 반복되는 일상을 짜임새 있게 잘 유지합니다. 매일 같은 시간에 일어나서 같은 시간에 밥을 먹고 같은 시간에 숙제를 하고 같은 시간에 잠을 잡니다. 시간 관리를 매우 잘해서 계획도 잘 세우고 세운 계획을 실행도 잘합니다. 공부를 하거나 업무를 할 때 앉으면 바로 해야 할 일 리스트 1, 2, 3, 4 써서 하나씩 차례차례 해가며 만족감을 느낍니다. 자신이 예측한 대로 잘 진행이 되면 거기서 큰 기쁨을 느낍니다. 머릿속에 항상 시계가 있어서 뭔가를 하고 있으면서 그다음 스텝을 미리 준비하고 있습니다. 초등학교 1학년만 되어도 누가 시키지 않아도 학교 가방을 전날에 미리 싸서 내일 입을 옷과 함께 준비해 놓는 유형입니다.

시간뿐만 아니라 돈 관리도 매우 잘합니다. 충동적으로 돈을 쓰지 않고 계획을 세워서 씁니다. 어린아이들도 세뱃돈 받은 것을 잘 모아 두고 돈을 얼마 가지고 있는지, 얼마를 썼는지를 잘 관리합니다. 만약 주식이나 투자를 한다면 꼼꼼하게 분석해서 신중하게 투자합니다. 위험을 감수해야 하는 도박을 별로 좋아하지 않고 항상 안정적으로 돈을 관리합니다. 만약을 대비해서 여유 자금을 만들어 놓고, 계획대로 지출합니다. 쿠폰이나 상품권 같은 것조차도 꼼꼼하게 잘 모아 두고 정리정돈도 잘합니다.

좌측후뇌 성향의 사람은 약속을 매우 잘 지킵니다. 다른 사람과의 약속도 잘 지키지만 다른 사람이 자신과 한 약속을 어긴다면 크게 실망합니다. 부모님이 "어, 그거 나중에 해 줄게" 해놓고 잊어버리신다면 좌측후뇌 성향의 아이는 끝까지 기억하고 "엄마, 아빠는 거짓말쟁이!"라고 얘기합니다. 좌측후뇌 성향의 사람은 누군가에게 신세를 진다면 꼭 갚으려고 노력을 하고, 자신이 하겠다고 약속한 것에 대해서는 최선을 다해 책임을 집니다. 기본적으로 성실하고, 그래서 다른 사람에게 신뢰감을 많이 줍니다.

학습적인 면에서 보면 배운 것은 절대 잊어버리지 않습니다. 일단 이해가 된 것에 대해서는 잘 잊어버리지 않고, 시험을 본다면 실수가 거의 없습니다. 만약에 학원에 레벨 테스트를 보러 간다면 자기가 배운 것까지는 확실히 잘 알기 때문에 테스트만 봐도 어디까지 공부했는지가 확실하게 보입니다. 배운 내용을 혼자 머릿속으로 곱씹어 보고 복습을 하는 데에 매우 탁월합니다. 이해한 내용도 다시 생각하면서 정리하고, 애매한 부분은 꼼꼼하게 따져서 완벽하게 자기 것으로 만듭니다.

수학에 있어서 연산에 매우 능하고, 글씨도 매우 단정하게 쓰며, 영어 단어 외우기, 모국어 어휘를 정확하게 이해하고 맞춤법도 정확하게 씁니다. 학습에 있어서 가장 기본이 되는 것을 잘하기 때문에 좌측전뇌가 우세한 아이들과 마찬가지로 칭찬을 많이 받고 자랍니다. 심지어 태도도 성실하고 자신에게 주어진 일에 최선을 다하기 때문에 어른들뿐만 아니라 친구들 사이에서도 인정을 받습니다. 본인이 잘 못하는 분야라 하더라도 열심히 하기 때문에 탁월하지는 못해도 평균 이상은 늘 유지하게 됩니다. 시작은 미미하더라도 긴 시간 끈기 있게 잘하기 때문에 어느 순간 아주 높은 성취를 이루어 놓은 것을 발견하게 됩니다.

대인 관계에 있어서 매우 책임감이 강해서 주변 사람들로부터 신뢰가 두텁습니다. 그래서 한 번 관계를 맺게 되면 친구 관계를 매우 오래 유지합니다. 친구들과 한 약속을 잘 지키고 상대의 말을 열심히 듣고, 자기의 것이 소중한 만큼 다른 사람의 것도 쉽게 생각하지 않고 신중하게 대합니다. 기념일 같은 것을 꼼꼼하게 잘 챙기고 사소한 것도 소중하게 생각합니다. 처음엔 다소 다가가기 힘들어도 친구가 되고 나면 아주 긴 시간 좋은 관계를 유지하게 됩니다.

좌측후뇌 사람들은 정서적으로 매우 안정적이어서 감정의 기복이 크지 않습니다. 우리의 뇌의 기능은 항상 같은 패턴으로 규칙적인 생활을 할 때 가장 효율이 좋습니다. 인지적 능력뿐만 아니라 감정 조절 능력도 좋습니다. 그래서 사소한 일에 쉽게 흥분하지 않고, 스트레스 상황이 되더라도 어떻게든 다시 안정화시키기 위해 스스로 노력하며 다시 평온한 상태를 유지하게 됩니다. 그래서 대인 관계에서 안정적이고 믿을 만한 사람으로 인식됩니다. 자신이 운용할 수 있는 삶의 공간에서 작은 것에 행복을 느낄 줄 알고, 자신만의 안정적이고 만족스러운 삶을 영위하게 됩니다.

단점

이렇게 안정적이고 성실하고 책임감이 강한 좌측후뇌 성향 사람의 단점이 있을까요? 물론 있습니다.

가장 두드러지는 단점이 '새로운 것에 대한 적응'이 어렵습니다. 익숙하고 안정적인 것을 좋아하기 때문에 새로운 상황, 낯선 곳, 낯선 사람에 대한 불안을 가지고 있습니다. 새로운 친구를 사귈 때에도 인사 트는 데에만 몇 시간이 걸리기도 합니다. 말을 하는 데에도 몇 시간이 걸리고, 끊임없이 상대를 관찰하면서 적응하는 데에 시간이 필요합니다. 이사를 가더라도 새로운 환경에 적응하는 데에 시간이 걸리고, 어린아이들 같은 경우는 유치원에서 학년이 바뀌어서 같은 친구들과 같이 올라가도 선생님이 바뀌거나 교실이 바뀌어도 "지난번 선생님이 좋았는데……", "지난번 거기가 좋았는데……"라며 첫 한두 달은 징징거리기 일쑤입니다. 공부를 할 때에도 새 단원을 나가면 긴장하면서 움츠러듭니다. 어른이 되어서도 직장을 바꾸게 되면 적응하는 데에 남들보다 시간이 많이 걸리게 됩니다.

학습적인 면에서 시각적 인지가 다소 떨어집니다. 좌측전뇌와 마찬가지로 언어와 문자, 분명한 것을 좋아하지만 시각적 이미지를 빨리 파악하지 못하고 주저합니다. 언어적 개념이 명확한 것은 편안하게 빨리 받아들이는 반면 자막 없이 시각 자료만 주어지는 경우 정보를 처리하는 데에 오래 걸립니다. 사람 이름은 잘 외우지만 얼굴을 잘 기억하지 못하는 경우가 있습니다. 수학에 있어서도 연산, 논리적 추론은 잘하지만 도형, 그래프, 도표를 분석하는 능력이 부족합니다. 그래서 초등학교 고학년 때 수학, 과학에 그림과 도표가 많아지면서 다소 어려움을 겪습니다. 낯선 시각적 정보를 자기만의 방식으로 해석하고 저장하는 데에 초반에 어려움을 겪지만 결국 자기만의 방식을 찾아내기는 합니다.

좌측후뇌가 발달한 사람은 창의력이 다소 부족합니다. 새로운 자극이 들어와도 자신에게 익숙한 방식으로 처리하고 분류하려는 특징이 있습니다. 그래서 새로운 것에 대한 호기심보다는 새로운 것을 낯설게 느끼고, 쉽게 시도하려고 하지 않습니다. 생각을 할 때에도 기존의 자기 생각의 틀에 맞추려는 성향이 있어서 새로운 생각, 아이디어를 확장해 나가려고 하지 않습니다. 새로운 시도를 해야만 하는 상황이 되면 너무 많은 걱정들이 떠올라 모든 가능한 상황을 떠올리면서 대비하려고 합니다. 만에 하나 있을 문제에 대해서 다 준비한 후 움직이려고 순발력이 떨어지게 되는 것이죠. 가끔은 살면서 별생각 없이 한번 해 볼 만한 일들도 준비하고 분석하면서 주저하다가 결국 자신에게 익숙한 선택을 하게 됩니다.

숲을 보는 능력이 부족합니다. 사소한 것에 집착해서 전체를 잘 못 봐서 직관적인 능력이 부족합니다. 나무 하나하나는 정확하고 세밀하게 보고 분석하는데 상황을 전체적으로 조망하는 능력이 부족합니다. 그래서 정확하게 설명이 되지 않는 직관은 신뢰하지 않습니다.

우리가 보통 얘기하는 '느낌', '감'으로 '이런 것 같아'라는 것이 없습니다. 명확한 근거가 있어야 하고, 부분이 모여서 전체를 형성한다고 믿기 때문에 어떤 상황을 한 발자국 떨어져서 전체를 조망하면서 큰 흐름을 보는 능력이 떨어집니다.

양육팁

좌측후뇌 성향의 아이는 매우 책임감이 강하고 믿을 만한 아이라 아이가 어디 나가서 문제를 일으킬 성향은 아닙니다. 하지만 자신이 생각하는 원리원칙을 너무 중요하게 생각한 나머지 이를 지키지 않는 다른 친구들을 견디기 어려워하는 경우가 많습니다. 그래서 사람들은 다양한 생각을 가지고 있고, 다양한 기준으로 살아간다는 것을 가르쳐 줄 필요가 있습니다. 좌측전뇌 아이들보다 훨씬 더 원리원칙, 규칙을 중요하게 생각하기 때문에 이를 지키지 않는 다른 사람들을 불편해합니다. 성인이 되어서도 자신의 기준에 맞지 않는 사람은 거리를 두려고 하기 때문에 대인 관계에 있어서 좀 더 유연해지는 연습을 할 필요가 있습니다.

그리고 새로운 것에 적응하고 받아들이는 데에 어려움을 느끼기 때문에 이런 상황에 대한 대비가 필요합니다. 처음으로 어린이집, 유치원을 가게 되면서 안 간다고 울거나 가기 싫어한다거나, 가기 전날 불안해서 잠을 자주 깨는 등의 증상을 보일 수 있습니다. 예측이 되는 상황이라면 아이 수준에 맞게 미리 설명을 해 주고, 언제든지 힘든 점이 있으면 엄마에게 얘기를 하라고 말을 합니다. 자신이 대비하지 못한 어려움에 처할까 불안이 높은 것이지 규칙을 잘 따르지 못하거나 인내심이 낮은 것은 아니기 때문에 충분히 설명해 주고, 아이가 견뎌 볼 수 있는 기회를 주면서, '낯설어서 무섭지만 시간이 지나면 익숙해지고 좋아진다'는 성공의 경험을 많이 쌓도록 해 줘야 합니다. 새로운 것을 불편해하는 성향은 어른이 된다고 좋아지는 것이 아니기 때문에 성인이 되어서도 이런 상황에서 불안이 올라올 때 '난 어릴 때에도 이랬는데 결국 시간이 지나면 좋아졌었지. 내가 이상한 게 아니고 이런 상황은 충분히 불편할 만한 상황이야'라며 스스로를 수용하고 토닥이며 자신의 불안을 조절해 나갈 수 있어야 합니다.

요즘은 창의력 교육이 너무나도 부각되고 있어서 좌측후뇌 성향의 아이들은 토론 수업 등을 할 때 '너무 판에 박힌 대답을 한다', '정답만 말하려고 한다'는 식의 피드백을 받을 수 있습니다. 친구들도 좌측후뇌 성향의 아이는 재미가 없다고 느끼기 때문에 요즘 말로 '인싸'가 되기 어렵습니다. 이런 문제로 아이가 속상해한다면 좌측후뇌 성향의 아이가 가지고 있는 안정적인 측면이 얼마나 가치가 있는 것인지를 설명해 주어야 합니다. 창의력이라는 것이 다만 통통 튀는 아이디어만으로 가능한 것이 아니고, 안정적이고 지속적인 저변 속에서도 충분히 발휘될 수 있음을 아이가 알 수 있도록 정서적인 지지를 해 주는 것이 좋습니다.

친구들과의 관계에 있어서도 자신과 비슷한 성향의 친구를 편안하게 생각합니다. 변화무쌍하고 매력적인 아이에게 잠깐 끌릴 수는 있지만 좌측후뇌 아이들은 자신의 영역을 중요하게 생각하기 때문에 불쑥불쑥 자신의 영역으로 들어오는 친구들과는 결국 불편감을 느끼게 됩니다. 만약 내 아이가 좌측후뇌 성향이 강한 아이라고 했을 때 주변의 친구들을 살펴보면 비슷한 성향의 아이는 오래 관계를 맺을 친구가 될 것이고, 다른 성향의 친구는 아이가 가지고 있지 않은 다양한 자극과 여유를 줄 수 있는 친구가 될 수 있습니다. 유난히 트러블을 겪고 있는 친구가 있다면 그 아이의 성향과 우리 아이의 성향을 비추어 보면서 아이가 친구를 통해 느끼는 불편한 감정에 대해서 부모님과 편안하게 대화를 나눠 보다 보면 아이도 자신에 대해서 더 깊이 있게 이해할 수 있게 됩니다.

　좌측후뇌가 발달한 아이들은 학습을 할 때에도 복습에는 매우 능합니다. 배운 것을 어떻게든 자기만의 방식으로 자기 것으로 소화시켜서 가지고 있습니다. 하지만 새로운 진도를 나갈 때 긴장이 높아져서 자신은 조용히 탐색하고 있는데 옆에 친구들은 이미 이해를 한 것처럼 보이거나 대답을 잘하면 불안이 확 올라오면서 "나는 머리가 나쁜 것 같아"라며 눈물을 글썽이는 경우가 있습니다. 이런 경우 미리 예습을 좀 해서 수업에 참여하게 하는 것이 도움이 됩니다. 이해를 하지 못해서라기보다는 처음 본 것에 대한 낯섦 때문에 아이가 긴장도가 높아지게 되고 그러면서 선생님께서 말씀하시는 것을 편안하게 잘 듣지 못합니다. 대충이라도 한 번 쓱 훑어보고 가면 잘은 몰라도 익숙한 용어들이 나오면 긴장도가 떨어지면서 수업 내용에 집중을 할 수 있게 됩니다. 그리고 이런 성향의 아이들은 결국 배운 내용에 대한 시험에서는 실수가 거의 없기 때문에 '나는 처음에는 좀 긴장하지만 결국엔 내가 더 잘해. 결과가 더 좋아'라는 것을 깨달을 수 있게 비록 긴장은 높지만 견뎌 보고 성공하는 경험을 할 수 있게 도와주셔야 합니다. "잘 못해도 돼. 시험은 누구나 긴장되는 거야. 빵점 받아 와도 괜찮으니까 시험을 보고만 오면 엄마가 칭찬 스티커 줄게. 아니면 엄마랑 맛있는 거 먹으러 가자~"라고 격려해 주시면 됩니다. 좌측후뇌 아이들은 긴장은 높지만 막상 실전에서는 실수 없이 강하기 때문에 긴장에 압도되어 현실을 회피하지 않도록 옆에서 도와주셔야 합니다.

좌측후뇌 성향의 아이라고 해도 아이는 아이이기 때문에 실수도 하고 일탈도 합니다. 좌측전뇌 아이들과 마찬가지로 아이가 다소간의 일탈을 보이더라도 이런 아이들은 크게 어긋날 아이들이 아닙니다. 자신의 내적 기준이 명확하기 때문에 일탈을 했다가도 다시 제자리로 돌아옵니다. 시간 약속을 어기더라도 아이는 최선을 다해서 지키려고 하다가 어쩔 수 없이 어겼거나, 시간을 잊을 수 있을 만큼 재미있는 활동을 했다는 뜻이기 때문에 '아, 우리 아이에게 이 정도 여유가 생겼구나'라고 안심하셔도 좋습니다. 오히려 부모님께서 "엄마는 우리 ○○를 믿어. 분명히 그럴 만한 이유가 있었을 거야"라고 말씀해 주시면 책임감이 높은 아이는 부모가 자신을 믿어 주는 것에 대한 고마움과 삶에서의 여유를 둘 다 느낄 수 있을 것입니다.

초등학교 5학년 여자아이가 친구들과 잘 못 사귀어서 힘들어한다는 것을 주 호소로 검사와 상담을 위해서 찾아왔습니다. 이 아이는 마른 체구에 단정한 외모의 아이였습니다. 묻는 말에 대답은 잘하지만 먼저 말을 건네지는 않았고, 검사를 시작하고 한 시간쯤 지나서야 검사자에게 대한 긴장을 풀고 가끔 웃어 주기도 하였습니다.

이 아이는 어릴 때 어린이집에 갈 때부터 매해 3-4월은 적응하느라고 힘들었고, 동생이 태어났을 때 1년 정도 말을 하지 않는 함구증을 겪었다고 합니다. 목소리가 크거나 너무 활달한 친구들은 어려워했고, 주로 한두 명하고만 친하게 지냈다고 합니다. 어릴 때부터 말도 빨리 시작했고, 다섯 살 즈음에 한글도 혼자 깨우쳤으며, 학원, 학교 숙제는 알아서 해서 부모님이 학습적인 것에는 딱히 손댈 것이 없다고 합니다. 하지만 4학년 때부터 수학 학원을 다소 어려워하면서 막상 시험을 보면 잘 보기는 하는데, 새로운 진도 나갈 때마다 울고 오는 경우가 생겼다고 합니다.

그나마 4학년 때까지는 반에서 친한 아이가 있어서 괜찮았는데 5학년 들어서 첫 한두 달 코로나 때문에 학교를 갔다 말았다 했더니, 다른 친구들은 이미 서로 친해져 있는데 자신은 끼일 자리가 없다고 최근 들어서 많이 운다고 합니다. 평소에 친구들과 이야기를 주고받거나 수업 시간에 발표하는 것에는 전혀 문제가 없지만 단짝이 없어서 아이 스스로가 걱정을 한다고 하였습니다. 반면 학원에서는 친구들과 얘기도 잘하고, 가끔 나가서 간식도 잘 사 먹는다고 하였는데, 학원 친구들은 힘들지 않은데 5학년 들어서 학교 친구들은 친해질 시기를 놓쳐서 그런지 점심시간에 밥을 혼자 먹게 되거나 하면 바보가 된 기분이라고 얘기하였습니다.

이 아이는 다른 검사에서 특별한 소견은 없었고, 지능은 평균 이상으로 높았으며 심리 검사에서도 큰 문제가 없었습니다. 다만 아동 행동 발달 평가 척도에서 약간의 우울과 불안이 '준 임상 범위'로 올라 있었습니다. 부모님 상담에서는 아이의 성향에 대한 설명을 드렸고, 아이와의 상담에서는 초등학교 5학년 여자아이라 자신의 성향에 대한 설명을 아이에게도 해 주고, 아이 스스로 자신의 장단점을 생각해보게 하고, 자신의 불안이 올라오는 상황에 대해서 스스로 말할 수 있게 해 주면서 특별한 치료 없이 종결하였습니다.

※ 본 케이스는 특정인의 사례가 아닌 다양한 사례를 종합하여 재구성하였습니다.

4.

우측전뇌 유형

특징 및 장점

우측전뇌 성향은 정말 매력적인 성향입니다. 매우 호기심이 많고 창의적이고, 상상력도 풍부하고, 직관이 뛰어나고 유머 감각도 좋습니다.

우측전뇌 성향의 아이를 한마디로 표현하자면 '창의력 끝판왕'입니다. 새로운 것 너무 좋아하고, 새로운 상황에 적응도 잘합니다. 이런 아이들은 주로 한두 가지 자기가 굉장히 몰입해서 좋아하는 것을 가지고 있습니다. 어린아이라 할지라도 예를 들어 메이저리그 야구 선수들의 프로필을 다 외우고 있다든지, 말은 어눌한데 그 긴 공룡 이름과 그림을 다 매치해서 외우고 있다든지, 기차나 버스의 역사에 대해서 꿰고 있다든지, 화석을 좋아한다든지…… 주로 한두 가지 너무 너무 좋아하는 것이 있습니다. 자기가 좋아하는 분야에 대해서는 어른들과 얘기를 할 수 있을 정도로 많은 것을 알고 있고, 또 흥미 있는 분야가 생기면 금방 몰입합니다. 레고 같은 것을 맞출 때에도 지시대로 맞추는 것보다는 자기가 만들고 싶은 것을 머릿속으로 상상해서 뚝딱뚝딱 만들어 냅니다. 자신의 생각을 말하거나 글을 쓰는 데에도 거침이 없습니다. 같은 책을 읽어도 자신만의 새롭게 해석합니다.

그리고 우측전뇌 성향의 사람들은 시각 인지가 매우 좋습니다. 그래서 문자보다는 그림, 색깔에 매우 민감합니다. 오래간만에 찾아간 친척 집에 현관 러그 색이 바뀐 것조차도 알아채는 경우가 있고, 사람의 이름은 잘 기억하지 못하지만 얼굴만 봐도 저 사람과 어디서 뭘 했는지까지 기억합니다. 여름에 길을 가다가 나무에 붙어 있는 매미도 잘 찾아냅니다. (보통은 나무와 색이 비슷해서 잘 보이지 않잖아요?) 퍼즐을 맞출 때에도 그림을 보면서 가운데부터 맞추는 아이도 있고, 한 번 갔던 길은 잊어버리지 않습니다. 공간 감각도 좋아서 길을 가면서 동서남북 방향도 잘 파악하고, 지능 검사를 해 보면 '지각 추론', '시공간' 영역에서 매우 높은 점수를 받습니다.

인지적인 영역뿐만 아니라 감각 자체가 예민해서 시각, 청각, 촉각, 미각이 모두 예민하게 발달되어 있는 경우를 흔히 보게 됩니다. 그림 그리기를 좋아하는 아이라면 그림체나 색감이 다른 아이와 다르게 매우 독특하기도 하고, 악기 연주를 좋아하는 아이라면 절대음감을 가지고 있거나 매우 섬세한 청지각 인지를 가지고 있는 경우도 있습니다. 만들기를 해도 구성이 남다르거나 미각과 촉각에도 예민합니다. 좌측후뇌 아이들은 낯선 것에 대해서 예민하기 때문에 낯선 맛이나 촉감에 예민하다면 우측전뇌 아이들은 맛 자체를 잘 구별하고, 촉각적인 재질의 차이를 잘 알아챕니다. 그래서 우측전뇌 성향을 가지고 있는 사람들 중에 훌륭한 예술가들이 많습니다.

우측전뇌가 발달한 사람은 돌발 상황에 대한 대처가 매우 빠릅니다. 갑자기 닥치는 상황에 크게 당황하지 않고, 심지어 그런 상황을 즐기기까지 합니다. 융통성도 좋아서 상황에 따라서 다양한 전략을 구사합니다. 응급의학과 의사나 수술하는 외과 의사의 경우 우측전뇌 성향을 가지고 있다면 돌발 상황에 대처도 무척 잘할 뿐만 아니라 그런 다이내믹한 삶을 사랑하고 즐길 수 있습니다. 어떤 집단의 리더라면 새로운 분야를 개척하고, 위기 상황에 판단과 대처도 빠르고, 자신만의 원칙을 고수하지 않고 유연한 태도를 보일 수 있습니다.

세상에 대한 호기심도 많고 새로운 상황에 적응을 잘하기 때문에 여행을 즐기고, 주거지를 자주 옮겨 다니는 직업을 선택해도 전혀 어려움이 없습니다. 외국을 많이 다니는 직업을 선택해도 좋고, 비록 말이 통하지 않는다고 해도 비언어적 인지가 발달되어 있기 때문에 손짓 발짓을 해서라도 적응하고 살아낼 수 있습니다. 우리가 흔히 4차 산업 혁명이라고 하는 앞으로의 세상은 항상 새로운 패러다임, 변화가 반복될 텐데, 이런 상황에서 누구보다도 앞서나가고 상황을 주도하며 잘 적응해 낼 수 있습니다.

유머 감각도 많아서 친구들 사이에서는 '인싸'입니다. 이야기를 나누다 보면 너무나도 매력적이고 재미있고, 통통 튀는 매력을 가지고 있기 때문에 인기가 많습니다. 자신만의 호불호가 강해서 자신이 좋아하는 일에 있어서는 누구보다도 열성적이기 때문에 특정 분야에 있어서는 누구도 넘볼 수 없을 정도로 전문가가 되어 있기도 합니다.

이런 모습들이 친구들, 동료들 사이에서 매우 매력적으로 느껴질 수 있고, 자신만의 색깔이 매우 강한 사람으로 기억됩니다.

단점

우측전뇌가 발달한 사람들은 정말 매력적인데 과연 어떤 단점이 있을까요?

우측전뇌가 발달한 사람들은 지루한 것을 못 참습니다. 항상 새로운 것을 좋아하기 때문에 매일 똑같이 반복되는 일상이 너무 재미가 없고 지루합니다. 항상 같은 시간이 일어나서 밥을 먹고 학교에 가고 같은 시간에 숙제하고 잠이 드는 것이 세상에서 제일 어렵습니다. 당연히 밥을 먹어야 하는 시간인데 지금 당장 재미있는 책이 눈에 보이면 그걸 한 페이지라도 읽어야 합니다. 읽다 보면 시간이 가고 그러다 보면 식사 시간을 훌쩍 넘겨 버리는 것이지요. 처음에는 호기심 때문에 시작한 일들도 어느 순간 익숙해져 버리면 재미가 없습니다. 예를 들어 바이올린이 좋아서 시작했는데 절대음감도 있고 음색이 너무 좋아서 선생님들이 전공을 하라고 권유합니다. 그런데 아무리 타고난 재능이 좋다고 해도 긴 시간 반복적으로 연습을 하는 것이 필수이지만 연습하는 것을 좋아하지 않습니다. 그래서 아주 빛이 났던 재능이 어느 순간 평범해져 버릴 수 있습니다.

그리고 우측전뇌가 발달한 사람들은 규칙, 원칙을 잘 못 받아들입니다. 그래서 고집이 아주 셉니다. 자신만의 색이 너무 강하고 호불호가 강해서 남이 '당연히 이래야 한다'고 조언을 하면 이것을 자신에 대한 심각한 간섭으로 받아들이는 경우가 많습니다. 앞선 바이올린 연주의 예로 돌아가 보면, 음색이 좋고 타고난 능력이 좋아서 전공자로서 연습을 하고 있지만 예중, 예고 입시를 위해 선생님께서 이런저런 지시를 하면 끝까지 자신의 방식이 옳다고 주장하며 잘 고치지 않습니다. 그래서 그런 이슈로 선생님과 불화가 생기기도 합니다. 우측 전뇌 아이들은 스스로 결정하는 것을 중요하게 생각하며, 누군가가 이래라저래라 한다고 해서 잘 바꾸지 않으려는 특징이 있는데 선생님이 보기에는 아이가 선생님을 무시한다고 느낄 수 있기 때문입니다. 그래서 흔히 당연하다고 하는 규칙, 원칙을 스스로 필요를 느껴서 지킬 수 있을 때까지 긴 설득의 시간이 필요하기도 합니다.

시각 인지가 강한 만큼 언어와 문자에 약합니다. 어릴 때 말을 늦게 했거나, 말은 빨랐지만 한글을 늦게 떼는 경우가 많습니다. 한글도 글자보다는 그림으로 인식해서 간단한 음운 규칙(예를 들어 '가에 'ㅇ'을 붙이면 '강'이 된다는) 익히는 데에 어려움이 있습니다. '가'와 '강'은 전혀 상관없는 다른 그림으로 인식하게 되거든요. 수학에 있어서 문제에 대한 이해도는 빠른데 연산에 취약합니다. 식을 쓰고 답을 쓰라고 얘기해도 항상 식을 빼먹는다거나, 연산할 때 잦은 실수를 한다거나, 다 풀어 놓고 옮겨 쓰면서 다른 숫자를 써 버리기도 합니다. 부모님이 보시기엔 아는 문제인데 사소한 실수로 계속 틀리니까 "주의를 덜 기울인다", "꼼꼼하지 못하다", "불성실하다"는 피드백을 아이에게 줄 수 있습니다. 아이는 자기가 일부러 그러는 것이 아닌데 사소한 것으로 자주 지적받기 때문에 높은 수준의 수학적 직관을 가지고 있는 아이라 할지라도 "저는 수학을 잘 못해요"라고 자신감이 떨어져 있는 경우를 종종 봅니다. 영어에 있어서 문법에 맞게 정확하게 쓰기, 정확한 철자로 쓰기가 어렵습니다. 글씨도 악필인 경우가 많고요. 자신의 생각을 에세이로 써 보라고 하면 5분 만에 한 페이지를 다 쓰고, 자신의 생각을 말로 하거나 토론 수업을 할 때에 자신감이 넘치는데, 선생님이 첨삭해 주신 글을 다시 쓰는 숙제를 할 때엔 한 페이지 베껴 쓰는 데에 30분 이상 걸리는 경우도 있습니다. 단어 시험에서도 성적이 그다지 좋지 못합니다.

부모님 입장에서 학습적인 면에 있어서 어려운 건 잘하는데 쉬운 게 안 되는 건 우리 아이가 태도가 좋지 않아서 그런 게 아니냐는 질문을 하십니다. 실제로 이런 아이들을 웩슬러 검사를 해 보면 어려운 문제는 잘 맞추는데 어이없이 쉬운 문제에서 전혀 다른 대답을 하는 경우가 꽤 많습니다. 이런 경우 우측전뇌가 발달한 아이들은 자신이 동기 부여가 되면 난이도가 어려워도 매우 집중력을 높이면서 높은 성과를 보이는 반면 정해진 시간에 단순 반복을 해야 하는 과제에서는 속도가 현저히 늦어지는 것을 볼 수 있습니다. 본인의 흥미도에 따라서 동기 부여가 되는 것에서는 매우 높은 수행을 보이는 반면 동기 부여가 되지 않는 경우에는 앞에 검사자가 앉아 있어도, "우리 빨리 많이 해 보자"고 독려를 해 줘도 전혀 신이 나지 않습니다. 할 수 있는데 일부러 안 하는 것이 아니라 정말 잘 안 되는 것입니다.

그리고 우측전뇌가 발달한 아이들은 감각이 예민한 만큼 주요 자극에 대한 집중력이 떨어질 수 있습니다. 여름에 길을 가다가 나무에 붙어 있는 매미를 보느라 가는 길을 잃어버리는 경우가 종종 생깁니다. 시각이 발달한 아이는 수업 중에 옆에 있는 친구가 조금 움직여도 그것 보느라 수업에 집중을 잘 못합니다. 청각에 민감한 아이는 밖에서 나는 작은 소음에도 주의가 흐트러져서 선생님 말소리에 집중을 못하고, 촉각에 예민한 아이들은 옷이 꺼끌거리는 느낌 때문에 앞에 있는 친구의 말소리를 잘 못 듣습니다. 이런 부분이 아이가 ADHD(주의력 결핍 과잉 행동 장애)로 오인되는 결과를 낳습니다. 지금 중요한 일을 할 때에는 밖에서 소리가 조금 나도, 앞에 뭐가 왔다 갔다 해도, 이마에 땀이 흐르는 느낌이 들어도 무시하면서 중요한 일에 집중을 할 수 있어야 하는데 남들보다 예민한 감각 때문에 이런 감각적인 측면이 주요한 자극만큼이나 크게 느껴져서 당장 중요한 일에 집중을 어렵게 합니다.

우측전뇌 사람들은 대인 관계의 측면에서, 친구들에게 인기는 많지만 깊이 있는 관계로 진행되기가 어렵고 관계가 다소 피상적일 수 있습니다. 친구들과 관계를 맺는 것에 있어서 초기에 얼마나 빨리 친밀해지는지도 중요하지만 얼마나 관계가 오래 유지되는지도 중요합니다. 관계를 오래 유지하려면 서로 간에 신뢰관계가 돈독해야 합니다. 우측전뇌가 발달한 사람들은 약속, 원칙에 다소 취약하기 때문에 친구들과 한 약속을 잘 잊어버립니다. 놀이터에서 만나기로 해놓고 당장 집에서 TV 프로그램이 재미있으면 그것 보느라고 친구들과의 약속을 잊어버립니다. 만나면 재미있지만 연락이 잘 안 된다거나, 나랑 가장 친한 친구인 줄 알았는데 다음날 보니 또 다른 아이와 친밀해져 있는 모습을 보면 다른 친구들은 '쟤는 나 아니어도 되는구나'라고 생각할 수 있습니다. 우측전뇌 성향의 사람들은 익숙해지면 재미가 없어지기 때문에 실제로 새로운 사람, 다양한 사람을 만나는 것을 좋아하고 한두 사람과 오래 관계 맺는 것을 부담스러워합니다. 그래서 실제 친구는 많은데 마음을 나눌 수 있는 사람이 많지 않을 수 있습니다.

마지막으로 우측전뇌 사람들은 시간 관리, 돈 관리를 잘 못합니다. 꼼꼼하게 챙기는 것을 잘 못하기 때문에 항상 시간 약속에 늦거나 잊어버리고, 돈도 있으면 쓰고 없으면 안 쓰는 등 계획적이지 않습니다. 우측전뇌가 발달한 아이들은 2시에 학원에 가기 위해 나가야 한다면 1시 59분까지 자기가 하고 싶은 일을 하려고 합니다. 학교를 가기 위해 가방을 미리 챙겨 놓는 것도 기대할 수 없고요, 어른이 되어서도 여행가기 전날까지 짐을 안 싸기도 합니다. 워낙 임기응변에 강하기 때문에 "에이, 대충 싸도 돼~. 가서 필요한 거 사면 되지 뭐"라고 편안하게 생각합니다. 미래를 위해서 꼼꼼하게 준비하는 것보다는 지금 당장 하고 싶은 것이 더 중요하기 때문에 미래에 대한 준비가 부족할 수 있습니다.

양육팁

실제로 우측전뇌 성향의 아이들을 키우시는 부모님이 병원에 상담을 하러 제일 많이 오십니다. "우리 아이가 ADHD인 것 같아요", "머리가 나쁜 것 같지는 않은데 왜 열심히 안 할까요?", "물어보면 다 아는데 막상 시험 보면 너무 못해요", "영어로 말은 저렇게 잘하는데 왜 단어는 못 외울까요?", "대화를 할 때 자기 말만 해요", "이제는 자기가 할 일 알아서 할 때도 됐는데 왜 안 될까요?" 등등 다양한 질문지를 가지고 오십니다.

우측전뇌 아이들은 매일 반복되는 일상에 취약하기 때문에 매일 같은 시간에 일어나고 밥 먹고, 숙제하고 자는 것을 훈련해야 합니다. 우리가 흔히 루틴이라고 하는 것이 갖춰져 있지 않으면 이 아이들의 창의력이 빛을 발할 수가 없습니다. 아무리 빛나는 보석이라도 갈고 닦는 지루한 시간이 없다면 가치를 인정받을 수 없고 그저 돌에 불과하거든요. 다양한 루틴을 부모님과 하나씩 만들어 가야 합니다. 나갔다 들어오면 손 씻는 것, 학교 갔다 오면 겉옷을 옷걸이에 걸고, 가방을 책상 옆에 가지런히 놓는 것, 일정한 시간이 되면 침대에 눕는 것 등을 부모님의 일방적인 지시나 "엄마가 손 씻으라 몇 번을 얘기해야 해?"라는 비난 섞인 말이 아닌 "집에 와서 손 씻기로 했지?"라고 미리 언질을 주시면서 아이가 성공할 수 있게 도와주셔야 합니다. 루틴을 만드는 데에는 반복밖에 없거든요. 다만 아이가 했을 때에는 거기에 상응하는 보상(앞선 좌측전뇌 아이들 편에서 나왔던 칭찬 스티커 등)도 따라야 합니다. 우측전뇌 아이들은 좌측전뇌 아이들처럼 칭찬 스티커 자체에 동기 부여가 되지는 않습니다. 하지만 10개를 모았을 때 아이가 정말 좋아하는 것(그것이 비록 모바일 게임이 될지라도)을 걸고 동기 부여를 시켜야 합니다. 그리고 그 좋아하는 보상도 아이가 직접 결정할 수 있게 하여야 합니다.

만약 우측전뇌 특징이 강한 아이가 정해진 시간에 숙제를 잘 했다거나 뭔가를 미리 준비했다면 정말 많은 노력을 한 것이기 때문에 어려운 수학 문제 하나 푼 것보다 더 많은 칭찬을 해 주셔야 합니다. 그래서 본인이 취약한 부분을 스스로 강화해 나갈 수 있게 도와주셔야 합니다. 그리고 이런 루틴이 잘 만들어져야 감정이 안정적이어집니다. 우측전뇌 아이들은 바깥으로 확장하는 뇌를 가지고 있기 때문에 감정의 기복이 큰 편입니다. 너무 좋았다가 갑자기 화가 났다가 순간 침울해지기를 반복할 수 있습니다. 그래서 생활이 루틴을 갖춰 가면서 안정화되기 시작하면 정서적인 기복도 차츰 줄어들면서 충동적인 생각이 떠오를 때 잠깐 쉼표를 가지며 생각할 수 있는 여유가 생깁니다.

우측전뇌 아이들이 특정 상황에서 산만한 모습을 보인다면 일단 아이의 태도보다는 환경을 먼저 보시는 것이 좋습니다. 불빛이 너무 밝은지 혹은 깜빡거리지는 않는지, 부모님은 인지하지 못하신 기계적인 소음이 계속 나오는지, 너무 덥고 습한지 등을 보셔야 합니다. 실제로 외부 환경에 영향을 많이 받기 때문에 환경이 아이에게 불편하게 하는 부분이 있는지를 먼저 살펴보시는 것이 좋습니다. 학교라는 곳이 유난히 웅성거리고 시끄럽고, 특히 저학년 아이들 같은 경우는 많이 뛰어다니기 때문에 눈앞에 아이들이 왔다 갔다 시각 자극이 많은 곳입니다. 그런 곳에서 감각이 예민한 아이들은 들뜨는데, 기분이 좋게 들뜨는 것이 아니라 감각이 계속 자극되기 때문에 불안이 확 올라오게 됩니다. 그래서 옆에서 누가 살짝만 건드려도 욱해서 소리를 지른다거나 하는 등의 행동을 보일 수 있습니다. '우리 아이는 4학년이면 이제 좀 차분해져야 하지 않나?', '아무리 시끄러워도 집중력이 좋으면 다 극복해야지'라고 생각하시기 전에 아이의 환경을 먼저 조절해 보시면 아이를 오해하지 않게 됩니다.

공부에 있어서도 호불호가 너무 강하기 때문에 본인이 좋아하는 과목은 누구보다 열심히 하지만 좋아하지 않는 과목은 안 하려고 합니다. 좋아하는 것에 대해서는 굳이 부모님이 애쓰지 않아도 알아서 열심히 할 것이기 때문에 하기 싫어하는 공부, 예를 들어 매일 연산 문제집 한 장을 푼다거나, 영어 단어를 외우는 등을 했을 때 적절한 강화물(칭찬 스티커 등)을 이용해서 끌고 나가셔야 합니다. 수학 공식도 외우기 싫어하고 그냥 그때그때 풀려고 하지만 그러면 실제 시험을 보거나 할 때에는 시간이 많이 걸리거든요. 우측전뇌가 발달한 아이는 초등학교 고학년이 되면서부터는 수학, 과학에 흥미를 가지면서 잘하겠지만 초등학교 저학년 때에는 잦은 연산 실수와 문제를 잘못 읽는 등의 것들로 실제 점수가 잘 안 나와서 '나는 못하나 봐' 하며 자신의 학습에 한계를 지어 버리지는 않게 하셔야 합니다.

우측전뇌가 발달한 아이들은 아무래도 문자나 언어보다는 이미지에 강하기 때문에 글자를 좋아하지 않습니다. 글씨도 예쁘게 쓰지 않고, 쓰는 말도 조리가 없습니다. 그렇다고 우측전뇌가 발달한 아이들이 책 읽기를 싫어하는 것은 아닙니다. 다만 책을 읽고 정보를 얻으면서 논리적인 추론을 하는 것보다는 책을 읽으면서 상상하는 것을 좋아합니다. 그래서 일반적인 논술학원에서 글을 읽고 독후감을 쓰면, 자신만의 독창적인 해석을 하는 것으로 칭찬을 받을 수는 있지만 "이 글의 주제는 뭐지?", "이 문장의 정확한 뜻은 뭐야?", "이 사람은 어떤 의도로 이렇게 얘기했을까?"라고 물었을 때 당황하는 경우가 많습니다. 정확한 읽기를 바탕으로 창의력이 꽃을 피우면 더할 나위 없겠지만, 정확한 내용을 모르면서 자기가 아는 단어들만 조합해서 자기만의 이야기를 만들어 내는 것은 모래 위에 집짓기와 같은 것입니다. 핵심을 파악하지 못하고 회피하기 위해 농담으로 대충 넘어가거나 다른 이야기를 해 버리는 것은 아이의 사고력 확장에 도움이 되지 않기 때문입니다. 우측전뇌 아이들이 상상력 가득한 이야기를 할 때에 정확한 내용, 중요한 내용은 놓치고 있지 않은지를 잘 살펴보셔야 하고, 학교 교과서에 있는 단어들은 잘 알고 있는지를 확인하셔야 합니다.

대인 관계의 측면에서도 처음 보는 아이들과는 잘 사귀지만 안정적으로 관계를 잘 유지하는 친구들이 주변에 있는지 살펴보셔야 합니다. '우리 아이는 친구가 많아'라고 그냥 넘기시지 마시고 속 깊은 이야기를 나눌 수 있는 친구가 주변에 있는지, 자주 연락하고 만나는 친구가 있는지 봐주셔야 합니다. 우측전뇌 아이들은 대인 관계 역시도 피상적으로 맺고, 재밌으면 같이 놀고 아니면 말고 식이 될 수 있기 때문입니다. 비슷한 우측전뇌 성향의 친구들이 주변에 많아서 서로의 관심사를 공유하면서 즐겁게 잘 지내는 경우라면 다행이고, 곁에 정서적이고 안정적인 아이가 한둘 있어서 우측전뇌 성향인 우리 아이 옆에서 묵묵히 지지해 주는 친구가 있다면 좋습니다.

케이스

초등학교 3학년 남자아이가 산만하다는 것을 주 호소로 병원에 왔습니다. 이미 다른 병원에서 다양한 검사를 했는데 지능 검사는 상위 0.1%로 매우 높게 나왔고, ADHD 검사를 했는데 정상이라고 하였습니다. 부모님이 보시기에 학업적으로는 전혀 걱정이 없는데 학교나 학원에서 친구들과 트러블을 많이 일으키고, 급기야는 선생님들도 아이에 대해서 좋지 않게 말씀을 하신다고 하셨습니다. 수학, 과학 경시대회 상을 휩쓸 정도로 뛰어나지만, 길을 가다가 옆에 친구를 못 보고 치고 지나갔는데 그게 큰 싸움으로 번진다거나, 선생님께 수업 시간에 질문을 너무 많이 해서 수업에 방해가 된다고 못하게 하면 강하게 반발하는 등 태도가 좋지 못하다는 말씀을 선생님으로부터 들었다고 합니다.

집에서도 자기가 좋아하는 책을 읽느라 밤을 꼴딱 새우고 다음 날 못 일어나서 학교에 늦는 경우가 많고, 어린 동생이 있는데 동생을 데리고 너무 위험한 장난을 치는 일이 잦다고 합니다. (장난감 자동차 등에 아이를 놓고 밀어 버린다거나) 부모님이 혼내보기도 하고 타일러 보기도 하는데 다음날이 되면 똑같은 일이 반복된다고 하였습니다. 한 가지

특이한 점은 백화점같이 사람이 많은 곳에 가는 것을 너무 싫어하고, 학교도 너무 시끄러워서 쉬는 시간에는 귀를 막고 있다고 하였습니다. 피아노를 잘 치는데 피아노 학원을 다녀오면 너무 피곤해서 꼭 한 시간씩 잠을 자야 한다고 하였습니다.

이 아이는 행동만 보면 '어? ADHD 아니야?' 할 정도이지만 실제 검사에서는 집중력도 좋고 ADHD 검사도 다 정상으로 나왔습니다. 하지만 HBTS 검사에서 우측전뇌 수치가 매우 강하게 나왔고 뇌파 검사에서도 우뇌의 베타파가 매우 높게 나왔습니다. 전형적인 우측전뇌 아이의 특성을 보이고, 너무너무 호기심이 많아서 검사실 컴퓨터랑 뇌파 기계를 다 만져 봐서 검사하시는 선생님이 애를 먹으셨습니다. 검사를 해야 하는데 "이건 어떤 원리로 이렇게 나오는 거예요?", "이 컴퓨터는 사양이 어떻게 되나요?" 검사를 끊임없이 하고, 눈을 감고 안정적인 뇌파를 봐야 하는 검사에서도 호기심 때문에 눈을 감지 못해서 한참을 설득한 이후에야 검사를 할 수 있었습니다.

이 아이는 비록 ADHD 검사에서는 정상으로 나왔지만 시각, 청각 인지가 과하게 높은 아이라 높은 인지 때문에 지능이 높긴 하지만 100m 달리기를 하는 정도의 에너지를 일상의 매 순간에 쓰고 있어서 예민하고 과잉 각성된 특징을 보이는 것입니다. 이런 상태에서 친구가 "야~ 너 왜 그래?"라고 인상을 쓰면 감정이 욱해져서 말이 공격적으로 나가게 되고, 이런 모습이 선생님이 보시기엔 버릇없어 보이게도 됩니다. 우측전뇌 아이들은 고집도 세고, 자신이 좋아하는 것과 아닌 것이 너무 분명해서 어른들이 조언을 해도 빨리 받아들이기 어렵습니다. 많은 시간을 들여서 이야기를 나누고 설득을 해야 하는 것이죠.

이 아이는 약물 치료는 하지 않았고 불필요한 감각 과잉을 낮춰 주는 신경 발달 중재 치료와 뉴로피드백 치료를 하였습니다. 감각이 예민해서 주변 자극을 다 의미 있게 받아들이고 반응하던 것을 주요한 감각과 그렇지 못한 감각을 구별할 수 있게 되면서 항상 100m 달리기하는 상태처럼 각성 상태이던 아이가 스스로 페이스 조절을 할 수 있게 되었습니다. 여전히 에너지는 넘치고 자기가 좋아하는 일에는 전력 질주 하기는 하지만 정해진 시간에 자고, 친구들과 트러블이 생겨도 먼저 사과할 수 있게 되었고, 선생님의 말씀도 끝까지 들을 수 있게 되었습니다. 부모님도 우리 아이가 문제가 있거나 버릇이 없어서가 아니고, 타고난 성향과 어쩔 수 없이 예민해서 그랬던 것을 이해하시면서, 공부방 환경도 조용하게 바꾸고, 동생이 형아 공부할 때엔 근처에서 시끄럽게 굴지 못하게 하면서 아이를 덜 혼내게 되니까 '우리 아이가 이렇게 순한 애였나?' 싶게 다시 보게 되었다고 하셨습니다.

※ 본 케이스는 특정인의 사례가 아닌 다양한 사례를 종합하여 재구성하였습니다.

5.

우측후뇌 유형

특징 및 장점

우측후뇌 사람들은 매우 정서적이고 영적이고, 배려심이 좋고, 공감 능력이 뛰어납니다. 사람들과 관계 맺는 것을 좋아하고, 관계 사이에서 좋은 사람이고 싶어 합니다.

우측후뇌 사람들의 가장 큰 특징이자 장점은 매우 사교적입니다. 처음 보는 사람에게 먼저 다가가서 인사를 건네고, 자기보다 나이가 많든 적든 마음을 나누면서 놀이를 할 수 있습니다. 친구 누구 하나하나에 집착하기보다는 '오늘은 애랑 놀고, 내일은 쟤랑 놀면 되지'라며 여유가 있습니다. 어디를 가도 친구를 사귈 수 있고, 어떻게 하면 좋은 관계를 맺을 수 있는지 어릴 때부터 가르쳐 주지 않아도 잘 알고 있습니다. 자신을 거리낌 없이 드러내고, 다른 사람도 있는 그대로 잘 받아들입니다. 친구들 사이에서는 매우 편안하고 안정적인 존재로 누구든 우측후뇌 사람과 친구를 맺고 싶게 됩니다. 외국에 나가서 살게 된다고 해도 그 누구와도 친구가 될 수 있는 엄청난 친화력을 가지고 있는 사람들이 우측후뇌 사람들입니다.

타인의 마음, 감정 상태를 매우 잘 파악합니다. 언어적인 것뿐만 아니라 비언어적인 표정, 느낌, 태도 등을 매우 민감하게 포착하고 잘 파악합니다. 사람의 성향도 잘 보고, 그 사람이 좋아하는 것, 싫어하는 것을 순식간에 파악합니다. 새 학년에 올라가서 새로운 친구들을 만나게 되면 어떤 아이가 자신에게 맞고 어떤 아이는 맞지 않는지를 직감적으로 압니다. 자신과 성향이 맞지 않는 친구들과는 아예 엮이지도 않기 때문에, 반에서 친구들끼리 다툼이 일어나더라도 우측후뇌 성향의 아이들은 그런 싸움에 연루될 가능성이 낮습니다. 친구들뿐만 아니라 어른들, 특히 선생님들의 성향도 잘 파악하기 때문에 어떻게 하면 사랑을 받을 수 있는지 잘 압니다. 그래서 상대방에 따라서 자신의 모습을 바꿔가며 상대와 상황에 맞게 잘 적응해 나갑니다. 이런 것들은 말로 설명하고 가르치기 매우 어려운 부분인데, 이런 판단력과 적응력을 타고나는 것입니다.

글을 읽을 때에도 흔히 '행간을 잘 파악한다'고 해서 정서적인 글 읽기에 매우 탁월합니다. 비문학보다는 문학적인 글을 이해하고 파악하는 것에 능하고, 우측전뇌와 마찬가지로 언어, 문자보다는 이미지, 감각에 예민합니다. 말로 설명하지 않아도 뉘앙스를 잘 파악하고, 하나하나 분석하는 것보다는 전체를 보는 직관이 발달되어 있습니다. 하나를 꼭 끝내 놓고 순차적으로 하는 것보다는 동시에 여러 가지를 할 수 있습니다.

다른 사람에게 인정받는 것을 매우 중요하게 생각하기 때문에 적절한 칭찬과 인정을 해 주면 그 누구보다도 어떤 일에 헌신적으로 노력합니다. "4학년이면 당연히 이 정도는 하는 거야"라는 말보다 "엄마는 우리 ○○이가 이걸 해 주면 너무 좋을 것 같은데"라고 얘기해 주시면, 엄마를 기쁘게 하기 위해서 열심히 할 수 있는 아이입니다. "칭찬 스티커 열 개 모으면 엄마가 뭐 사 줄게"라고 하는 것보다 "스티커 10개 모으면 아빠랑 단둘이 데이트하자~" 혹은 "아빠랑 야구장 가자~!"라는 제안에 더욱 끌립니다. 누군가와 함께 좋은 시간을 보내는 것, 자신이 중요하게 생각하는 사람에게 인정받는 것이 무엇보다 중요합니다.

우측후뇌 성향의 아이는 워낙 공감 능력이 뛰어나서, 엄마가 기분이 안 좋아 보이면 엄마 손을 잡아 주면서 "엄마, 힘들어?"라고 물어줄 수 있는 아이입니다. 마음이 정말 따뜻하고, 정서적 감수성도 높지만 공감 능력도 좋아서 친구들 사이에서도 이런 저런 일에 '상담자' 역할을 해 줄 수 있습니다. 우리가 흔히 말하는 EQ(감성 지수), SQ(사회성 지수)가 높습니다. 감정 조절도 잘하고 인간관계를 원만히 하는데 탁월하기 때문에 성인이 되어서 어떤 조직에 있든지 가치를 인정받고 중요한 사람으로 인식되게 됩니다.

정서에 민감하기 때문에 남의 감정도 잘 파악하지만 자신의 감정도 잘 압니다. 자신이 무엇을 좋아하는지 싫어하는지 잘 알기 때문에 스스로를 조절하거나 환경을 조절하면서 잘 적응해 나갑니다. 삶에서 위기가 왔을 때 회복하는 능력이 탁월하고(회복 탄력성이 좋다고 표현합니다.) 타인을 위로하는 만큼 스스로의 마음도 잘 북돋아 주고, 어떤 어려운 상황 속에서도 낙관적이고, 유머를 잃지 않습니다. 힘든 상황 속에서도 타인을 배려할 줄 알고 평정심을 잘 유지합니다.

우측후뇌가 발달한 사람들은 성인이 되었을 때 협상, 마케팅, 영업에 매우 능합니다. 같은 것을 놓고도 어떻게 다른 사람에게 다가가는 지를 본능적으로 잘 알죠. 같은 물건을 어떻게 하면 잘 파는지, 어떻게 하면 다른 사람을 잘 설득할 수 있는지 압니다. 단순히 화술이 좋거나 기술적으로 잘한다는 것이 아니라 상대에게 감동을 주고, 상대방의 말을 잘 듣고, 관계에서의 합의점을 잘 찾아냅니다. 정서적으로도 매우 민감해서 예술적 감성이 높고, 이런 감수성이 자신이 만들어내는 것(음악, 미술, 작품, 글 등)에 잘 드러나고, 남들과 한 끗 다른 감성과 표현력을 보여 줍니다. 사람을 상대하고 상담하는 일에는 천부적입니다. 타인의 입장에서 그 사람을 있는 그대로 판단하지 않고 받아들이기 때문에 많은 사람들이 우측후뇌 사람에게 마음을 잘 터놓고, 대화를 하는 것만으로도 치유를 받는 느낌을 받을 수 있습니다.

단점

우측후뇌가 발달한 사람들은 경쟁에 취약합니다. 엄밀히 말하면 경쟁에 관심이 별로 없습니다. '내가 꼭 쟤를 이겨야 해?', '꼭 잘해야 하나?'라고 생각을 합니다. 그냥 재미있으면 하는 거고 아니면 안 하면 되지, 뭘 그렇게 열심히 힘들게 해야 하나 하는 생각이 지배적입니다. 축구 경기를 뛰어도 친구들하고 같이 땀 흘리고 뛰는 게 좋은 거지, '난 기필코 이기고 말 거야'라는 생각이 별로 없습니다. "너 이거 갖고 싶지 않아?", "최고가 되고 싶지 않아?"라고 물으면 "왜 그래야 하는데?"라고 반문하게 됩니다. 부모님이 보시기에는 아이가 너무 욕심이 없고, 뭐든 열심히 안 하는 것처럼 보입니다. "너는 애가 야망이 없어?"라고 물어보고 싶을 정도입니다. 승부 자체를 즐기지 않기 때문에 승패가 있는 게임에도 크게 흥미를 보이지 않습니다. 승부를 가르는 과정에서의 긴장감을 불편해합니다. 레벨이 올라가거나 정해진 시간 안에 최대한 뭔가를 많이 하는 것에서 승부욕을 보이지 않고, 자신이 환경을 조작하고, 그 안에서 여유롭고 즐겁게 하는 것을 좋아합니다.

　우측후뇌가 발달한 사람은 논리보다는 감정이 앞섭니다. 어떤 사안에 대해서 이성적으로 판단하기에 앞서 감성적으로 느낀 후 생각합니다. 그래서 기승전결 맞춰서 논리적으로 분석하기보다는 "아, 이건 좀 아닌 것 같은데. 그냥 그런 느낌이 들어"라고 얘기합니다. 이성적인 분석과 감성적인 직관이 어느 게 더 정확하다, 맞다, 틀리다를 얘기하는 것은 아니고. 어떤 사안, 사건을 판단하는 방식의 차이입니다. 어린 아이의 경우, 부모님이 아이가 잘못한 일에 대해서 나무라는 상황을 예로 들면 부모님께서 "너, 이렇게 하면 안 되지"라고 말씀하셨을 때 이성적인 판단이 앞서는 아이들은 '아, 이렇게 하면 안 되는구나'라고 받아들이는 반면 우측후뇌가 발달한 아이들은 '엄마는 아무래도 날 싫어하는 것 같아'라고 먼저 생각합니다. 그래서 감정적으로 먼저 맘이 상해 엄마의 말 속의 의미를 정확하게 파악하는 데에 시간이 걸립니다.

우측후뇌가 발달한 사람은 성취 욕구가 낮아 보입니다. 실제로 자신이 좋아하는 일에는 성취 욕구가 낮지 않습니다. 하지만 본인이 흥미 있어 하지 않는 일에 대해서는 스스로 동기 부여가 잘 안 됩니다. 스스로 목표를 정하고 앞으로 나아가고, 또 목표를 정하고 나아가는 모습이 잘 안 보입니다. 숙제를 하는 상황을 예로 들면 좌측전뇌가 발달한 사람은 하기 싫더라도 '나는 8시까지 끝내고 놀아야지'라고 하며 스스로를 독려하며 한다면, 우측후뇌가 발달한 사람들은 그냥 천천히 자기만의 페이스대로 합니다. 돈을 모으더라도 '나는 얼마까지 돈을 모을 거야'라며 기간과 액수를 정해 놓고 모으는 것보다는 '필요하면 쓰고 필요 없으면 안 쓰면 되지'라고 생각합니다. 자기만의 속도와 방식이 있는데 다른 사람이 보기에 '저 사람은 목표나 꿈이 없어?'라고 생각할 수 있습니다.

학습적인 면에서도 자신의 자기가 좋아하는 분야는 재미있어 하고 좋아하지 않는 분야는 별로 흥미를 보이지 않습니다. 좋아하는 분야라고 해도 '나 잘하고 싶어', '나 1등 할 거야'보다는 '재미있으니까 그냥 하는 거야'입니다. 재미없어하는 분야가 필수로 해야 하는 분야라면 (예를 들어 수학 연산이나 영어 단어 외우기 등) 일정 수준까지 하게 시키기가 참 어렵습니다. 고집도 세기 때문에 하기 싫으면 곧 죽어도 싫거든요. "어, 우리 아이는 우측후뇌 성향이지만 승부욕이 있어요"라고 하시는 부모님이 계십니다. 이런 경우는 승부나 목표 성취 자체를 즐긴다기보다는 내가 잘했을 때 인정받는 것이 좋아서, 혹은 내가 못했을 때 선생님이 (혹은 부모님이) 자신에게 실망할까 봐 열심히 하는 경우가 많습니다. 우측후뇌 성향의 아이도 언어나 문자보다는 이미지나 다른 감각이 발달되어 있는 경우가 많습니다. 하지만 책 읽는 것을 좋아하는 아이라면 언어도 잘 발달합니다. 다만 우측전뇌가 발달한 아이들과 마찬가지로 책을 읽으면서 상상하는 것을 좋아하지 '논리적인 책 읽기', '정보를 얻기 위한 책 읽기'에는 다소 취약한 면이 있습니다. 비문학보다는 문학을 좋아하는 경향이 있고, 비문학 중에서도 자신이 좋아하는 특정 분야(과학 서적 등)에는 깊이 있는 책 읽기를 하는 경우가 있습니다.

우측후뇌가 발달한 사람은 대인 관계에 있어서 사람에 대한 호불호도 명확합니다. 자신의 성향과 맞는 사람과 그렇지 않은 사람이 확실하게 나누어져 있어서 자신과 잘 안 맞는 사람과는 갈등이 생기는 경우가 있습니다. 선생님이라 할지라도 '저 선생님이 날 싫어하는 것 같아'라고 느끼면 '나도 저 선생님 싫어'라고 선을 그어 버릴 수 있습니다. 그리고 친구와의 관계에 있어서도 처음 보는 사람에게도 잘 다가가고, 마음이 따뜻해서 다 퍼 주는데, 상대가 자신에게 그렇지 못하면 혼자 속상해합니다. 친구들과 시간을 보내고 관계를 맺는 것을 매우 소중하게 생각하는데, 그 관계가 자신의 생각대로 잘 풀리지 않는 경우 크게 실망하고, 고민하게 됩니다. 다른 사람이 무심코 한 행동이나 말에 상처도 잘 받고, 이로 인해서 감정이 불안정적일 수 있습니다.

우측후뇌가 발달한 아이들은 '관계'에 대한 문제를 많이 겪습니다. "나는 저 아이를 좋아하는데 저 아이는 나를 별로 안 좋아하는 것 같아", "내가 친구한테 양보해 줬는데 친구는 양보를 안 해 줘", "선생님이 날 안 좋아하는 것 같아", "엄마는 동생만 사랑하고", "오늘은 아빠가 내 옆에서 자면 안 돼?", "엄마랑 같이 하고 싶어" 등등. 주로 감정적인 문제를 많이 호소합니다. 이럴 때 '당위'를 앞세워서 "○○야, 걔 입장을 한 번 생각해 봐", "이제 너도 4학년이면 혼자 할 수 있어야 해" 등등 논리적으로 설득하려 든다면 아이는 '역시 엄마(아빠)는 내 편이 아니야'라고 생각하며 마음을 닫아 버립니다. 관계에 대한 문제를 털어놓을 때에는 아이들도 상황을 모르지 않습니다. 다만 속상한 마음을 표현하는 것인데 부모님께서 논리적으로 접근하시면 우측후뇌 성향의 아이는 '아는데 짜증 난다구!' 이런 반응을 보입니다. 이런 성향의 아이에게는 먼저 "어머, 걔 왜 그랬대?? 너무했다", "아~ 우리 ○○가 엄마랑 같이 있고 싶구나~" 등 아이의 감정을 먼저 인정해 주고받아 주는, 즉 같은 편이 되어 주는 과정이 먼저 필요합니다. 이후에 "근데 엄마는 말이야~, 걔 입장에서는 이랬을 수도 있었겠다 싶어"라고 접근을 하면 아이들이 편안하게 받아들일 수 있습니다. 설사 부모님께서 보시기에 우리 아이가 잘못했다고 생각되시더라도 '아빠 엄마는 네 편이야. 너를 제일 사랑해'라는 메시지를 지속적으로 표현하셔야 합니다.

간혹 부모님들께서는 "그러다가 우리 애가 너무 독선적으로 자라면요? 버릇없이 크지 않을까요?"라고 물어보십니다. 하지만 평균 이상의 지능을 가지고 있는 아이라면 상황을 모르지 않습니다. 충분히 감정을 받아 준 후에 다시 얘기를 나눠도 늦지 않습니다. 이런 식으로 부모님과 감정을 다루는 것을 연습을 하고 나면, 아이가 커서 스스로 자기 문제를 해결해야 할 때에 자기 속에서 쑥 하고 올라오는 좋지 않은 감정을 스스로 먼저 다룬 후, 이성적으로 판단할 수 있어집니다. '어머, 정말 쟤 너무한 것 아니야? 그러니까 내가 화가 나지' 한 후에 '그래, 저 입장에서는 저럴 수도 있었겠다'라고 스스로 생각할 수 있어야 합니다. 감정에 민감한 사람이기 때문에 불쑥불쑥 올라오는 불편한 감정을 흘려보내기 어렵습니다. 그래서 부모님과 함께 어릴 때부터 감정을 다루면서, 모델링을 잘하고 나면 스스로도 자신의 감정을 잘 다룰 수 있게 됩니다.

학습적인 면에서 본인이 좋아하는 것은 잘 하지만 싫어하는 것은 우측전뇌가 발달한 애들과 마찬가지로 안 하려고 합니다. 칭찬 스티커에 잘 움직이지 않죠. "가지고 싶은 것이 없는데?", "안 받고 안 할래"라고 얘기합니다. 하지만 그렇다고 긍정적 강화 요법이 효과가 없는 것은 아닙니다. '뭔가를 가지고 싶고, 이루고 싶고'보다는 '누구와 함께하고 싶은' 욕구가 강한 아이들이기 때문에 칭찬 스티커 10개 모으면 '엄마랑 영화 보러 가기', '아빠랑 모터쇼 보러 가기' 등 좋아하는 사람과 즐거운 시간을 보내는 것을 걸고 하면 움직일 수 있습니다. 우뇌(전뇌든 후뇌든)가 발달한 아이들이 싫어하는 것이 대부분 단순 반복이 많은데, 이것이 모든 학습의 기본이 되기 때문에 이것이 없이 창의력만 가지고는 성과를 낼 수가 없습니다. 어떻게든 좋아하는 것을 걸고 아이를 끌고 나가야 합니다.

대신 우뇌 성향의 아이들은 우리가 흔히 'Late bloomer'라고 해서 '늦게 꽃피는 아이'라고 하는데 본인이 좋아하는 것이 생기면 무섭게 몰입하는 아이들이어서, 본인이 하고 싶은 것이 생겼을 때 기본이 너무 없으면 안 됩니다. 그래서 자기가 좋아하는 것이 생길 때까지는 기본적인 것을 할 수 있도록 부모님이 방향을 가지고 잘 끌고 나가셔야 합니다.

그리고 우뇌 성향(전뇌든 후뇌든)의 아이들은 공부할 때에 부모님께서 옆에 계시는 것이 좋습니다. 혼자 공부하게 두면, 당장 읽고 싶은 책이 보이면 읽어야 하고, 갑자기 책상 정리를 하는 등 공부를 시작하는 데 오래 걸립니다. 부모님께서 옆에 앉아 계시기만 해도 집중력이 올라가기 때문에 정해진 공부를 제시간 안에 마칠 수 있습니다. 하지만 우뇌 성향의 아이들은 부모님이 가르쳐 주는 것은 싫어합니다. 고집도 세고, 부모님께서 좋은 의도로 가르쳐 주는 것이라고 해도 '간섭'받는다고 생각하고 싫어합니다. 더구나 우측후뇌가 발달한 아이는 '나를 사랑해야 하는' 부모님이 '평가자'가 되는 것을 매우 불편해합니다. 그래서 우뇌 성향의 아이들은 부모님께서 옆에서 앉아 계시되 책을 읽으시든, 뜨개질을 하시든 하시고 싶으신 다른 일을 하시는 것이 좋습니다. 대신 부모님은 '시계' 역할을 해 주시는 것입니다. "○○야, 지금 7시 반인데, 우리 8시 반까지 숙제 끝내자. 엄마가 8시에 얘기

한 번 해 줄게"라고 하고 8시가 되면 "8시야"라고 얘기해 주시면 잠깐 늘어지던 아이가 다시 자세를 고쳐 앉고 숙제를 하게 됩니다. 8시 20분이 되면 "이제 10분 남았으니까 마무리하자"라고 하시면 8시 30분에 숙제를 완벽히 끝내지는 못해도 적어도 이후 10-20분 안에는 마무리할 수 있습니다. 처음에는 쉽지 않아도 이런 식으로 반복해서 모델링을 하다 보면 부모님과 아이가 서로 얼굴 붉힐 일이 줄어들고, 아이도 칭찬받을 일이 많아집니다. 그리고 무엇보다 중요한 것은 앞서 감정을 다루는 것과 마찬가지로, 아이가 커서 본인이 뭔가를 해야 할 때에 스스로 시계 알람을 맞춘다거나 해야 할 일을 스스로 목록을 쓰면서 지워 가면서 하는 등, 비록 타고난 것은 아니지만 훈련을 통해서 자신의 단점을 극복할 수 있는 방법을 익히게 됩니다.

케이스

중학생 여자아이가 왕따 문제로 상담을 위해서 내원하였습니다. 이 아이는 자신이 왕따가 아니었는데, 왕따인 다른 친구가 안 돼 보여서 친구가 되어 줬는데, 자기가 왕따의 표적이 되고 오히려 도움을 줬다고 생각한 그 친구가 다른 애들이랑 같이 자신을 욕하는 상황이 되었다고 합니다. 매일 울면서 학교 가기 싫다고 하고, 공부를 잘하던 아이가 학원도 다 끊고 싶다고 하여서 걱정이 되어서 왔습니다.

이 아이는 어릴 때 지능 검사를 한 적이 있는데 영재 수준으로 높은 지능을 가지고 있었고, 언어적인 부분과 시각적인 부분이 골고루

다 발달한 아이였습니다. 외향적인 아이였고, 초등학교 때에는 친구 문제가 거의 없었다고 하였습니다. 집에서도 너무나 사랑스럽고 따뜻한 아이였고, 동생에게도 맘씨 좋은 누나였습니다. 다만 혼자 잠드는 것을 무서워해서 동생은 혼자 따로 자는데 이 아이는 중학교 입학하기 직전까지 부모님과 함께 잤었고, 뭐든 엄마와 함께하고 싶어 하는 아이라고 하였습니다. 동생은 독립적이어서 대부분의 시간과 신경을 이 아이에게 주는데도 불구하고 항상 더 손이 많이 간다고 하였습니다. 남들이 보기에는 너무 의젓하고 학교에서도 모범생인 아이인데 집에서는 말 한마디에 잘 삐지고, 잘 운다고 하였습니다.

하지만 이번에 검사를 하였을 때에 지능 검사 전체 점수(FSIQ)가 평균 수준으로 떨어졌고 특히 단기 기억과 집중력 수치가 뚝 떨어졌습니다. 행동 심리 평가에서 불안, 우울, 사회적 미성숙 수치가 높게 나왔고, 투사 검사에서 타인의 시선에 과도하게 민감하고, 대인 관계에서의 불안과 위축을 시사하는 결과가 나왔습니다. 투사 검사에서 외부에 대한 관심은 매우 높으나 현실에서 잘 해소되지 않아 정서적으로 곤란함을 느끼고 있고, 아이 스스로도 힘들다고 인지하고 있었습니다. 부모님은 아이가 말문을 닫아서 사춘기 때문인 건지 마음이 힘들어서 그런 건지 잘 모르겠다고 하셨는데 실제 아동의 검사에서는 부모님에 대해서 적대적인 감정을 느끼고 있지 않았고, 만성적인 성격적인 문제가 보이지는 않았습니다.

부모님과 결과 상담에서, 부모님은 매우 이성적이고 지지적인 분이신데 아이는 감성적인 아이라 부모님 입장에서는 '어떻게 대해야 할지 잘 모르겠다'고 하셨습니다. 아이의 성향에 대해서 설명을 드리고, 아이가 감정에 대한 이야기를 할 때에 혹은 부모님 입장에서는 이유 없이 울거나 짜증 낸다고 느껴질 때에 무조건 편들어 주시고 감정을 읽어 주시라고 말씀드렸습니다. "엄마 나 너무 속상해"라고 얘기하면 "우리 ○○가 속상하구나", 이유 없이 짜증 낼 때에 "네가 오늘 힘든 일이 있었나 보네" 즐거워 보일 때에 "우리 딸이 오늘 좋은 일이 있었어?" 등 아이의 감정을 부모님이 언어로서 읽어 주시라고 말씀드렸습니다. 아이의 정서나 감정에 대해서 판단하지 마시고 있는 그대로 '읽어' 주시는 것입니다. 감정에 민감한 아이들은 불쑥불쑥 올라오는 감정에 가끔 압도되기도 하는데 그것을 한 발자국 떨어져 있는 부모님이 보이는 대로 읽어 주시면 아이가 자신의 감정에 대해서 다시 한번 생각해 볼 수 있게 됩니다. "너 무슨 일 있었어? 엄마한테 얘기해 봐"라고 물으시면, 좋은 의도로 물어보신다고 하셔도 아이 입장에서는 다그치는 것처럼 느껴지게 되고, 말을 숨기게 되는 경우가 많습니다. "엄마가 보기엔 우리 ○○가 오늘 힘들어 보이는데, 무슨 일 있었어? 엄마 도움이 필요하면 언제든지 얘기해 줘"라고 말씀해 주시는 것입니다.

이 아이의 경우엔 부모님 상담 후 아이가 저에게 상담 요청을 하여서 아이와 단기 심리 상담을 하면서 아이의 감정을 반영해 주고, 아이의 검사 결과에 대해서 아이의 수준에 맞게 설명해 주었습니다. 3회기의 단기 상담 후에 도움이 필요하면 다시 오겠다고 하고 상담을 종결하였습니다. 친구들과의 문제가 자신의 인생에서 큰 위기이기도 했지만 자신에 대해서 스스로 생각해 보는 계기가 되었고, 부모님도 아이에 대해서 이해하는 기회가 되었습니다. 특별한 솔루션을 제시하지 않았음에도 불구하고, 이 아이는 스스로 자신의 문제를 해결해 보겠다고 하였습니다. 이후 부모님과의 통화에서, 아직 친구들과의 관계 맺는 것이 편해지지는 않았지만 아이는 다시 공부를 하기 시작하였고, 부모님에게 닫았던 말문을 터놓고 얘기하기 시작하였고, 아이의 불안한 모습이 줄었다고 합니다. 이 아이는 앞으로도 비슷한 문제를 많이 겪게 될 것입니다. 하지만 이 아이는 자신의 성향을 잘 알고, 어떤 면이 취약한지도 잘 알고, 어떤 강점이 있는지도 잘 알기 때문에, 소소히 부딪히며 스스로 다양한 실험을 하게 될 것입니다. 때로는 성공하고 때로는 실패하겠지만 작은 성공의 경험들이 이 아이가 큰 성공을 하게 되는 밑거름이 될 것이라고 믿어 의심치 않습니다.

※ 본 케이스는 특정인의 사례가 아닌 다양한 사례를 종합하여 재구성하였습니다.

6.

두뇌 유형에 대한 정리

이미 눈치챈 분들이 계시겠지만 네 가지 두뇌 유형은 서로 상반되는 부분들이 있습니다. 서로 대각선 위치에 있는 유형이 상반되는 유형입니다. 즉 승부욕이 강한 좌측전뇌 사람들은 우측후뇌의 감성적인 부분이 부족합니다. 반대로 우측후뇌의 감성이 발달한 사람은 승부욕과 목표의식이 부족합니다. 창의력이 좋은 우측전뇌 사람들은 좌측전뇌의 치밀함과 계획, 일관성이 부족합니다. 반면 일상의 루틴에 강한 좌측후뇌 사람들은 우측전뇌의 기능인 새로운 것에 적응하는 것에 어려움을 겪습니다. 간혹 검사에서 대각선 항목 둘 다 점수가 높은 경우도 있습니다. 이런 경우에 어떤 것이 이 사람의 타고난 본질이고, 어떤 것이 후천적으로 개발되고 보완된 것인지 판단 해 봐야 합니다.

어떤 사람은 하나만 우세한 사람이 있고, 두 가지 뇌가 발달한 사람이 있고, 세 가지가 발달한 사람이 있습니다. 간혹 네 가지가 다 비슷하게 나오는 경우도 있습니다. 네 가지 유형이 다 비슷하게 나오면 매우 균형 잡힌 사람이고, 가장 좋을 것이라고 생각할 수 있지만 실제로 네 가지 유형이 다 발달한 사람은 생각보다 성취가 높지 않습니다. 보통 가장 높은 두 가지 유형이 그 사람을 가장 잘 설명한다고 볼 수 있습니다. 우리의 목표는 네 가지 유형의 뇌를 다 발전시키는 것이 아니고 타고난 자신의 두뇌 유형은 노력하지 않아도 계속 발전하게 됩니다. 좌측전뇌가 발달한 사람은 누가 가르쳐 주지 않아도 항상 새로운 목표 설정을 하면서 앞으로 나아가려고 하고, 우측전뇌가 발달한 사람은 항상 새로운 재미있는 것을 찾게 되어 있고, 좌측전뇌가 발달한 사람은 삶에서 돌발 상황이 생기면 그것을 어떻게든 안전하게 패턴을 만들려고 노력할 것이고, 우측후뇌가 발달한 사람은 관계 속에서 정서적이고 감성적인 영감을 받게 됩니다. 자신이 잘 발달한 것은 스스로 발전할 수 있게 두고, 자신이 모자란 부분을 내부적인 노력을 통해서든 외부 환경의 도움을 받아서든 조금만 보완할 수 있으면 가장 만족스러운 삶을 살 수 있습니다.

어떤 유형이 더 좋다 나쁘다고 얘기할 수 없습니다. 각각의 장단점이 있고 어떤 그 장점들이 어떤 것이 더 우월하다고 할 수 없기 때문입니다. 관건은 자신의 타고나게 발달된 부분이 어떤 것인지를 알아채는 것이 가장 중요하다고 할 수 있겠습니다. 다만 특정 직군에 있어서는 어떤 유형의 사람이 적합한지는 판단할 수 있습니다. 목표를 가지고 성취를 이루고, 보직이 올라가는 일에서는 좌측전뇌가 발달한 사람이 유리할 것이고, 창의적이고 새로운 일을 개척해 나가는 일이나 학문에서는 우측전뇌가 유리합니다. 누구보다 꼼꼼하고 완벽한 수행이 필요한 일에는 좌측후뇌가 발달한 사람이 적합하고, 사람을 많이 만나고, 사람 속의 관계를 통해서 일이 진행되는 경우엔 우측후뇌가 발달한 사람이 적합합니다. "지피지기면 백전백승", "너 자신을 알라" 숱하게 들어온 말이지만 자신의 기질을 파악하는 측면에서 이것만큼 맞는 말은 없는 것 같습니다.

Part 3.

부모님들께
드리는 말씀

You're doing well

It will be fine

1.

워킹맘, 워킹대디 이야기

아이를 키우면서 일을 하는 것은 참 보통 일이 아닙니다. 보통 아이를 낳고 키우는 나이가 30-40대인데, 그때가 직업인으로서는 한참 커리어를 쌓아 올려야 하는 나이잖아요. 유튜브, 인스타에 보면 애도 잘 키우고, 살림도 똑소리 나게 하고, 자기 일에서의 전문성도 쌓아 나가는 '것 같은' 사람들이 너무 많아요. 그런데 현실은 밥 한 끼 해먹이면 기 빨리고, 아이 재워 놓고 책이라도 한 자 보려고 하면 졸려서 미치겠고, 애는 또 왜 이렇게 자주 아픈지, 어린이집 못 보내서 연차 한 번 쓰려고 하면 눈치 보이고, 다른 사람들은 저 멀리 달려 나가는 것 같은데 나는 수면 아래로 가라앉지 않기 위해서 발버둥만 치고 있는 느낌이랄까. 남편 혹은 아내와는 싸우는 빈도가 잦아지고, 사랑해서 결혼하고 아이를 낳았는데, 아이 때문에 싸우는 일이 많아지고, 부모님도 원망스럽고 형제도 싫고, 이런 쳇바퀴 도는 삶이 언제쯤 끝날까 하는 두려움이 생깁니다.

요즘은 어머니가 일하고 아버지가 육아 휴직 하면서 아이를 돌보는 경우도 많아지는 것 같습니다. 아버지, 어머니가 번갈아 가면서 휴직을 하시기도 하시고. 꼭 휴직이 아니더라도 부부가 같이 아이를 양육하는 빈도가 높아져서 한편으로는 '세상 좋아졌다' 싶기도 하고 한편으로는 짠합니다. 가끔 아버지가 출근길에 아이 어린이집 데려다주기 전에 병원에 데리고 왔는데 아이가 진료받고 나가면서 아빠 양복에 토를 질펀하게 했는데, 그 아버지의 멘붕 온 표정이 잊히질 않네요. '참, 애쓰시네요, 아버님' 이런 마음이 절로 듭니다. 이제는 어린아이를 키우는 부모님들이 나보다는 나이가 어린 경우가 대부분이라 동생 같은 마음에 등 한 번 토닥거려 주고 싶은 마음이랄까.

지지고 볶으면서 사는 중에 아이가 잘 크면, 점점 가정이 안정을 찾습니다. 밤새 잠 한숨 못 주무신 얼굴에 머리도 못 감고 아이를 데리고 오시던 어머니가 점점 화장도 하고 예쁜 옷을 입고 아이 손을 잡고 오시면 저는 속으로 '아, 저 집도 대폭풍의 시간은 지나가고 있구나' 하는 마음이 듭니다. '애쓰셨다'고 손이라도 잡아 드리고 싶은 마음이 들죠. 앞서도 말씀드렸지만 아이가 세 돌쯤 되면 부모님도 안정을 찾으십니다. 그런데 보통 그때쯤 둘째가 생기면 다시 폭풍 속으로 들어가시게 되죠. 분명 즐겁고 행복한 일이 많겠지만 고단하지 않다고 할 수는 없잖아요. 저도 일요일 저녁에 입주 이모님이 오시면 혼자 근처 스타벅스로 달려가 평소 잘 마시지도 않는 달달한 캐러멜 프라푸치노를 원샷하면서 한숨 돌렸던 기억이 생생합니다.

그런데 아이가 발달에 어려움이 있다거나 기관에 적응을 잘 못하거나, 뭔가 학습적으로 뒤처지는 것 같다거나 하면 겨우겨우 유지하고 있던 평정심이 무너집니다. 일하는 엄마, 아빠는 '내가 아이를 전적으로 돌봐 주지 않아서 이런 일이 생겼나'를 생각하시면서 죄책감이 생깁니다. 보통 부모님들이 아이가 초등학교 들어가면서 '학습'에 관심이 생기고, 아이들마다의 속도, 소위 진도가 눈에 보이면서 갑자기 확 불안에 휩싸이십니다. 빠른 아이들은 빠른 아이들대로 부모님 입장에서는 '내가 조금 더 도와주면 더 잘할 수 있을 것 같은데', 느린 아이들의 부모님은 '내가 지금 이러고 있을 때가 아니야. 우리 애를 뒤처지게 둘 수 없지'라는 생각에 심각하게 휴직 혹은 일을 관두는 것에 대해서 고민을 하시게 됩니다.

저는 보통 이런 고민을 하시는 부모님들께, 학교, 학원을 제외한 시간에 아이를 돌봐 줄 누군가가 없는 것이 아니라면 '아이 때문에' 직업을 관두지는 않으시면 좋겠다고 말씀드립니다. 다른 이유로 휴직을 하시거나 이직을 하시는 경우는 개인의 선택의 문제이기는 하나, 아이를 좀 더 잘 키우기 위해서 커리어를 포기하시는 것은 신중해야 합니다.

첫째로, 아이들은 부모가 사는 것을 보면서 학습하는 면이 큽니다. 부모는 모델링 해 주는 존재이지 가르쳐 주는 존재는 아닙니다. 부모님이 가정을 이루면서 자신의 삶도 충만하게 사는 모습을 보여 주는 게 그 어떤 가르침보다도 의미가 있습니다. 비록 완벽한 모습을 보여 주지 못하더라도 처해진 상황에서 최선을 다해서 살아가는 모습, 그 안에서도 의미를 찾고 즐거움을 찾으려는 모습을 보면서 아이들은 배웁니다. 부모님은 아이가 자라서 가정을 이뤘을 때 자식을 위해서 자신의 커리어를 포기하기를 원하시나요? 그것이 아니라면, 부모님도 포기하지 말고, 자신의 삶을 열심히 살아내는 모습을 보여 주는 것이 그 어떤 것보다도 큰 가르침을 줍니다. 아이들에게 '아, 저렇게 살면 되는구나. 때로는 힘들지만 즐거운 점도 있구나'

두 번째로, 아이를 위해서 자신의 일을 포기하게 되면, 일종의 피해 의식과 보상 심리가 생깁니다. '내가 내 일까지 포기하면서 너를 키웠는데, 너도 이 정도는 해 줘야지'라는 생각이 들고, 아이의 성과가 나의 성과가 됩니다. 그러면 아이가 성장하는 '과정'에 집중하기보다는 '결과'에 연연하게 됩니다. 아무리 최선의 노력을 다한다고 해도 결과는 아무도 모르는 것이죠. Only God knows! 아이와 내가 분리되지 못하고 경계가 불분명해지면 파생되는 심리적인 문제가 생각보다 많습니다.

셋째로 아이가 초등학교 가면서부터는 부모님과 보내는 시간의 '양'보다 '질'이 훨씬 **더** 중요합니다. 오랫동안 붙어 있으면서 서로 상처를 주고받고 하는 것보다, 일정 시간 떨어져서 각자 자기의 일을 하고, 만났을 때 반갑고 즐거움을 나누는 시간을 가지는 것이 훨씬 더 중요합니다. 앞서 아이를 공부시키는 방법 등에 대해서 말씀드릴 때 초등학생 이상의 아이들은 부모님의 역할이 생각보다 별로 없습니다. 아이를 잘 관찰하고, 해야 할 일을 했는지 체크하고, 적절한 보상을 주고, 따뜻한 눈빛으로 바라봐 주는 것은 30분도 안 걸리는 일입니다.

저는 아이가 만 5세를 넘어가면 아이도 부모로부터 분리되어야 하고, 부모도 아이로부터 분리되어야 한다고 말씀드립니다. 아이가 커 가면서 부모의 역할은 계속 바뀝니다. 누군가가 옆에 붙어서 아주 친밀한 관계를 형성해야 하는 시기는 만 3세까지입니다. 그때에도 꼭 그 존재가 '부모'일 필요는 없습니다. 조부모님이어도 괜찮고, 어린이집 선생님이어도 괜찮고, 도우미 이모님이어도 됩니다. 일하는 부모님은 아이에게 '우리 엄마, 아빠는 나갔다가 항상 돌아오는 사람'이라는 인식을 심어 주면 됩니다. 그리고 함께 있는 시간에 충분한 애정과 사랑을 주시면 됩니다. 그리고 그것도 세 돌이 넘어가면서부터는 아이와 조금씩 분리되어서, 아이가 뭔가를 요구하지 않으면 미리 들어주시거나 하실 필요 없고, 아이도 스스로 밥도 먹고 하면서 독립을 시작하고, 다섯 돌이 되면 잠자리 독립을 하면서 완전히 분리되는 것입니다. 부모님이 나가서 일을 하시든 안 하시든 이 시기부터는 부모님은 '관리자' 역할로 바뀌어야 합니다. 그런 의미에서 '아이를 위해서' 일을 그만두고 싶은 생각을 하신다면 다시 한번 곰곰이 생각해 보시길 바랍니다. 이직 혹은 휴직을 위한 다른 이유가 있는 것은 아닌지요.

결론 및 요약

1) 아이들은 부모님이 행복하게 잘 사는 모습을 보고 더 많은 것을 배웁니다.
2) 부모님과 아이들이 함께 보내는 시간은 '양'보다 '질'이 훨씬 더 중요합니다.

2.

네 몫, 내 몫
수용할 것과 노력할 것

아이가 성장 과정에서 어려움을 겪으면 마음이 덜컹합니다. 예를 들어서 어린이집에서 아이가 다른 아이를 때렸다는 얘기를 전화로 듣는다고 가정해 봅니다. 그런 전화를 받으면 마음이 너무 무겁습니다. 그럴 때 이 마음이 아이 때문인지, 내 마음이 불편한 것인지 먼저 살펴보셔야 합니다. 저도 아이들 문제로 이런저런 전화를 많이 받았습니다. 그러면 가장 먼저 드는 생각은 '아이, 쪽팔려'입니다. 내가 나름 소아과 의사라고 부모님들과 이런 저런 상담하면서 "아이는 이렇게 키우셔야 합니다"라고 말하면서 먹고 사는 사람인데, 우리 아이가 문제가 있다고 전화가 오면 사실 좀 부끄럽습니다. 그다음 드는 생각은 솔직히 아이가 원망스럽습니다. '내가 왜 너 때문에 저 사람한테 이런 말을 들어야 하는 거야?' 이런 생각이 듭니다. 그리고 마지막으로 '우리 아이가 괜찮나?' 생각합니다. 사실 곰곰이 생각해 보면 어린아이가 이런저런 문제를 겪는 것은 당연한 것입니다. 그러면 이 세 번째 질문은 지금 고민할 상황은 아닌 거죠. 그럼 이 첫 번째, 두 번째 마음은 아이의 문제가 아닌 내 걱정, 내 문제인 거죠. 다른 사람에게 지적 비슷한 것을 들으면 '비난받는다'고 느껴지는 내 마음. 누군가에게 비난받는다고 느껴지면 자존심이 상하는 '내 문제'입니다. 이걸 가지고 집에 가서 아이를 혼낼 문제는 아니라는 것이지요. 이런 문제는 나 혼자 저녁에 맥주 한 잔 마시면서 풀면 됩니다.

아이가 어른이 될 때까지 다양한 어려움을 겪습니다. 충동성이 높고 자유분방한 아이, 안정적인 것을 추구하는 아이, 불안이 높은 아이, 마냥 낙천적인 아이, 다른 사람과 관계 욕구가 높은 아이, 혼자 있는 것을 좋아하는 아이, 승부욕이 강한 아이, 원리원칙이 강한 아이 등등 타고난 기질에 대해서는 어떤 '옳은 방향'을 부모로서 보여주기보다는 수용해야 하는 부분입니다. 이는 앞서 두뇌 특성을 알아본 것에서도 마찬가지로, 아이의 특징을 이해하고, 그 기질적 특성에 맞는 양육 방법을 선택해야 합니다. 여기에는 부모인 우리의 기질적 특징도 중요합니다. 아이는 너무 자유분방한데 나는 원리원칙이 강한 사람이라면, 아이의 특징을 인정하면서도, 내가 아이에 대해서 견디기 힘든 부분이 있다는 것을 인정하고, 아이를 비난하지도 말고, 나를 자책하지도 않는 노력이 중요합니다. 대부분의 기질은 유전되는 특징이 있어서, 내가 가지고 있지 않는 부분을 아이가 가지고 있다면 배우자의 특징일 수 있어서 아이를 이해하면서 배우자에 대한 이해의 폭이 넓어지기도 하죠. 만약 부모님 두 분 다 가지고 있지 않는 특징을 아이가 보인다면 나의 어린 시절을 되돌아보면서, 내가 성장 과정에서 환경 때문에 변한 부분이 있는지를 살펴보게 되고, 그러면서 나에 대한 이해도 깊어지게 됩니다.

아이의 기질에 대해서 이해하고 나면 아이가 좀 더 노력해야 할 부분과 내가 더 노력해야 할 부분이 보이면, 우리가 변화시킬 수 있는 부분에 집중하면 됩니다. 부모와 자식은 다른 존재임을 인정하고, 서로에 대해서 타인으로서 깊이 있는 이해를 하게 되면 '비난'과 '자책'이 낄 자리가 없습니다. 나한테 당연한 것이 아이에게는 당연하지 않은 것이 있고, 그럼에도 불구하고 노력해야 하는 부분이 있고, 변화를 위한 시도를 하는 것에 서로 감사하며 발전을 보이면 되는 것입니다. 너무 이상적인가요? 가능합니다. 어려움이 생기면 '아이의 문제인지 부모인 나의 이슈인지?', '내가 수용해야 하는 부분인지, 그럼에도 불구하고 노력해 볼 여지가 있는지?' 항상 고민하는 연습을 해 보면 참 좋겠습니다. 아이를 잘 키우기 위한 노력이 결국 나에 대한 이해를 깊이 있게 해 주면서 부모님의 마음이 풍요로워졌으면 좋겠습니다. 아이들은 부모님이 행복해지기를 바랍니다.

결론 및 요약

1) 아이의 문제인지, 부모인 내 마음의 문제인지 생각해 보세요.

2) 아이가 타고난 기질이라 내가 수용해야 하는 부분인지, 아이가 노력해서 개선해 나가야 하는 부분인지 생각해 봅시다.

3.

아이들의 감정 수용이 어려운
부모님들께

아이를 훈육할 때 제가 가장 중요하게 강조하는 것이 **"감정은 평가하지 말고 다 받아 주고, 행동은 선택을 주지 말라"**고 말을 합니다. 감정에는 옳고 그름이 없죠. 아이들이 심지어 "엄마, 나는 쟤가 죽었으면 좋겠어"라고 말을 하더라도, 우리는 "아, 우리 ○○는 정말로 그 아이가 밉구나"라고 감정을 반영해 줄 수 있어야 합니다. 하지만 우리는 아이가 행여나 나쁜 행동을 하게 될까 봐 혹은 저런 부정적인 단어를 사용했다는 사실만으로도 불안해지고 걱정이 되어서 "어머, 너 무슨 그런 무서운 말을 하니. 친구한테 그런 말 하는 것 아니야"라고 말을 해 주게 됩니다. 감정 표현에 미숙한 아이는 '감정을 표현하면 부모님에게 혼나는구나' 하는 경험을 하게 됩니다. 그러면 불편한 마음이 들어도 말로 표현하기 어려워지죠.

보통 감정은 "말로 표현하는 것이 Best"라고 말을 합니다. 물론 예술로 승화시키는 것이 더 높은 경지겠지만, 보통의 사람들이 일상 속에서 감정을 다루는 가장 좋은 방법은 언어적으로 표현하는 것입니다. 다양한 감정을 언어적으로 표현을 하다 보면 '재경험'을 하게 되거든요. 좋지 않았던 경험도 말로 풀다 보면 다른 의미를 생각하게 되기도 하고, 새로운 스토리, 새로운 Narrative를 형성하게 된다고 합니다. 그런 과정을 통해서 감정 자체에 매몰되거나 압도되지 않을 수 있습니다. 말로 감정을 잘 표현하는 아이들은 아무리 격한 말을 하더라도 대부분 그 외에 아무 일도 하지 않습니다. 어떤 식의 표현을 하더라도 건강한 어른이 그 기저에 있는 감정을 이해하고 수용해 주면 그걸로 끝이 나는 것이죠. 그러고 나면 어떻게 하면 좋을지 건강한 대안은 아이 스스로 찾습니다.

이런 말씀을 부모님들께 드리면 대부분 "참 어렵네요"라고 말씀들 하십니다. 감정을 말로 받아 주는 것이 왜 어려울까요? 우리 부모가 뭔가를 잘못하고 있는 걸까요? 아닙니다. 우리가 우리 부모님들에게 충분히 감정을 수용 받고 자란 경험이 별로 없어서입니다. 우리가 들어 본 적이 없는 말을 아이들에게 해 주기가 어렵죠. 그럼 우리의 부모님들이 뭔가를 크게 잘못하신 걸까요? 우리의 부모님 세대는 '먹고 사는 것'이 참 중요한 시대를 살아오셨습니다. 그런 시대에서 '감정'을 표현한다는 것은 사치였죠. 감정을 표현한다는 것은 다른 사람에게 약점을 보이는 것이었고, 목표를 향해서 이를 악물고 나아가지 않으면 생존이 어려웠던 그런 시대적 상황에서 감정은 방해꾼일 뿐이었습니다. 그래서 "정신 똑바로 차리고 살아", "울지 마, 뚝", "약한 모습 보이는 것 아니야", "그렇게 나약해서 무슨 일을 할 수 있겠어?" 등의 말로 우리를 채찍질하셨었죠. 그렇게 강하게 아이를 키우지 않으면 먹고 살지 못할까 봐 항상 단속하셨습니다.

그런데 이제는 그런 시대는 아닙니다. 꽤나 풍요로워졌고, 생존보다는 삶에서의 자아실현이 중요한 시대를 살고 있습니다. 그런데 우리의 머릿속을 지배하고 있는 생각들은 과거에서 크게 벗어나지 못하고 있습니다. 부모님의 말들은 아이들에게 '내사'가 잘 됩니다. 부모님께 들었던 말들이 어느새 자기 목소리로 바뀌어서 내 머릿속의 재판관 역할을 하게 됩니다. 조금 힘든 일이 생기면 '정신 차려, 감정에 휘둘리지 말고 지금 뭘 해야 하는지를 생각해', '정신 차리자', '약해지면 안 돼', '지금 뭘 해야 하지? 해야 하는 일에만 몰입하자'라며 내 감정, 내 몸이 보내는 신호를 무시합니다. 그렇게 어른이 되고 사회적 성취도 이루고 어느 정도 예측 가능하게 살아왔습니다. 그런데 아이가 태어납니다. 이 아이가 예측이 안 돼요. 계속 내 감정을 건드립니다. 아이를 보다 보면 어렸을 때 내가 힘들었던 것들이 떠올라 다시 불안해집니다. 내가 어릴 때 부모님께 받았던 방식대로 아이를 양육해 보려고 하는데 잘 되지 않죠. TV에서는 계속 '부모가 잘해야 한다'고 합니다. 아이가 문제가 생겨도 '부모가 잘못한 것'이라고 합니다. 어떻게 해야 할지 모르겠죠. 비슷한 기질을 가진 부모와 자식은 결국 비슷한 삶의 문제들을 가지고 살아갑니다. 비록 우리 역시도 '여리고 어린 자아'를 가지고 있는 불완전한 인간일 뿐이지만, 그래도 우리가 어른이잖아요. 같은 성향의 부모와 자식 간이라도 결국 우리가 먼저 손을 내밀어 노력을 해 봐야죠. 우리가 손을 내밀면 아이도 반응을 하고, 그러면서 좋은 변화가 시작되면 됩니다.

감정을 잘 수용 받고 처리하지 못하면 스트레스에 견디는 힘이 약해집니다. 지극히 이성적이고 감정을 '조절'이 아닌 '억제' 혹은 '억압'을 해온 성인은 모든 상황이 좋을 때는 참 좋은 결과를 만듭니다. 하지만 마음이 조금만 힘들어지면, 스트레스 상황이 되면 어이없이 무너지기도 합니다. 우리가 이성보다 감성이 훨씬 더 에너지가 크다고 얘기를 하거든요. 감정을 얼마나 잘 다루는지가 삶에 있어서 '회복탄력성'을 결정하게 됩니다. 전문직의 부모님들, 비교적 풍요로운 삶을 살고 계시는 부모님들이 아이들에게 유난히 불안해하시는 경우가 있고, 아이가 조금만 문제가 보여도 걱정하시며 지나치게 혼내시는 경우들이 있습니다. 그래서 아이를 검사하고 상담을 할 때 "부모님께서 아이에 대해 많이 불안하신가 봐요"라고 여쭤보면 곰곰이 생각하시다가 "좀 그런 것 같다"고 말씀하십니다. 걱정이 되니 통제하고 싶으신데 맘처럼 잘 안 되고, 자신이 하는 방법이 옳은 건지 혼란스럽기도 하셔서 겸사겸사 검사를 하러 오시죠. "아이는 이 나이에 이 정도를 보이는 것은 괜찮습니다. 하지만 부모님께서 이런 점에 대해서 걱정이 되는 부분에 대해서 우리가 좀 더 생각해 봅시다"라고 말씀을 드리면, 생각이 많아지십니다.

감정을 수용하는 방법을 잘 모르겠다면, 아이가 하는 말을 고대로 따라 해 주시면 됩니다. "엄마, 나는 ○○ 때매 너무 짜증 나"라고 하면 "우리 고운이는 ○○ 때문에 짜증 나는구나!", "아빠 숙제가 너무 하기 싫어", "우리 고운이는 숙제가 싫구나" 그랬을 때 아이가 "숙제 안 하면 안 돼?"라고 물어보면 "안 돼"라고 하시면 되죠. "숙제하기 싫은 네 마음은 정말 이해가 간다, 당연하다. (감정의 수용) 그런데 해야 해. (행동에 있어서 한계 설정)" 친구가 미운 내 마음, 숙제가 하기 싫은 내 마음은 "그럴 수 있어"라고 수용 받으면 적어도 내가 이상한 아이가 되지는 않거든요. "충분히 그럴 만하다, 타당하다"라고 해 주는 것이 심리학적으로 타당화(Validate)해 주는 것인데, 이것이 잘 되면 자신의 감정에 대한 확신이 생기게 됩니다. 부모님 스스로도 내 마음에 아이에 대한 미운 마음이 든다고 해서 내가 나쁜 부모가 되는 것은 아닙니다. '나 오늘 쟤한테 많이 섭섭해. 짜증나'라고 내 마음에 부정적인 감정도 타당화해 주시고 나면 어떻게 해야 할지 답이 보이실 것입니다.

결론 및 요약

1) 아이의 감정은 판단하지 말고 있는 그대로 수용해 줍시다.
2) 성인인 우리도 내 감정을 억누르지 말고 있는 그대로 느끼고 인정해 봅시다.

심리학에서는 '내 안의 여린 자아 찾기'라는 것이 있습니다. 사람은 누구나, 아무리 강해 보이는 훌륭한 사람이라도, 내 안에 울고 있는 여린 자아가 있습니다. 심리적인 연상을 통해서 기억할 수 있는 한 가장 어릴 때, 상처받고 울고 있는 나를 찾아봅니다. 그 아이에게 가끔씩 찾아가서 그 아이가 하는 말에 귀 기울여 봅니다. 어른이 된 내가 울고 있는 어린 나에게 가서 따뜻한 위로의 말을 건네죠. 그리고 나를 힘들게 하는 어떤 사람이 있다고 할 때 '저 사람도 속에는 그런 여린 아이가 있겠지?'라는 마음이 들면서 '연민'의 감정이 느껴지면 그 사람에 대한 미움이 줄어듭니다. 내 안에 있는 여린 나를 한번 찾아보는 것도 내 '감정'에 닿는 좋은 방법입니다.

4.

항상 아이에게
좋은 것만 보여 주고 싶고,
바르게만 키우고 싶은 부모님께

아이들 심리 검사를 해 보면 남을 미워하지 못하는 아이가 있습니다. 저희가 보통 '긍정 왜곡'이 있다고 하는데, 무조건 세상을 좋게만 보고 싶어 하고, 다른 사람도 좋게만 평가하고 싶고, 자신도 타인에게 '좋은 사람'이고 싶어 합니다. 그런데 우리가 인생을 살아보면 어디 그렇게 좋기만 할 수 있습니까? 이런 아이들이 다른 사람에 대해서 부정적인 감정이 올라오거나, 좋아야만 하는 사람이 나에게 불편한 기색을 보이면 굉장히 불안해집니다. 타인을 미워하는 마음이 생겼다는 것만으로도 죄책감이 밀려오고, 다른 사람이 나에 대해 거절을 하면 세상이 무너진 것 같은 절망을 느낍니다. 이런 경우 좋은 관계를 유지하기 위해 부단히 애를 쓰며 자신의 감정과는 상관없이 다른 사람에게 맞춰 주려 하기도 합니다. 혹은 갈등이 생길까 봐 관계 자체를 단절해 버리기도 하고, 관계에서 꾹 참다가 어이없는 부분에서 아이가 공격적으로 나오기도 합니다.

이런 아이들을 보면 부모님들께서 지나치게 바르게 키우시려고 애쓰시는 경우가 많습니다. 아이가 나가서 눈치를 엄청 보고, 다른 사람의 평가에 과민한 모습을 보이면 '부모님이 얼마나 강압적으로 키웠으면' 혹은 '얼마나 눈치를 줬으면 애가 저럴까?'라고 생각하기 쉽지만 이런 아이들의 부모님은 굉장히 사랑을 많이 주시고, 아이에게 지나치게 지지적이고, 바르게 키우려고 하시는 분들이 많습니다. 이런 부모님들은 본인들도 매우 바르게 살려고 노력하시고, 아이에게 나쁜 단어도 쓰지 않습니다. 그런데 아이는 나가서 다른 사람에게 맞추기 위해 전전긍긍하고, 조금만 맘이 힘들면 관계를 단절해 버리거나, 감정이 한 번씩 폭발을 하죠.

저는 이런 경우에 부모님들께 아이들과 대화할 때 '부정적인 단어'를 잘 쓰시는지 여쭤봅니다. 아이가 다른 아이에 대해서 불편한 기색을 보일 때 "엄마는 걔 싫어, 우리 ○○이 속상하게 하는 사람은 다 싫어"라고 말해 보신 적 있는지 물어봅니다. 그러면 열에 아홉은 "애들한테 그런 말 해도 돼요?"라고 되물으시죠. 영화 「포레스트 검프」에서는 삶을 다양한 맛이 있는 초콜릿에 비유하죠. 애니메이션 「인사이드 아웃」에서는 다양한 감정들이 주인공의 역할을 하고 있습니다. 삶에는 다양한 감정들이 있는데 부정적인 감정을 잘 다루지 않으면, 내 마음속에 부정적인 감정이 올라오면 어떻게 할 줄을 몰라 불안해집니다. '아, 씨 짜증 나', '저건 좀 섭섭하네', '너무 슬프다', '저건 밉다', '화가 나서 참을 수가 없네', '아, 너무 억울해' 같은 감정도 행복하고 좋은 감정만큼이나 중요한 감정이거든요.

아이가 부정적인 감정에 휩싸이면 부모는 '해결'을 해 주고 싶어 합니다. 하지만 '해결'은 아이의 몫이지 우리의 몫이 아니에요. 우리가 아이에게 해 줄 수 있는 유일한 것은 같은 편이 되어 주는 것. 부정적인 감정을 드러내면 있는 그대로 "우리 고운이 너무 화났구나"라고 말로 표현해 주시면 됩니다. 감정은 말로 푸는 것이 Best라고 말씀드렸죠? 그런데 만약에 그 부정적인 감정의 대상이 부모인 나라면. 같은 편이 되어 주기가 힘들 수 있죠? "엄마 미워", "아빠가 없어져 버렸으면 좋겠어" 그럴 때에는 그 말을 들은 부모님의 감정을 말씀해 주시면 됩니다. "엄마가 밉다고 하니까 엄마도 슬픈 기분이 들어", "네가 그런 말을 하니까 아빠도 너무 속상하다" 이런 말에는 아이의 부정적인 감정이 옳다, 그르다는 판단이 들어가 있지는 않거든요. 아이가 너무 속상해하고 슬퍼할 때 "속상해하지 마, 괜찮아"라고 말을 해 주면 아이들은 괜찮은 줄은 알지만 괜찮아지지 않는 사실이 괴롭습니다. 아이가 속상해하고 힘들어하면 "우리 ㅇㅇ가 속상하구나" 하고 옆에 함께 있어 주시는 것이 좋습니다. 아이가 진정이 되지 않으면 "우리가 어떻게 하면 좋을까?" 물어보시면 되죠.

이런 것을 부모님 스스로에게도 하셨으면 좋겠습니다. 내가 부정적인 감정이 올라올 때 '속상해하면 안 돼'라고 생각하면 진정이 잘 되지 않습니다. 제가 싫어하는 노래 중의 하나가 "외로워도 슬퍼도 나는 안 울어. 참고 참고 또 참지 울긴 왜 울어" 캔디 주제가 같은 노래입니다. 외롭고 슬프면 좀 울어도 돼요. 미운 마음이 들면 미워하셔도 돼요. 아이의 마음을 수용해 주려면 내가 내 마음부터 수용할 수 있어야 합니다. 그래도 우리는 어른이니까, 스스로 할 수 있잖아요. (Self soothing) 그게 도저히 힘들면 심리 상담의 도움을 좀 받으시면 됩니다.

결론 및 요약

1) 미워해도 됩니다.
2) 부정적인 감정도 우리가 가지고 있는 중요한 감정입니다.
3) 아이들에게 부정어를 잘 가르쳐야 감정을 말로 해결할 수 있습니다.

아이들이 처음에 언어를 배울 때 엄마, 아빠, 맘마 같은 기본 단어를 하고 나면 '싫어', '아니야'를 매우 빨리 배웁니다. 이렇게 "싫어!", "아니야!"를 잘하는 아이들은 분노 발작의 시기가 짧습니다. 말로 얼마든지 싫은 마음을 잘 표현할 수 있기 때문에 드러눕고 던지고 때리기를 덜 하죠. 싫어 공주, 아니야 왕자인 시기가 있잖아요? 대략 18개월에서 두 돌쯤이죠. 그때부터 "네~ 해야지", "예쁜 말 쓰세요"를 가르치면 아이들이 감정의 일부만 배우게 됩니다. 우리 마음속에 있는 싫어 공주, 아니야 왕자를 사랑해 줍시다.

그리고 가끔 아이들이 "엄마, 화났어?" 이렇게 물어봅니다. 그러면 엄마가 화가 나서 얼굴 표정이 굳어 있는데도 "아니야, 엄마 화 안 났어"라고 말을 하면, 아이들은 '아, 가족끼리는 나쁜 감정은 말하면 안 되는구나'를 배우게 됩니다. 그러면 아이들이 힘든 일이 있을 때 우리에게 도움을 요청하지 못합니다. 그러면 안 되잖아요. "엄마 좀 속상해. 화가 나서 눈물이 날 것 같아"라고 말씀해 주시면 아이들은 '아, 화가 날 때엔 저렇게 말하면 되는구나'를 배우게 됩니다.

5.

상황 설명해 주지 말기, 솔루션 주지 말기

아이가 친구랑 싸웠습니다. "아빠, ○○가 나한테 지우개를 던졌어", "엄마, 내가 □□한테 이걸 줬는데 고맙다고 안 했어" 이럴 때 어떻게 말씀하시나요? "걔가 일부러 그런 건 아닐 거야", "□□가 바빴나 보다" 이런 식으로 말씀하시면 아이들은 대번에 "아빠 누구 편이야?", "엄마는 나보다 □□가 더 좋아?"라는 말을 듣게 되죠. 혹은 "야, 그냥 걔랑 놀지 마라", "다음에는 그거 주지 마"라고 말씀을 하신다고 해 볼게요. 그러면 아이들은 "결국 내가 잘못해서 이렇게 됐다는 거야?"라는 반응을 보일 수 있습니다. 부모님 입장에서는 '아, 어쩌라고~~?'라는 생각이 듭니다.

심리학적인 정답은 "○○는 왜 지우개를 던지고 그래?? 우리 아들 속상하게", "어머. 고맙다고 안 하면 어떻게? 우리 딸이 얼마나 속상했을까?"입니다. 역시 쉽지 않으시죠? 아이들도 다른 사람들이 일부러 그러지 않았을 가능성, 바빠서 못했을 것도 알고 있습니다. 앞으로 어떻게 해야 하는지도 압니다. 아이 말의 핵심은 "엄마, 아빠, 나 속상해~!"입니다. 그냥 나 속상한 거 알아 달라는 거죠. 그런데 부모님 입장에서는 아무리 봐도 우리 애가 좀 오버하는 것 같기도 하고, 상황을 객관적으로 보지 못하는 것 같아서 사실을 알려 주고 싶습니다. 하지만 적어도 아이큐가 90 이상인 정상 지능인 아이들은 상황도 알고 솔루션도 압니다. 그런데 속이 상하죠. 그럴 때 부모님이 일관되게 같은 편이 되어 주면 어차피 부모님이 어떻게 대답할지 압니다. 그러면 굳이 부모님한테 물어보지 않고 '아니, 왜 던지고 그래?' 라고 속상한 마음을 스스로 달래고 그다음에 어떻게 할지 스스로 해결책을 찾게 됩니다. 아이큐가 70이 안 된다면 사회적 상황에서의 다양한 의미를 가르치고, 연습시켜야 합니다. 하지만 그렇지 않다면 '공감'만 해 주시면 됩니다.

당신이 아침 식사로 팬케이크를 굽다가 바닥에 쏟아서 당황하고 있습니다. 그걸 본 배우자가 "어쩌다가 그런 거야? 접시를 제대로 보지 못했구나"라고 말하면 기분이 어떠시겠어요. 혹은 "빨리 바닥에 있는 것 치우고 다시 구워"라고 하면 또 기분이 어떠시겠어요? 아이들도 비슷한 마음입니다. 상황을 설명해 주고, 해결책을 주면 엄마 아빠 말이 맞긴 맞는데 기분이 썩 좋지는 않습니다. "어이쿠, 안 다

쳤어? 놀랐겠다"라는 말을 들으시면 어떠시겠어요? 그러면 "아니, 괜찮아. 얼른 다시 만들어야겠네"라는 반응이 나올 가능성이 크죠.

결론 및 요약

1) 적어도 지능이 정상인 아이에게는 상황 설명 하지 말고 솔루션을 주지 맙시다.
2) 그래도 불안하시면 "어떻게 했으면 좋겠어?"라고 물어봅시다.

사실 이런 이야기는 모든 인간관계에 통용되는 이야기입니다. 그리고 다른 사람이 아닌 스스로에게 적용해야 하는 것이죠. 마음이 힘들 때에는 상황을 파악하려고 애쓰거나 해결책을 찾기 전에 놀라고 속상한 내 마음에 좀 더 머물러서 나를 달래는 데에 노력을 해 보세요. 충분히 내 감정을 느끼고 나면 상황도 보이고 해결책도 보입니다.

6.

생각보다 부모님이 아이에게
미치는 영향이 크지 않습니다

부모님들 상담을 하다 보면 '혹시 내가 뭔가 잘못해서 아이가 나빠질까?' 혹은 '더 잘할 수 있는 아이에게 내가 기회를 주지 못하고 있는 것은 아닌가?' 걱정하시는 부모님이 많습니다. 그래서 어떤 유치원이 좋은지, 어떤 학원이 좋은지, 어떤 영양제를 먹여야 하는지, 지금 시기에 부모가 어떤 것을 해 줘야 하는지 항상 고민하고 찾아다니십니다. 심지어 거의 모든 육아서적, 교육 관련 서적을 읽었는데도 어떻게 해야 할지 모르겠다고 하시는 분들도 계십니다.

사실 저는 부모님들께 "아이들 배고플 때 먹이고, 추울 때 따뜻하게 해 주고, 더울 때 시원하게 해 주고, 편안하게 잠재워 주면" 부모님께서 아이에게 해야 할 일의 95%는 한 것이라고 말씀드립니다. 의식주를 안전하게 제공해 주는 것이 매우 중요하죠. 그것이 잘 안 되면 아이들이 얼마나 세상을 살아가는 것이 불안하겠어요. 그것이 해결되고 나면 아이는 타고난 기질대로 잘 자랍니다. 대신 후천적으로 형성되는 성격(성실성, 자존감, 공감 능력, 연대감 등)의 형성에 부모님이 나머지 5%의 영향을 미치게 되는 것이죠. 성격을 안정적으로 잘 형성되게 하려면 안정적인 애착만 형성하시면 됩니다. 아이에게 따뜻한 눈빛으로 바라봐 주고, 좋을 때 잘해 주고, 감정을 잘 받아 주고, 행동에 적절한 한계 설정을 해 주고, 매일 반복되는 루틴을 잘할 수 있게 도와주면 100점짜리 부모님이 되는 것입니다. 그 외에 우리가 뭘 해 줄 수 있겠어요?

단기적으로는 우리가 한 선택이 아이의 인생에 큰 영향을 미치는 것처럼 보여도 길게 놓고 봤을 때엔 어떤 선택을 했었어도 크게 상관없는 경우가 많습니다. 영어 유치원, 일반 유치원 어디를 보낼지 얼마나 고민 많으셨어요? 그런데 아이가 중학생만 돼도 그런 선택이 크게 중요하지 않다는 것을 알게 됩니다. 성인이 되면 더 영향이 미미하죠. 물론 그걸 알지만 우리는 매 순간 최선을 다해 좋은 선택을 하기 위해 노력합니다. 그 노력이 의미 없다는 것은 아닙니다. 좋은 선택을 하기 위한 과정에서 아이에 대해서 생각하게 되고, 부모인 나에 대해서도 생각하게 되기 때문에 그 과정은 의미가 있습니다. 하지만 어떤 선택을 하는지에 따라서 아이의 인생이 180도로 달라질 가능성이 많지 않기 때문에 너무 불안해하지 말자는 것이죠.

예전에 코미디 프로 중에 「TV인생극장」이라는 것이 있었는데, 어떤 선택을 하는지에 따라서 삶이 매우 달라지는 것을 보여 줬죠. 때로는 큰 사고가 있을 때 어떤 선택에 따라서 삶과 죽음이 달라지는 것을 보기도 합니다. 그런데 그런 것은 누구도 예측할 수 없는 것이고 인간의 영역이 아닙니다. 매우 드문 5%를 보면서 살면 삶이 참 불안해집니다. 95%의 보편적인 가치 속에서 선택을 하다 보면 혹시 최고의 선택을 하지 못한다 하더라도 다른 다양한 선택을 통해 삶의 방향이 크게 틀어지지 않습니다.

결론 및 요약

1) 옛 어른들 말씀에 자기 복은 자기가 타고 난다고들 하죠. 부모님이 아이를 사랑하는 마음만 확실하다면 본인의 선택에 너무 불안해하지 마세요. 아이들은 잘 큽니다.

7.

제가 왜 이렇게 '감정', '감정' 얘기를 할까요? 이성은 안 중요한가요?

한참 제 얘기를 듣다 보면 '뭐야, 이성은 없어? 감성만 중요해? 이성적인 부모는 나쁜 거야?'라는 반감이 드실 수도 있습니다. 이성, 감성(감정) 다 중요합니다, 당연히. 그런데 가족의 특성, 부모의 특성을 이해해야 하는 측면이 있습니다.

가족은 계약 관계로 이루어진 이해 집단이 아닙니다. 두 사람의 성인이 사랑으로 시작해서 세상에 제일 나약한 아이를 낳았어요. 그 아이는 부모의 도움이 없으면 아무것도 할 수 없습니다. 일부 동물들처럼 낳고 두면 알아서 먹이를 먹고 생존할 수가 없습니다. 사람이 결혼을 해서 아이를 낳는 것을 경제적으로 따져 보면 전혀 수지타산이 맞는 일이 아니죠. 삶은 몇 배로 힘들어졌는데, 이 아이가 나중에 나를 부양한다는 보장도 없거든요. 투자한 만큼 물질적인 보상을 가져다주지 않습니다. 그런데 정서적인 기쁨이 너무나도 크고, 세상이 두 쪽이 나도 내 편이 되어 줄 수 있는 존재가 있다는 기대를 하게 해 주는 집단입니다.

세상을 잘 살기 위해서는 인지 발달이 정상적으로 되어야 하고, 사실과 허구를 구별할 줄 알아야 하고, 감정에 동요되지 않고 사실적 사고와 판단을 할 수 있어야 합니다. 가정과 학교에서 당연히 이런 것들을 잘 가르쳐야 합니다. 그런데 감정이 정상적으로 발달되지 않은 상태에서 이성만 발달하는 경우에는 앞서도 말씀드렸지만 위기에 매우 취약해집니다. 스트레스에 잘 견디지 못하죠. 세상이 항상 내 맘대로 잘 되지 않는데, 이성과 논리만으로 해결할 수는 없습니다. 물론 감성만 가지고 되는 일도 없죠. 이성과 감성이 둘 다 균형 있게 발달해야 하는데, 주로 감성의 영역, 감정을 잘 느끼고 다루며 사는 것은 주로 가정에서 배워야 하는 것입니다. 그리고 부모님을 통해서 배워야 하는 것이죠.

물론 부모님이 취약하다면 건강한 성인이 옆에서 가르쳐 주면 됩니다. 조부모일 수도 있고, 선생님일 수도 있고 심리 상담 선생님일 수도 있습니다. 하지만 이해관계가 엮여 있지 않은 관계 속에서 조건 없이 충분히 감성적으로 수용받아 본 경험이 인간에게는 정말 중요합니다. 충분히 수용과 공감을 받아 본 경험이 있는 사람이 타인을 공감할 수 있고 그래야 사회적인 관계를 잘 유지할 수 있습니다. 그래야 집단생활을 하는 동물이 집단에서 소외되고 도태되지 않을 수 있죠.

결론 및 요약

1) 이성과 감성을 균형 있게 잘 발달시켜야 하고, 특히 감성은 가정에서 배워야 합니다.

덧, 아이들이 어릴 때 퇴근해서 집에 가면 두 아이가 "엄마다~"라고 소리 지르면서 두 발을 구르고 달려왔습니다. 그런 장면이 생생한 사진으로 떠오릅니다. 분명 부모님도 나를 조건 없이 사랑해 주셨겠지만 생생한 기억으로 남아 있지는 않습니다. 나의 원시뇌 어디엔가 자리 잡고 있겠지만요. 그런데 아이를 낳고 이런 경험을 하면, '얘네는 내가 뭐라고 저렇게 좋아할까?'라는 생각이 들면서 뭉클해집니다. '세상에 나를 저렇게 좋아해 주는 사람이 또 있을까?'라는 생각에 세상 감사한 마음이 듭니다. 물론 이런 순간이 영원하지는 않습니다. 하지만 누구에게 저렇게 절실하게 필요한 존재가 되어 보고, 뜨겁게 사랑받아 본 경험이 부모에게도 참 소중합니다.

8.
부모와 비슷한 기질의 아이,
다른 기질의 아이

간혹 풀 배터리 검사를 할 때 부모님 기질 검사를 함께 하는 경우가 있습니다. 도저히 아이랑 부모인 본인이 안 맞는 것 같아서 뭐가 비슷하고 뭐가 다른지 보고 싶다는 이유에서 하기도 하고, 아이 기질 검사를 하고 나서 부모인 자신도 궁금하다고 검사를 요청하시기도 합니다.

보통 부모님과 아이가 갈등을 겪을 때 유형이 크게 두 가지로 나뉩니다. 부모님과 아이가 성향이 너무 비슷한 경우에, 부모님은 어릴 때 자신이 겪었던 힘들었던 점이 아이에게 보이면 너무나 마음이 아픕니다. 그래서 아이가 내가 힘들었던 것을 겪지 않았으면 하는 마음에 '초장에 버릇을 고쳐 놔야 해'라고 생각하시면서 더 많이 혼내고 단속하는 경우가 있습니다. 혹은 부모님과 아이가 성향이 너무 달라서 '도대체 쟤가 왜 저러는지 이해를 할 수 없다'며 부모님 기준에 아이가 근본적으로 잘못되었으니 뜯어고쳐야 한다고 생각하십니다.

그런데 앞선 기질 검사에서 보듯이 서로 상반된 기질을 가지고 있는 경우에는 서로 달라서 힘든 것이지 누가 옳고 누가 그른 것은 아니거든요. 그리고 '100% 나와 달라, 100% 배우자 닮았어'라고 생각했던 아이도 막상 검사를 해 보면 기질과 성격을 놓고 봤을 때 부모님을 골고루 다 닮아 있는 경우가 많습니다. 겉으로 두드러지게 드러나는 부분이 배우자와 닮은 경우가 있을 수는 있지만요.

결론 및 요약

1) 나와 비슷한 성향의 아이, 어떤 점이 좋고, 힘든지 이해가 잘 되니 좋다.
2) 나와 다른 성향의 아이, 내가 못 가진 것을 가지고 있으니 대단하다.

라고 생각을 한번 해 봤으면 좋겠습니다. 우리가 맨날 듣는 말 있잖아요. 반 컵의 물을 놓고 '반밖에 없네'와 '반이나 남았네'라고 생각하는 것. 상황은 똑같지만 받아들이는 마음이 다르면 다르게 보입니다.

9.

부모가 되지 말고,
부모로서 인간이 되시오

    이 말은 하임 G.기너트가 쓴 『부모와 아이 사이』라는 책에서 그의 딸이 쓴 서문에서 인용한 문구입니다. 우리가 너무 '부모'라는 '역할'에 매몰되어 있는 것은 아닌가 하는 생각이 듭니다. '부모란 자고로 이래야 한다'라는 생각이 들다 보니 우리가 '부모의 역할'이 대단히 뭔가 달라야 한다는 부담을 가지게 되는 것 같습니다. 우리가 뭐 부모가 될 준비를 대단히 하고 부모가 된 것도 아니고, 학교에서 배운 것도 아니며, 실습을 해 본 적도 없습니다. 그런데 세상에서는 '부모란 자고로……'라고 하면서 너무 많은 책임과 무게를 짊어지게 합니다.

    물론 한 생명을 낳아서 키운다는 것은 대단히 어려운 일입니다. 그런데 어떠한 동물도 미리 학습하고 부모가 되지는 않습니다. 인류가 존재해 온 시간만큼 우리의 유전자에 프로그래밍 되어진 대로 하는 것이죠. 아이가 태어나면 엄마 몸에서는 저절로 모유가 나오게 되는데, 저절로 나오는 모유처럼 모성이 저절로 생겨나는 것은 아닙니다. 그런데 '엄마라면 당연히'라고 하면서 높은 수준의 윤리의식과 모성애를 사회가 강요하는 것은 아닌가 하는 생각이 듭니다. 아버지도 마찬가지고요. 아버지라는 이름에 큰 책임감을 씌우게 되죠. 그래서 실제로 아이가 태어나면 어머니는 호르몬의 영향으로 '산후 우울'을 겪는 경우가 있지만 아버님들도 상당한 수준의 우울감을 경험하는 경우가 있습니다. 갑자기 쥐여진 책임감의 무게 때문에요.

우리가 매우 불완전한 인간인데, 부모라는 역할에 초점을 맞춰서 어떤 이상적인 부모가 되기 위해 애쓰는 것은 참 힘들고 고된 일인 것 같습니다. 불가능한 것 같기도 하고요. 우리가 '부모'여서가 아니고 한 인간으로서 어떻게 충만한 삶을 살아갈 것인가에 조금 더 집중을 해 보면 어떨까 하는 생각이 듭니다. '부모이기 때문에 이래야 한다'는 것 말고 나라는 사람은 뭘 좋아하고, 뭘 하고 싶고, 어떤 사람이 되고 싶은지에 조금 더 집중을 해 보는 것이 어떨까요? 그러는 과정에서 나의 능력, 내가 처한 상황, 가족 등을 균형 있게 고려하는 것이죠. 우리가 스스로 매우 충만한 삶을 살기 위해 노력한다면 그것을 보고 자란 아이들은 아마도 우리보다 훨씬 나은 삶을 살 수 있을 것입니다.

아이들을 잘 봅시다

요즘 다양한 육아 관련 유튜브, 방송 등을 보면 "이런 아이! 이렇게 하셔야 합니다!"라는 자극적인 제목의 영상이 많습니다. "아들은 이렇게 키워야 합니다" 등등 마치 뭔가 정답이 있는 것처럼 제목을 다는 경우가 많죠. 실제 영상을 보면 내용은 적절히 균형이 잡혀 있는 경우가 있기도 하지만 마치 아이를 키우는 데에 각 상황별 정답이 있는 것처럼 설명되는 것을 보면 마음 한편이 무거워집니다.

간혹 "우리 아이가 불안이 높은데 어떻게 해야 하나요?"라고 포괄적으로 물어보시면 사실 어떻게 답을 해야 할지 잘 모르겠습니다. 제가 생각하는 정답은 "애를 봐야 알죠. 그것도 오래"입니다. "우리 아이가 자폐인가요?"라는 질문에 단번에 Yes, No를 대답해 줄 수 있는 전문가는 없습니다. 물론 아주 전형적인 모습을 보이고 있으면 대답해 줄 수 있을지 모르겠습니다. 하지만 오랫동안 주의 깊게 잘 봐야 합니다.

저도 제 아이가 어떤 문제 상황을 보이면 아이를 봅니다. 주의 깊게요. 요즘 표정은 어떤지, 말투는 어떤지, 평소와 달라진 것은 없는지, 먹고 자는 것에 영향은 없는지. 잘 봅니다. 잘 보는데 모르겠으면 잘 물어보려고 애씁니다. 아이가 혼나거나 비난받는다고 느끼지 않게 애쓰면서 물어봅니다. 대답을 안 해 주면 "엄마 눈에는 이렇게 보이는데 네 생각에는 어때?"라고 물어봅니다. 아이가 대답을 안 해 줘도 괜찮습니다. 엄마의 질문에 아이가 생각할 수만 있으면 되거든요. 그러면 보통 아이들이 자기 마음속에서 조금 해결이 되면 며칠 있다가 이야기를 해 주기도 합니다.

저도 제가 제 아이를 키우는 방법이 옳은지 잘 모르겠습니다. 나름 심리 공부도 해가면서 나에 대해서도 성찰을 해가면서 잘 지내보려고 하는데 잘하고 있는지는 모르겠습니다. 하지만 아이를 매우 열심히 봅니다. 학교에서 무슨 일이 있었는지, 뭘 배웠는지보다 오늘 기분이 어땠는지 물어보려고 노력합니다. 엄마의 질문에 아이가 자기 기분을 잘 살폈으면 하는 바람이 있어서입니다. 그리고 자신의 감정을 잘 다루고 살았으면 하는 마음에서요.

아이에 대해서 누구보다 사랑하고, 걱정하시면서 아이의 표정을 살피지 못하고, 말투의 변화를 느끼지 못하고, 아이가 힘들어지는 사인(Sign)을 알아채지 못하는 부모님들을 보면 안타깝습니다. 그런 부모님들은 자신의 감정도 잘 돌보지 못하시는 경우가 많아서 더욱 안타깝습니다. 부모님이 자신의 감정과 상태를 민감하게 잘 살피는 연습을 하시다 보면 아이의 감정에도 민감해집니다. 그러면 아이도 그것을 그대로 모델링해서 배워서 자신을 잘 다루고 살 수 있게 된다고 믿습니다. 부모님께서 아이를 잘 보셨으면 좋겠고, 그 전에 스스로에 대해 더 많이 관심을 두셨으면 좋겠습니다. 내가 부모로서 '해야 하는 것' 말고 그냥 나로서 '좋아하는 것', '원하는 것'에 대해서 더 진지하게 생각해 보셨으면 좋겠습니다.

2,000번의 의미

앞서 아이를 훈육할 때 "2,000번은 얘기해야 아이들 머릿속에 각인이 된다"고 말씀을 드린 바 있습니다. 여기서 하필이면 왜 2,000번일까요? 명확한 통계로 실험적으로 검증된 것은 아니겠지만, 아이가 걸음마를 배울 때 2,000번 넘어진다고 해요. 그만큼 넘어지고 나서야 제대로 걸을 수 있다고들 합니다. 사실 상징적인 숫자이기는 하지만 우리가 뭔가를 자기 것으로 '내재화'하기 위해서는 그 정도의 반복은 해야 한다는 뜻이기도 합니다.

어른들은 스스로의 노력으로 반복하고 자신을 단련시킬 수 있지만 아이들은 그렇지 않죠. 아직은 누군가가 옆에서 지지해 주고 도와줘야 합니다. 그런데 한두 번 가르쳐 주고 말했는데 아이가 실행하지 못하면 부모님 입장에서는 조급해집니다. 그러면서 아이를 다그치게 되죠. 아이들도 머리로는 알겠는데 계속 잊어버리고 행동으로 잘 되지 않으면 자책하고 스스로에게 실망하게 됩니다. 부모님들께 "이렇게, 저렇게 해 보세요"라고 말씀드리면 "해 봤어요, 그런데 안 되더라고요"라고 하십니다. 그러면 저는 "2,000번은 안 해 보셨잖아요"라고 하면 다들 웃으십니다. "아, 그 정도는 안 해 봤어요"

요즘 아이들이 언어 발달이 빠르고, 자신의 인지 수준에 비해 높은 수준의 단어를 구사합니다. 아무래도 미디어 등에 노출이 많아서 그런 것 같습니다. 아이가 말하는 것 보면 이미 다 큰 것 같기도 하고 그렇죠. 그러면 우리는 아이가 다 알 거라고 생각하고 세 돌짜리 아이도 초등학생 다루듯이 하는 경우가 있습니다. 언어 수준과 인지 수준이, 그리고 실행 수준이 항상 같지는 않습니다. 특히 언어 발달이 빠른 아이들은 '말은 잘하는데 말을 잘 안 듣는 것 같은' 인상을 주게 됩니다. 저는 보통 아이가 하는 말의 1/3만 들으라고 하거든요. 생각보다 그 의미를 잘 모르고 하는 말들이 많습니다. 그리고 인지나 실행 수준은 아무리 똑똑한 아이라 할지라도 '나이의 한계'를 벗어나기가 어렵습니다. 우리가 우리의 20대 때를 떠올려 보면 '참 아무것도 모르고 자신감만 많았네' 했던 생각이 듭니다. 하물며 아이들은 어떻겠어요.

아프리카의 돌 조각 이야기

어릴 때 가족들과 경주 여행을 가서 「아프리카 돌 조각 전시회」를 본 적이 있습니다. 아프리카 사람들은 돌에도 영혼이 있다고 믿는다고 했습니다. 그래서 조각을 할 돌을 앞에다 놓고 가만히 보고 있으면 그 영혼이 보이고, 조각가는 불필요한 부분만 쳐내어 조각을 완성한다고 하였습니다. '이번에는 코끼리 모양의 돌 조각을 만들어 볼까?'라고 생각하고 비슷한 모양의 돌을 찾아내어 조각을 하지 않습니다. 돌은 자연에 존재하고, 그 돌을 관찰하고 교감하며 돌 속에 있는 영혼을 찾아내는 데 매우 긴 시간을 씁니다. 그리고 그 돌이 보여주는 영혼의 형상을 보게 되면 조각을 시작하죠.

내 아이들을 키우면서, 병원에 내원하는 아이들을 보면서 문득문득 아프리카 조각가의 이야기가 떠오릅니다. 자녀를 키워내는 것도 결국은 같은 이치라는 생각이 듭니다. 아이는 우리가 원하는 모양대로 선택을 할 수 없습니다. 아이는 존재하죠. 결국 이 아이가 어떤 기질의 아이인지를 알게 되면 아이가 잘하는 부분을 알아차려 주고, 부족한 부분을 도와주는 일이 우리 부모가 할 일이라고 믿습니다. 그래서 긴 시간 아이를 관찰하고, 서로 교감하면서 알아가는 과정이 필요합니다.

가끔 병원에서 부모님들과 상담을 하다 보면 아이에게는 '정답'이 있다고 믿으시는 경우가 많습니다. 100명의 아이가 있으면 100명이

다 다른데 본인의 아이가 정답에 가까운 아이인지 궁금해하시는 경우가 많습니다. 비슷한 기질을 가지고 있는 아이라도 부모님 본인의 기질에 따라 상황에 대한 해결 방법이 또 달라집니다. 그래서 우리 부모들은 정답을 찾으려는 노력보다 '우리 아이가 어떤 아이인지'를 알아가는 데에 더 많은 시간과 노력을 들이셔야 합니다. 그리고 우리 아이의 영혼을 잘 보기 위해서는 부모님 스스로 '내가 어떤 사람인지' 알아가는 노력이 먼저 이루어져야 합니다. 부모의 역할에도 역시나 '정답'이 있는 것은 아니거든요.

아프리카 조각가는 마침내 매우 훌륭한 조각을 완성합니다. 하지만 본인이 잘 만들었다고 하지 않습니다. 그 돌은 본래 매우 아름다운 영혼을 가지고 있고, 자기가 그 영혼을 드러내기만 했을 뿐이라고 합니다. 모든 아이는 아름다운 영혼을 가지고 있습니다. 우리 부모는 아이와 함께 그 아름다움과 가치를 찾아내고, 결국 아이가 스스로 자신의 아름다움을 완성할 수 있게 도와주는 사람입니다. 이 책이 우리 아이가 어떻게 생긴 아이인지 알아가는 데에 도움이 되었으면 좋겠습니다. 그리고 그 과정을 통해 부모님 자신의 내면의 자아를 찾아가는 데에도 도움이 되었으면 하는 바람입니다.

잘하고
잘했고
괜찮을 겁니다

초판 1쇄 발행   2023. 9. 19.

지은이 임고운
펴낸이 김병호
펴낸곳 주식회사 바른북스

편집진행 박하연
디자인 김민지

등록   2019년 4월 3일 제2019-000040호
주소   서울시 성동구 연무장5길 9-16, 301호 (성수동2가, 블루스톤타워)
대표전화   070-7857-9719 | **경영지원**   02-3409-9719 | **팩스**   070-7610-9820

•바른북스는 여러분의 다양한 아이디어와 원고 투고를 설레는 마음으로 기다리고 있습니다.

이메일   barunbooks21@naver.com | **원고투고**   barunbooks21@naver.com
홈페이지   www.barunbooks.com | **공식 블로그**   blog.naver.com/barunbooks7
공식 포스트   post.naver.com/barunbooks7 | **페이스북**   facebook.com/barunbooks7

ⓒ 임고운, 2023
ISBN 979-11-93341-29-2 03590